Experiments in General Chemistry

普通化学实验

同济大学化学系

杨　勇　主　编

顾金英　温　鸣　范丽岩　副主编

吴庆生　主　审

同济大学出版社
TONGJI UNIVERSITY PRESS
·上海·

内 容 提 要

本书是同济大学“普通化学”国家级精品课程的配套教材。

本书以较短的篇幅有机融合、精心编写了43个实验，内容涵盖无机化学、有机化学、分析化学和物理化学。全书将实验内容分为基础型、综合型、设计与开放型三个层次，注重“双基”训练，简明扼要、由浅入深、逐层提高。以同济大学校级精品实验为切入点，着力培养学生的创新探究能力。为适应21世纪化学教育的发展要求，本书第6章还介绍了红外、紫外、核磁和质谱等现代分析与表征技术，选取了与生命科学、材料科学以及环境科学相关的一些实验项目。

本书可作为大学化学、基础化学、普通化学和近化学专业无机化学等课程的实验教材，也可供高等院校广大师生和相关工作人员参考使用。

图书在版编目(CIP)数据

普通化学实验/杨勇主编. —上海:同济大学出版社，
2009.9(2024.9重印)
ISBN 978-7-5608-4128-1

Ⅰ.普… Ⅱ.杨… Ⅲ.化学实验—高等学校—教材
Ⅳ.06-3

中国版本图书馆CIP数据核字(2009)第133489号

普通化学实验

杨 勇 主编

责任编辑 姚烨铭 责任校对 徐春莲 封面设计 庞 波

出版发行 同济大学出版社 www.tongjipress.com.cn
(地址:上海市四平路1239号 邮编:200092 电话:021-65985622)

经 销 全国各地新华书店
印 刷 江苏句容排印厂
开 本 787mm×1092mm 1/16
印 张 16.25
印 数 17 601—19 700
字 数 406 000
版 次 2009年9月第1版
印 次 2024年9月第7次印刷
书 号 ISBN 978-7-5608-4128-1

定 价 42.00元

前　言

普通化学是面向工科高等学校非化学类专业的公共通识课程，是面向21世纪对大学生进行素质教育及培养高级科技人才所必需的知识构成。面对现代知识体系的高速发展、相互促进与融合，化学学科中的无机化学、有机化学、分析化学、物理化学中的理论和许多知识正在不断渗透、交融。多年来，无机普通化学教研室在普通化学课程的教学实践中一直贯彻着“少而精”、“少而新”的教学理念，形成了独具特色的教学模式。普通化学实验教学在高校化学教学中占据着非常重要的地位，一方面是为了让学生更好地理解和掌握理论教学的内容，更重要的是为了培养学生的综合能力，包括各种相关知识、操作技能、使用现代仪器设备的能力、观察能力、科学精神和创新能力等。从普通化学实验的教学内容而言，无论是合成制备、性质鉴定、成分测定，还是分析方法的建立、化合物的表征分析等实验，都融合了四大化学的许多相关理论知识、实践方法以及技术技能。

本书是在同济大学编写出版的《普通无机化学实验》(第1,2版)的基础上，结合同济大学编写出版的“十五”国家级规划教材《普通化学》的指导思想和内容特色，经过大幅度的修改、充实和提高，精心编写而成的。本书作为同济大学“普通化学”国家级精品课程的配套教材，编写注重“强化基础，突出重点”，以“少而精、多学科交融”为特点，内容涵盖无机化学、有机化学、分析化学、物理化学以及仪器分析，可使学生在有限的学时内，得到较完整的化学实验训练；在综合实验部分，对传统教材中分立的实验项目进行融合，使学生得到全方位的实验训练，着重综合能力的培养；以同济大学校级精品实验为切入点，选取与人类生活、环境、材料、制药等相关内容作为设计与开放实验，要求学生独立设计方案、完成实验，最后写出科技小论文，以“大综合、小科技”的教学模式培养学生的探索意识和创新能力。通过红外、紫外、核磁以及质谱技术的介绍，反映近年来化学学科新技术的发展趋势。为体现科技发展的趋势，本书尽可能采用较新型号的仪器为参考。

本教材经无机普化教研室集体研究、初步实践编写而成。由杨勇任主编，顾金英、温鸣、范丽岩任副主编。第1章至第5章由杨勇和顾金英共同编写，实验1～14、21、25、26由杨勇、顾金英改编，实验15、23、24、27～29、34、35、37、41由杨勇编写，实验38、39由顾金英编写，第6章第9节、实验22、36由温鸣编写，第6章第2节、实验31、33、40及附录由范丽岩编写。实验42、43由朱仲良编写，实验17、18、19、20、32由匡春香编写。实验报告册由顾金英编制(随书赠送)。全书由杨勇统稿，吴庆生主审。在编写过程中，张云、徐子颉、张荣华、王晓岗、王晓平等同志对本书提出了许多宝贵意见，在此谨向他们表示衷心的感谢。

由于编者的水平有限，不妥和疏漏之处在所难免，希望有关专家和广大师生提出宝贵意见和建议。

编　者

2009年7月于上海

目　　录

上篇　基础知识与仪器

1　绪　　论

2　化学试剂基本常识

3　实验误差与数据处理

4　实验室常用仪器、设备介绍

5 基本操作

6　现代分析测试与表征技术简介

下篇　实验部分

第一部分　基础实验

第二部分　综合实验

第三部分　设计与开放实验

上篇　基础知识与仪器

1　绪　　论

1.1　明确实验的目的和意义

化学是一门实验科学，要真正掌握好化学理论，化学实验是必不可少的方法和手段。经过基础实验的训练，使学生能够规范地掌握化学实验的基本操作、基本技术和技能，加深学生对化学基本理论和基本知识的理解。通过综合实验的训练，可培养学生独立思考、观察问题、分析问题的能力。而设计与开放实验，通过学生设计方案，观察现象，分析和归纳实验结果，训练学生初步从事科学研究的能力。同时在整个实验教学中，逐步培养学生严谨的科学态度、实事求是的工作作风、良好的工作习惯以及科学的思维方法。

1.2　掌握学习方法

实验效果的好坏与正确的学习态度和方法密切相关，要抓住以下3个重要环节：

1）课前充分预习

学生在进入实验室前必须进行充分的预习：认真阅读实验讲义及相关参考资料，明确实验的目的和基本原理，熟悉实验内容及注意事项，并在此基础上简明扼要地写出预习笔记，做到实验前心中有数。

2）课堂认真实验

（1）在充分预习的基础上规范操作，认真仔细地观察实验现象，如实做好详细记录。

（2）如果发现实验现象与理论不相符，首先尊重实验事实，并认真分析查找原因。必要时，重做实验，从中得出结论。

（3）实验中遇到疑难问题，仔细分析，可提请教师指点。

（4）严格遵守实验室规则，注意安全操作。

3）课后如实撰写实验报告

实验报告要按格式书写，视实验内容不同而不同。应做到：字迹工整，步骤简明，记录现象完整，数据真实，解释明确，结论正确。报告一般应包括：①实验名称、日期、同组人或独立完成、天气状况（气温、气压等）；②实验目的；③简明的实验原理；④实验内容。避免抄书本，尽量采用表格、框图、符号等形式，表述简明扼要；⑤实验现象及数据记录；⑥解释、结论或数据处理；⑦思考与讨论、心得体会等。

【例1-1】“制备类实验”报告格式

实验名称：氯化钠的提纯

实验日期：　　　　　　　　室温：　　　　　　　　同组人：

一、实验目的

1. 了解提纯 NaCl 的原理和方法。

2. 学习溶解、沉淀、减压过滤、蒸发浓缩、结晶及干燥等基本操作，掌握煤气灯的使用。

二、实验原理

粗食盐中含有不溶、可溶杂质。前者可用溶解、过滤法除去，而后者可选择适当沉淀剂使 Ca^{2+}、Mg^{2+}、SO_4^{2-} 等离子沉淀而除去。可加 $BaCl_2$，除去 SO_4^{2-}。加入 NaOH 和 Na_2CO_3，除去 Ca^{2+}、Mg^{2+} 和过量的 Ba^{2+}。用 HCl 中和。根据溶解度的差别，通过蒸发和浓缩操作，使 NaCl 结晶，而 KCl 仍留在溶液中。

三、主要仪器与试剂(略)

四、实验步骤

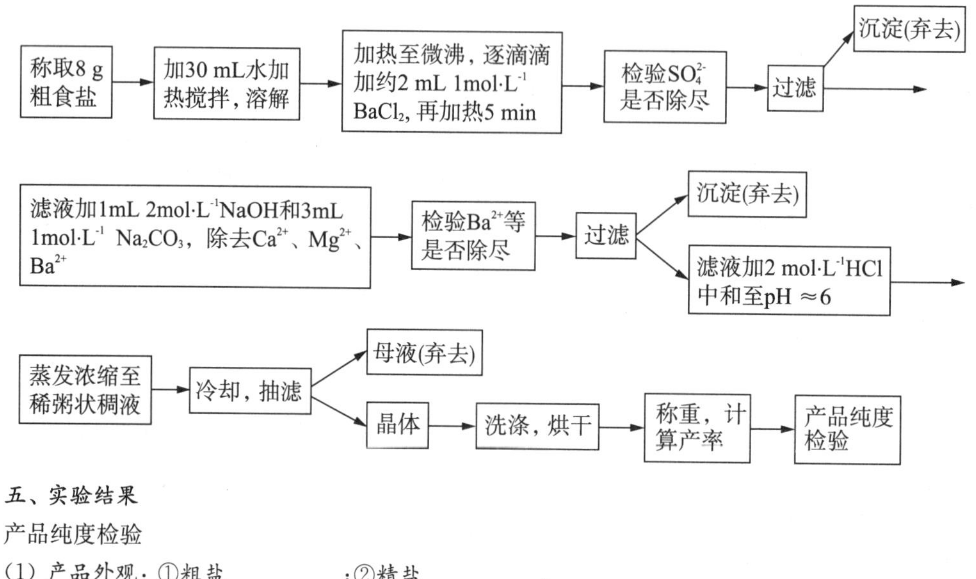

五、实验结果

产品纯度检验

(1) 产品外观：①粗盐__________；②精盐__________。

(2) 产量__________，产率__________。

(3) 产品纯度检验(粗盐和精盐各称 1 g，分别溶于 5 mL 蒸馏水中，三等分，按表 1－1 进行检验)。

表 1－1 NaCl 溶液纯度检验

检验项目	检验方法	被检溶液	实验现象	结 论
SO_4^{2-}	加 2 滴 1 mol·L^{-1} $BaCl_2$	粗 NaCl 溶液		
		纯 NaCl 溶液		
Ca^{2+}	加 2 滴 0.5 mol·L^{-1} $(NH_4)_2C_2O_4$ 溶液	粗 NaCl 溶液		
		纯 NaCl 溶液		
Mg^{2+}	加 2～3 滴 2 mol·L^{-1} NaOH 和 2～3 滴镁试剂	粗 NaCl 溶液		
		纯 NaCl 溶液		

六、思考及讨论(思考与讨论是针对实验过程、操作、实验现象、数据与处理进行分析和讨论)

【例 1－2】 “测定类实验”报告格式

实验名称：醋酸电离常数和电离度的测定——pH 法

实验日期：　　　　　　室温：　　　　　　同组人：

一、实验目的

1. 了解弱酸电离度与电离常数的测定方法。
2. 加深对弱电解质电离平衡的理解。
3. 了解 pH 计(酸度计)的正确使用方法。
4. 进一步熟悉滴定操作。

二、实验原理

一定温度下，用酸度计测定已知浓度的 HAc 溶液的 pH 值，根据 $pH = -\lg[H^+]$，可计算出$[H^+]$。再根据 $\alpha = [H^+]/c$，$K_a = [H^+]^2/c$，求得电离度 α 和电离常数 K_a 的值。

三、仪器与试剂(略)

四、实验步骤

1. HAc 标准溶液的浓度标定

取 25.00 mL HAc 溶液于 250 mL 锥形瓶中，滴加 3 滴酚酞，然后用标准 NaOH 溶液滴定至终点。实验数据记录于表 1-2 中。平行滴定 3 次，计算 HAc 标准溶液的浓度。

2. 系列 HAc 标准溶液配制及 pH 值测定

按表 1-3，在 5 个 100 mL 烧杯中，配制不同浓度的 HAc 标准溶液。按从稀到浓的顺序，依次测定它们的 pH 值，记录于表 1-3 中。

五、实验结果

表 1-2　HAc 标准溶液的浓度标定

NaOH 标准溶液的浓度/($mol \cdot L^{-1}$)				
平行滴定次数		1	2	3
HAc 溶液的体积/mL		25.00	25.00	25.00
NaOH 标准溶液的初读数/mL				
NaOH 标准溶液的终读数/mL				
NaOH 标准溶液的用量/mL				
HAc 标准溶液的浓度/($mol \cdot L^{-1}$)	测定值			
	平均值			

表 1-3　系列 HAc 标准溶液的配制及 pH 值测定

溶液编号	HAc 标准溶液体积/mL	去离子水体积/mL	c_{HAc}/($mol \cdot L^{-1}$)	pH 值	$[c_{H^+}]$/($mol \cdot L^{-1}$)	α/%	电离常数 K_a	
							测定值	平均值
1	48.00	0.00						
2	24.00	24.00						
3	12.00	36.00						
4	6.00	42.00						
5	3.00	45.00						

六、思考及讨论(思考与讨论针对实验过程、操作、实验现象、数据与处理进行分析和讨论)

【例 1-3】 "性质类实验"报告格式

实验名称:氯、溴、碘

实验日期:　　　　　　室温:　　　　　　同组人:

一、实验目的

1. 比较卤化氢的还原性。

2. 了解氯的含氧酸及其盐的性质。

3. 了解卤素离子的鉴定方法。

二、仪器与试剂(略)

三、实验步骤与实验记录(部分)

实验内容	实验现象	反应方程式(反应式)	解释及结论
1. HX 还原性比较			
①少量 NaCl 固体+1 mL 浓 H_2SO_4,△;玻棒蘸浓氨水检验	气体逸出,冒白烟	$2NaCl + H_2SO_4 \xlongequal{\triangle} 2HCl + Na_2SO_4$;$HCl + NH_3 \xlongequal{} NH_4Cl$	略
③数滴 $0.1\ mol \cdot L^{-1}$ KI+数滴 $0.1\ mol \cdot L^{-1}$ $FeCl_3$;+1 mL CCl_4	CCl_4 层呈紫红色	$2KI + FeCl_3 \xlongequal{} 2FeCl_2 + I_2$ $I_2(aq) \xlongequal{} I_2(CCl_4)$	

四、思考及讨论(思考与讨论针对实验过程、操作、实验现象、数据处理进行分析和讨论)

1.3 学生实验室规则

1. 学生应在实验前认真预习,并提前 10 min 进入实验室,在指定位置进行实验。不得高声喧哗,随意走动。对未预习或无故迟到者,指导教师有权停止其实验。

2. 认真操作,如实记录。严格遵守操作规程,服从实验教师的指导。实验过程中发现故障,应立即报告,及时处理。

3. 实验完毕后,应将玻璃仪器洗刷干净,将试剂和用品整理好。废液、废渣、废物等不得随意倾倒,应集中在指定的废物缸内,统一处理,并做好实验台面的清洁工作,经指导教师认可后方可离开实验室。

4. 使用精密仪器(如电子分析天平等)时,必须严格按照操作规程进行操作,细心谨慎。如发现异常,应停止使用并报告指导教师。

1.4 实验室安全守则

化学试剂中,很多是易燃易爆、有腐蚀性和有毒的,因此必须严格遵守实验规则。首先必须从思想上重视安全工作,绝不能麻痹大意。其次,在实验前,应了解仪器的性能和试剂的性质,规范操作。

(1) 一切涉及有毒、刺激性或有恶臭物质的实验,必须在通风橱中进行。

(2) 一切涉及易挥发、易燃物质的实验,必须在远离火源的地方进行,并尽可能在通风橱中操作,严禁用火焰或电炉等直接加热易燃液体,而应在水浴或电热套中加热。

(3) 煤气灯应随点随用,严防泄漏,火源与其他物品应保持适当距离。若发现煤气泄漏,应立即关闭检查并报告指导教师。

(4) 使用高压气体钢瓶时，须严格按照操作规程进行操作。例如，气相色谱的氢火焰实验中所用的气体，其开启与点火的原则是：先开载气(氮气)，再开助燃气(空气)，最后开燃气(氢气)，点火。熄火与关气的顺序是：先关燃气，再关助燃气，最后关载气。

(5) 有毒药品，如重铬酸钾，铅盐，含砷、汞化合物，特别是氰化物等剧毒化学品，绝不可倒入下水道，应统一回收处理。

(6) 实验室内严禁饮食、吸烟。实验完毕，应洗净双手后，再离开实验室。

1.5　实验室事故的处理

(1) 烫伤：轻度烫伤，可用90%～95%酒精或高锰酸钾稀溶液擦洗伤处，再涂以凡士林或烫伤油膏。若伤势较重，不要将水泡碰破，及时送医院治疗。

(2) 割伤：应立即用药棉擦净伤口，然后涂上红药水，再用纱布包扎。若伤口较大，出血较多，须扎止血带，送医院治疗。

(3) 化学灼伤：

① 强酸灼伤：立即用大量水冲洗，然后涂上碳酸氢钠油膏或凡士林。若溅入眼中，先用大量水冲洗，然后用饱和碳酸氢钠溶液冲洗，再用水清洗。

② 强碱灼伤：立即用大量水冲洗，然后用柠檬酸或硼酸饱和溶液冲洗，再擦上凡士林。若溅入眼中，用硼酸溶液冲洗，再用水清洗。

(4) 吸入刺激性或有毒气体：可吸入少量酒精和乙醚的蒸气解毒，然后到室外呼吸新鲜空气。必要时送医院救治。

(5) 毒物入口：可将5～10 mL稀硫酸铜溶液加入1杯温水内服，用手指催吐，并及时送医院救治。

(6) 漏电：首先切断电源，必要时进行人工呼吸。

(7) 起火：小火可用湿布、石棉布或砂子覆盖灭火。火势大时使用泡沫灭火器，但电器设备引起的火灾，只能用 CCl_4 或 CO_2 灭火器，绝不可用泡沫灭火器，以免触电。活泼金属如钠、镁以及白磷等着火，宜用干沙灭火，不宜用水或灭火器灭火。

1.6　化学文献查阅简介

一个化学科研项目的攻关，或是一个实际工作中所遇到的疑难问题的解决，都需要利用形式多样、内容丰富的化学文献。化学文献按其出版形式可分为图书、期刊、科技报告、会议论文、学位论文、专利和技术标准等。根据文献的性质，又可分为一级文献、二级文献、三级文献。一级文献即原始文献，如期刊上发表的论文、科技报告、学位论文、会议论文及专利说明书；二级文献即检索工具，是把大量分散发表的原始文献加以收集、摘录，以文摘、索引、题录等方式进行科学分类、组织和整理；三级文献是指通过二级文献检索，并整理一级文献的内容而编写的资料，如专题评论、综述、动态、手册、指南、百科全书等。

一级文献是检索的对象和目的，二级文献是检索的手段和工具，三级文献既是检索的手段，从中获得检索文献的线索，又可作为检索对象，从中得到所需的理论、数据。各种类型的文献各有特点、各有所用，例如，了解学科领域的背景资料，宜利用图书资料作为入门指导；进行科学研究主要利用期刊杂志；探讨最新的研究领域，则多半参考科技报告或综述性文章；研究生从事毕业论文工作，不妨参考国内外高等院校有关的毕业论文。

1.6.1 期刊

与图书不同，期刊是及时报道新材料、新理论、新技术、新方法等科学研究成果的定期出版物，刊载原始文献数量多，内容详实新颖，是公开报道原始文献的主要方式。世界各国发行的期刊数量之多非常惊人，仅《化学文摘》摘录的科技期刊就有14000余种，其中大多数以英文发表。

在我国，SCI影响因子较高的化学期刊有：《中国科学》、《化学学报》、《化学通报》、《高等化学学报》等综合类学术刊物，重点报道我国高校的创新性科研成果。《无机化学学报》、《分析化学》、《有机化学》、《物理化学学报》、《高分子科学》、《环境科学学报》、《中国稀土学报》等影响因子较高的专业期刊，及时刊载相关学科的最新科研成果。

在国外，除影响因子极高、为数不少的综合类杂志，如 *Nature*，*Science*，*Chemical Review* 等，影响因子较高的化学期刊数量庞大、门类齐全，涉及学科与专业非常广泛，如 *Journal of the American Chemistry Society*，*Angewandte Chemie - International Edition*，*Chemical Comminucations* 等综合性期刊，主要刊载世界各国化学领域的最新前沿研究成果，许多文章被其他刊物的科研论文竞相引用。

1.6.2 学位论文

学位论文是国内外高等院校研究生写作的用于评定学位的论文。学位论文比较详尽地总结前人的工作，通过系统的科学实验，并根据所获得的资讯与数据提出自己的学术成果，它也属于一级文献。学位论文一般作为内部资料，不刊印发行。中国期刊网(CNKI)可以检索国内高校研究生的优秀毕业论文。

1.6.3 文摘

化学化工文献浩如烟海、数量庞大、语种庞杂而且非常分散，只有借助文摘与索引的帮助才能较快找到所需的技术资料。*Chemical Abstract*（《化学文摘》，简写为CA）是目前世界上最完整的化学文摘检索工具，每条文摘以简练的文字将不同语种撰写的论文、专利、通讯、综述等浓缩成英文摘要，使读者能在较少的时间内了解原始文献的概要，以决定是否进一步调阅原始文献。CA索引相当齐全，有主题索引、作者索引、化合物索引、分子式索引、专利索引等十余种。

1.6.4 工具书

在各种科学研究和科学实验中，经常需要查阅一些手册、大全、丛书和辞典，了解物质的性质(如聚集态、熔点、沸点、溶解度、化学性质等)；在进行实验数据处理时，需要得到一些常数(如电离常数、配合物稳定常数等)。下面介绍一些较权威、较全面的工具书。

(1)《简明化学手册》(多个版本)主要内容涉及物质的物理数据、元素性质、无机和有机化合物的性质、热力学有关数据、标准电极电位等。

(2)《分析化学手册》介绍分析化学的基本操作、实验室一般常识、化学分析知识、溶液和一些常用试剂的配制、定量分析中标准溶液的配制和标定方法、指示剂等内容。

(3)《元素化学反应手册》总结了元素的单质及化合物的化学反应，包含反应近13000条。

(4)《海氏有机化合物辞典》收集常见有机化合物46400条，介绍化合物组成、分子式、结构式、来源、性状、物理常数、化学性质及衍生物等。

(5) *CRC Handbook of Chemistry and Physics* 包含物理、化学常用的参考资料和数据，

是应用最广的手册。

(6) *Lang's Handbook of Chemistry* 内容包括原子和分子结构、无机化学、分析化学、电化学、有机化学、光谱学、热力学性质、物理性质等方面的资料和数据。

(7) *Inorganic Synthesis* 介绍无机化合物的制备方法，每个实验都经核对，步骤比较可靠，并不时对某一类化合物制备进行综述。

(8) *Organic Synthesis* 介绍有机化合物的制备方法。合成步骤叙述极为详尽，实验内容且经核对，并有附注介绍作者经验和实验注意事项。

(9) *Organic Reactions* 详细讨论了有机反应的提出、机理、应用范围、反应条件等，并列举大量参考文献，有图表指出对该反应曾进行过哪些工作。

(10)《Sadtler 标准光谱图集》选择性收集了几万种化合物的红外、紫外和核磁共振谱图，还有不少化合物的荧光、拉曼、热分析参考谱图。

(11)《国际 X 射线晶体学用表》介绍四圆衍射仪、用布喇格衍射数据分析热运动和结构鉴定的方法等。

2 化学试剂基本常识

2.1 化学试剂的分类

化学试剂的种类很多，分类目前尚无统一的方法。试剂按用途可分为一般试剂、标准试剂、特殊试剂、高纯试剂等；按组成、性质、结构又可分为无机试剂、有机试剂等。我国的国家标准是根据试剂的纯度和杂质含量，将试剂分为 5 个等级，并规定了试剂包装的标签颜色及应用范围，见表 2-1。

表 2-1 化学试剂等级及应用范围

<table>
<tr><td rowspan="5">我国化学试剂等级标志</td><td>级 别</td><td>一级品</td><td>二级品</td><td>三级品</td><td>四级品</td><td>五级品</td></tr>
<tr><td rowspan="2">中文标志</td><td>保证试剂</td><td>分析试剂</td><td>化学试剂</td><td>化学用</td><td rowspan="2">生物试剂……</td></tr>
<tr><td>优级纯</td><td>分析纯</td><td>化学纯</td><td>实验试剂</td></tr>
<tr><td>符号</td><td>G. R</td><td>A. R</td><td>C. P</td><td>L. R</td><td>B. R,C. R</td></tr>
<tr><td>标签颜色</td><td>绿</td><td>红</td><td>蓝</td><td>黄、棕等</td><td>黄、咖啡或玫瑰红</td></tr>
<tr><td>德、英、美等国家通用等级和符号</td><td></td><td>G. R</td><td>A. R</td><td>C. P</td><td></td><td></td></tr>
<tr><td>应用范围</td><td></td><td>精密分析研究工作</td><td>分析实验</td><td>一般化学实验</td><td>工业或化学制备</td><td>生化实验</td></tr>
</table>

化学试剂除上述几个等级外，还有基准试剂(P. T)、色谱纯试剂(G. C)、光谱纯试剂(S. P)及超纯试剂(U. P)等。基准试剂相当或高于优级纯试剂，如专用于滴定分析的基准物质，用以标定未知溶液的准确浓度或直接配制标准溶液，其主成分含量一般在 99.95%～100.0%。光谱纯试剂主要在光谱分析中用作标准物质，纯度在 99.99%以上。

选用试剂的主要依据是该试剂所含杂质对实验结果有无影响。应根据节约的原则，在满足实验要求的前提下，选用适当规格的试剂，避免不必要的浪费。

2.2 化学试剂的保管

化学试剂的保管要注意防火、防水、防挥发、防曝光和防变质。应根据试剂的毒性、易燃性、腐蚀性和潮解性等不同特点，采用不同方式：

(1) 无机试剂与有机试剂分开存放。危险性试剂应严格管理，必须分类隔开存放，不可混放。

(2) 强氧化剂($KMnO_4$、$K_2Cr_2O_7$、$KClO_3$、硝酸盐、过氧化物等)，应存放于阴凉通风处，避免受热、撞击，严禁与还原性物质混放。

(3) 易燃液体(如苯、乙醇、乙醚、丙酮等有机溶剂)，应单独存放，远离火源，注意阴凉通风。

(4) 易燃固体(如硫磺、红磷、镁粉、铝粉等),也应单独存放,注意通风干燥。白磷应保存在水中,并放于阴凉避光处。

(5) 遇水燃烧的物品(如金属 Li、Na、K、电石等),可与水剧烈反应并放出可燃性气体。Li 要用石蜡密封,Na、K 须保存在煤油中,电石应置于干燥处。

(6) 见光分解或变质的试剂(如 $KMnO_4$、$AgNO_3$、亚硝酸盐等),应存放于棕色瓶中,避光保存。但过氧化氢则应存放于不透明塑料瓶中,以免棕色玻璃中的重金属成分催化过氧化氢的分解。

(7) 剧毒试剂(如氰化物、砷化物、汞盐等),应妥善保管,取用时严格做好记录,以免发生意外。

(8) 容易腐蚀玻璃的试剂(如氢氟酸、强碱等)应保存在塑料瓶中。

2.3　实验室用水的规格、制备及检验方法

国家标准(GB6682－2000)对实验室用水的级别、主要技术要求和检验方法作了规定,见表 2－2。

表 2－2　实验室用水的级别及主要技术指标

指　标　名　称	一级	二级	三级
pH 范围(25℃)	—[1]	—[1]	5.0～7.5
电导率(25℃)/($mS \cdot m^{-1}$)	≤0.01[2]	≤0.10	≤0.50
可氧化物质(以氧计)/($mg \cdot L^{-1}$)	—[3]	<0.08	<0.40
吸光度(254 nm,1 cm 光程)	≤0.001	≤0.01	
蒸发残渣(105℃±2℃)/($mg \cdot L^{-1}$)	—[3]	≤1.0	≤2.0
可溶性硅(以 SiO_2 计)/($mg \cdot L^{-1}$)	<0.01	<0.02	

注:[1] 由于在一级水和二级水的纯度下,难以测定其真实的 pH 值。因此,对其 pH 范围国标不作规定。
[2] 一级水和二级水的电导率需用新制备的水在线测定。
[3] 由于在一级水的纯度下,难以测定其可氧化物质和蒸发残渣,故国标对其限量也不作规定,可用其他条件和制备方法来保证一级水的质量。

实验室制备纯水一般可用蒸馏法、离子交换法和电渗析法。蒸馏法设备成本低,操作简单,但只能除去水中非挥发性杂质,且能耗高。离子交换法是使水通过离子交换树脂达到除去水中杂质离子的目的。离子交换制得的水,俗称“去离子水”,但无法去除水中非离子型的杂质,因此水中常含有微量有机物。电渗析法是在直流电场作用下,利用阴、阳离子交换膜对水中存在的阴、阳离子选择性渗透而除去离子型杂质,但也不能除去非离子型杂质。

制备出的纯水,一般以电导率为主要质量指标,一、二、三级水的电导率应分别等于或小于 0.01 $mS \cdot m^{-1}$、0.10 $mS \cdot m^{-1}$、0.50 $mS \cdot m^{-1}$。水越纯,影响越显著,高纯水更要在临用前制备,不宜久存。此外,根据实际工作的需要及生化、医药等方面的特殊要求,有时还要进行一些特殊项目的检验。

3 实验误差与数据处理

3.1 误差的概念

化学实验中，常要进行许多定量测定，测定结果的准确与否至关重要。然而，在任何一种测量中，无论仪器多么精密，测量方法多么完善，测量过程多么精细，测量人员技术多么娴熟，对同一试样进行多次测量，也不可能得到完全相同的结果。测量值与真实值之间或多或少都会存在差距，这些差距就是误差。也就是说，绝对准确是没有的，误差是客观存在的。因此，为保证测量值尽可能接近客观真实值，对于所测得的数据，如何正确记录，其准确度如何，是否能真实反映实验的结果，数据的重现性怎样以及如何处理数据，都是化学工作者必须重视的问题。在此介绍一些相关的基本知识。

3.1.1 引起误差的原因和种类

根据误差产生的原因与性质，可将误差分为系统误差、偶然误差(随机误差)及过失误差 3 类。

1) 系统误差

系统误差是由实验过程中某种固定原因造成的。在同一条件下重复测定时可重复出现，并且具有单向性(总是偏向某一方，或偏大或偏小)。系统误差的大小，在理论上是可以测定的，故又称为可测误差。其主要来源有：

(1) 方法误差：由实验方法本身不完善造成，如滴定终点的确定与理论的化学计量点不相符等。

(2) 仪器和试剂误差：由仪器本身不够精密或试剂不纯造成。

(3) 操作误差和主观误差：由操作者主观原因造成，如对终点颜色把握因人而异等。

系统误差可通过改进实验方法，校正仪器，提纯试剂，制定标准操作规程，进行空白实验、对照实验等措施来减小或校正。

2) 偶然误差(随机误差)

由某些难以控制、无法避免的偶然因素造成(如仪器性能的微小波动，外界条件的微小变化，操作人员估计读数的微小差别等)，这种误差忽大忽小，时正时负，符合正态分布，遵循统计学规律，因而偶然误差可通过增加平行测定次数和取平均值的方法来减小。

3) 过失误差

由操作人员粗心大意或违反操作规程造成。如发生此类误差，所得实验数据应及时纠正或舍弃，并在工作中严加注意，避免此类误差发生。

3.1.2 准确度与误差

准确度是指测量值与真实值之间的偏离程度，用误差来度量。

绝对误差是指测量值与真实值之间的差值

$$绝对误差＝测量值－真实值。 \tag{3-1}$$

测量值大于真实值时，误差为正，反之，为负误差。绝对误差只能表示误差的大小和范围，不能确切表示测量精度。

相对误差是指绝对误差在真实值中所占的百分率。

$$\text{相对误差}=\frac{\text{绝对误差}}{\text{真实值}}\times 100\%。 \quad (3-2)$$

相对误差表示测量结果的可靠性，即准确度的高低。相对误差越小，准确度越高。

3.1.3　精密度与偏差

精密度是指相同条件下有限次测量($x_1, x_2, \cdots, x_n$)的重现程度。实际工作中，被测物理量的真实值无法知晓，常以参考值代替。参考值往往是指测量值 x_i 的算术平均值 $\bar{x}$，即

$$\bar{x}=\frac{x_1+x_2+\cdots+x_n}{n}=\frac{\sum_{i=1}^{n} x_i}{n}。 \quad (3-3)$$

式(3-3)中，n 为测量次数。

偏差是指测量值减去它的参考值。偏差可用绝对偏差 d_i 和相对偏差表示：

$$d_i = x_i - \bar{x}。 \quad (3-4)$$

$$\text{相对偏差}=\frac{d_i}{\bar{x}}\times 100\%。 \quad (3-5)$$

相对偏差能正确反映测量值的重现性，表示测量精密度的高低。分析测试中常用平均偏差表示测量的精密度。平均偏差 $\bar{d}$ 为：

$$\bar{d}=\frac{|d_1|+|d_2|+\cdots+|d_n|}{n}=\frac{\sum_{i=1}^{n}|d_i|}{n}。 \quad (3-6)$$

由此可见，平均偏差更能反映测量的精密度。

测量工作的目的就是为了获取真实值，但由于真实值一般是无法知道的，因此，精密度就是测量工作的先决条件。精密度低，所得结果不可靠；但精密度高，所得实验结果的准确度也不一定高。所以，测量值必须是具有高精密度下的正确值。

3.2　实验结果的数据处理

3.2.1　有效数字的概念

各种实验测量都难免有误差，记录和处理测量结果必须如实反映误差大小，不能超出测量的精确程度。有效数字是指在测量中所能测量到的具有实际意义的数字，其中最后一位是可疑或估计数字，其余各位都是准确的。例如，50 mL 滴定管测量液体体积时可以准确到 0.1 mL(即最小刻度为 0.1 mL)，小数点后第二位数字可以估计出来。若液面位于 21.2 mL 和 21.3 mL 这 2 个刻度的正中，则读数应记录为 21.25 mL。其中最后一位 5 是估计值，有效数字的位数为 4。

此外，实验数据的有效数字与测量仪器的精密程度密切相关，不得高估或低估。例如，用精度为 0.1 g 的台秤称得 5 g 化学试剂，称量值必须记作 5.0 g，有效数字保留 2 位；而用精度为 0.0001 g 的分析天平称得化学试剂的重量恰巧为 5 g 时，称量值必须记作 5.0000 g，有效数字保留 5 位才是合理的。常用度量仪器的精度见表 3-1。

表 3-1 常用度量仪器的精度

仪器名称	测量的物理量	仪器的精度	测量值	测量值的有效数字位数
托盘天平	质量	0.1 g	12.8 g	3 位
1/100 电子天平	质量	0.01 g	12.83 g	4 位
电子分析天平	质量	0.0001 g	12.8088 g	6 位
10 mL 量筒	体积	0.1 mL	6.5 mL	2 位
100 mL 量筒	体积	1 mL	31 mL	2 位
25 mL 移液管	体积	0.01 mL	25.00 mL	4 位
50 mL 滴定管	体积	0.01 mL	50.00 mL	4 位
25 mL 容量瓶	体积	0.01 mL	25.00 mL	4 位

3.2.2 如何判断有效数字的位数

在确定有效数字时，须注意数字 0，是否记为有效数字，需具体分析。

(1) “0”在非零数字前不算有效数字，仅起定位作用。例如，0.0045，有 2 位有效数字。

(2) “0”在非零数字中间或后面，都是有效数字。例如，3.005，0.0350，分别为 4 位有效数字和 3 位有效数字。

(3) 测量值为以“0”结尾的正整数，若表示有效数字，应写成指数形式(也称科学记数形式)。例如，测量值 2500 的有效位数是由测量对象和测量仪器所决定，应根据实际情况，记作 2.5×10^3(2 位有效数字)、2.50×10^3(3 位有效数字)或 2.500×10^3(4 位有效数字)。

(4) pH、pM、lgK 等对数的有效数字的位数仅取决于小数部分(尾数)的位数，其整数部分只说明该数的方次。例如，pH 测量值为 10.20 时，表示$[H^+]$的测量值为 6.3×10^{-11} mol・L^{-1}，有效数字为 2 位。

3.2.3 有效数字的运算法则

在处理数据过程中，各测量值有效数字位数可能不同，在计算前，必须先运用有效数字的运算规则，对数据的位数进行合理取舍。舍弃多余数字的过程称为“数字”的修约。计算时应遵循“先修约后运算”的原则。修约规则目前多采用“四舍六入五留双”的规则。规则规定：当测量值中被修约的数字≤4 时，舍弃。大于等于 6 时，进位。等于 5 时，若“5”后面跟非零数字，进位；若“5”后面跟“0”，而“5”之前的数字为奇数时，则进位(参见表 3-2 中第 5 栏)；若“5”之前的数字为偶数时，则舍去(参见表 3-2 中第 6 栏)，即“留双原则”。例如，将下列测量值修约为 2 位有效数字，修约结果见表 3-2。

表 3-2 有效数字的修约

原始数据	5.24	3.262	6.851	7.350	2.650
修约结果	5.2	3.3	6.9	7.4	2.6

有效数字的运算规则如下：

(1) 加减法运算

在计算几个有效数字的和或差时，所得结果的有效数字位数，应以小数点后位数最少的数为基准。例如，0.0231+12.56+1.0050=?，数值 12.56 的小数点后位数最少(即绝对误差最大)，故计算结果的有效数字位数应依据它来修约，即修约成 0.02+12.56+1.00=13.58。

(2) 乘除法运算

在计算几个有效数字的积或商时，所得结果的有效数字位数应以有效数字位数最少的数据来修约。例如，0.0231×12.56×1.0050=?，数据中以 0.0231 的有效数字位数最少(3 位)，故修约成 0.0231×12.6×1.00=0.291。

(3) 复杂运算中为了避免多次修约数字造成误差积累，可先运算再修约或中间各步修约时多保留一位数进行运算，但最后结果仍保留应有位数。

有效数字是测量和实验结果处理中的重要概念，掌握这一概念有助于正确记录和表示测量结果，而且能正确选用化学试剂用量和测量仪器。例如配制 100 mL 0.50 mol·L^{-1} $CuSO_4$ 溶液，可称取 12.5 g $CuSO_4 \cdot 5H_2O$，仪器只需选用台秤和量筒，无需选用电子分析天平和容量瓶。

3.2.4　实验结果的表达

在化学实验中，学生应备有专门的实验记录本，直接记录实验数据和实验现象。不仅要准确测定各种实验数据，而且要使用恰当的有效数字正确记录数据，利用合理的运算规则进行数值计算。所得实验结果的数值不仅仅是测量数值的大小，还必须反映测量的准确程度。

为了正确分析实验结果以及其中的规律，测量数据往往还要经过运算处理才能得到最终的实验结果。处理数据的主要方法有列表法、作图法、方程式法等。

1) 列表法

将实验数据按自变量、因变量的关系填入表格内，有利于获得对实验结果相互比较的直观效果，分析其规律性。列表时应注意以下几点：

(1) 每个数据表格应有完整的名称，并在适当位置注明，如测量日期、室温、大气压、仪器方法等实验条件参数。

(2) 每个变量占表格一行或一列，在行或列的第一栏，要写出变量的名称和量纲，以物理量的符号、“/”及其单位来表示，如 T/℃、P/kPa 等。

(3) 表中数据排列要整齐，应注意保留合理的有效数字位数，小数点对齐。

(4) 表中数据应尽量化为最简单的形式，公共的乘方因子放在第一栏名称下。

(5) 处理方法和运算公式要在表下注明。

2) 作图法

作图法可以形象、直观地反映出数据的特点、变化规律，并能利用图形作进一步处理，如求斜率、极值、截距、内插值、外推值等。

作图要注意以下几点：

(1) 正确选择坐标纸、比例尺。

在普通化学实验中多使用直角坐标纸作图，以横坐标为自变量，纵坐标为因变量。坐标轴旁须注明变量的名称和单位，横纵坐标不一定从 0 开始，可视实验具体数值范围而定。坐标轴上比例尺的选择极为重要，通常遵循以下原则：①要能表示出全部有效数字，使得由图形所求物理量的准确度与测量的准确度相一致；②坐标标度选取应便于计算和迅速读数。如单位坐标格宜选取1、2、5的倍数，而不宜采用3、6、7、9的倍数或小数，并且应把数字标在逢5或逢10的粗线上；③要使数据点在图上分散开，使全图布局匀称，不可过密或过疏；④若图形是直线，则比例尺的选择应使直线斜率接近1，这样斜率测求的误差小(参见3.2.7节)。

(2) 点、线的描绘。

①将表示测量值的各点绘于图上，用“○”、“△”、“◇”、“×”等不同符号表示，符号的重心位置代表测量值，符号的大小可近似表明测量的误差范围；②根据实验数据标出各点后，即可连线。绘制的曲线应平滑，尽可能接近(或贯穿)大多数的点，并使各点均匀分布在曲线(或直线)两侧(图3-1)；③对个别远离曲线的点，应分析原因。若是偶然的过失误差造成，描线时可不考虑，舍去；若重复实验情况不变，则应仔细研究其中是否另有规律，不可轻易舍去；④在曲线的极大、极小或转折处应多取一些点，以保证曲线所示规律的可靠性。

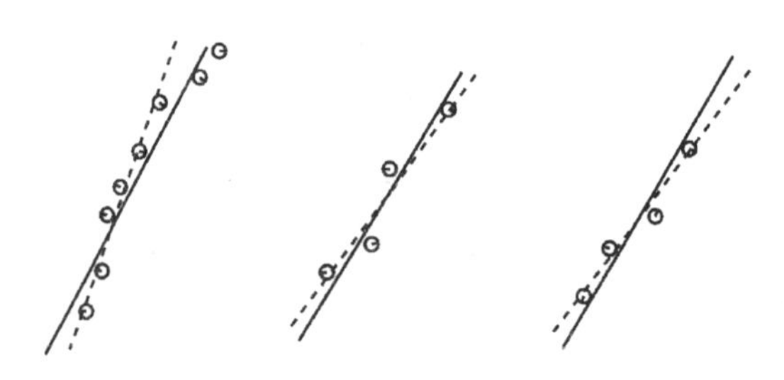

图3-1　直线的绘制

——正确；----不正确

3.2.5　分析数据的处理

由于误差的存在，即使在一定的测量条件下，一组测量结果($x_1, x_2, \cdots, x_n$)也是不可能完全相同，必然存在着数据的离散特性，即分散性。在一般的分析测试中，数据之间的离散程度常用平均偏差$\bar{d}$来衡量(参见3.1.3节)。平均偏差小，表明这一组分析结果的离散程度小。但对测量结果的离散程度的评价，有着重复性和复现性之分。重复性是指在相同条件下，对同一被测量进行的连续多次测量，所得结果的一致性；复现性是指在改变了测量条件下，对同一测量进行多次测量，结果的一致性。重复性和复现性都可以用测量结果的分散性来定量表示，这个分散性便是标准偏差S，

$$S=\sqrt{\frac{\sum_{i=1}^{n}(x_i-\bar{x})^2}{n-1}}。\qquad(3-7)$$

相对标准偏差(符号是RSD)也称变异系数，其定义如下：

$$相对标准偏差=\frac{S}{\bar{x}}\times 100\%\ (或\ 1000‰)。\qquad(3-8)$$

利用标准偏差来表示测量结果的离散程度，可以更好地将较大偏差及测量次数对离散

程度的影响反映出来。

此外，在化学实验中得到一组测量数据($x_1, x_2, \cdots, x_n$)后，若某一数据与其他数据偏离较远，这一数据称为可疑值或极端值。对这一可疑值是保留还是舍弃，可用 $4\overline{d}$ 法或 Q 检验法进行处理。

尽管绝对误差和相对误差可以衡量分析测试结果的准确度，但是，就同样的测试方法而言，高含量组分分析的相对误差要求要小一些，微量、痕量组分分析可允许相对误差大一些。通常无机定量分析所允许的相对误差与被测成分含量关系可参见表 3-3。

表 3-3　允许的相对误差与被测成分含量关系

成分含量范围/%	≈100	<50	<10	<1	<0.1	0.01～0.001
允许相对误差/%	0.1～0.3	0.6	≈1	2～5	5～10	>10

3.2.6　检出限与测定下限

检出限、测定下限是评价分析方法的重要指标，在对低浓度样品进行测定并作出报告时尤为重要。它们的含义是不同的，但互有联系。

1) 检出限

检出限也称“检出极限”、“检测极限”、“检测限”或“检测下限”，统称检出限。这里的“检出”，是指定性检出，即判定样品中确实存在高于空白的被测物质。

国际理论与应用化学联合会(IUPAC)于 1975 年对检出限作了规定。“检出限”是根据能以适当置信度被检出的最小测定值求得的，由下述公式给出：

$$x_L = \overline{x}_B + ks_B。\tag{3-9}$$

式(3-9)中：$\overline{x}_B$ 是空白样品多次测定值的平均值，s_B 是空白测定值的标准偏差，k 是所需置信度选定的一系数值，称为包含因子，一般 k 值取为 3。与 x_L 对应的最小浓度 c_L 或最小含量 Q_L，就分别是相对检出限或绝对检出限，即

$$c_L = \frac{(x_L - \overline{x}_B)}{b} = \frac{ks_B}{b},\tag{3-10}$$

或

$$Q_L = \frac{ks_B}{b}。\tag{3-11}$$

式(3-10)、式(3-11)中，b 为分析校准曲线 $x = f(c)$ 或 $x = f(q)$ 的斜率，即灵敏度，x 为测量值，c 为浓度，Q_L 为含量，即检出限。

需指出的是，空白测量值是指成分与待测试样基本一致，但不含待测组分的样品所得到的测量值，并非以纯水作空白。

2) 测定下限

测定下限是指在限定误差能满足预定要求的前提下，用特定方法能够准确测定待测物质的最低浓度或含量。在没有(或消除)系统误差的情况下，它受精密度的限制，对特定的分析方法来说，精密度要求越高，测定下限高出检出限愈多。有些分析工作者建议取相对标准偏差 10%为分析化学定量测定的最低精密度，并据此取 $10s_B$(即空白测定值的标准偏差的 10 倍)作为测定下限的标准。

3.2.7 校准曲线的制作和一元线性回归

1) 校准曲线、标准曲线与工作曲线

校准曲线又称校正曲线，是用来描述待测物质的浓度(或含量)与分析仪器响应信号值之间定量关系的曲线。校准曲线包括“标准曲线”和“工作曲线”。利用标准溶液制作校准曲线时，如果分析步骤与样品的分析步骤相比有某些省略时(例如，省略样品的前处理)，则制作的校准曲线称为标准曲线。如果模拟被分析物质的成分，并对样品进行完全相同的分析处理，然后绘制的校准曲线称为工作曲线。

2) 影响校准曲线线性关系的因素

尽管经典成熟的分析方法的校准曲线线性关系良好，但还是受下列因素的影响：

(1) 分析方法本身的精密度。

(2) 测定所用仪器及其附件的精密度。

(3) 溶剂挥发所引起的测定溶液浓度的改变(例如，某些使用易挥发有机溶剂的萃取光度测定法)。

(4) 制作校准曲线的实验操作中，标准系列并非都是在同一条件下进行处理；每个标准样发生意外损失或玷污；当空白测量值较高时，各种试剂的加入量不尽相同。

(5) 吸取标准溶液所用量具的准确度(如所用吸量管是否经过鉴定)。

(6) 分析人员的操作水平。

实践证明，制作校准曲线的实验中所得的一组浓度与仪器响应信号值的对应点，往往并不是以函数关系严格地分布在一条直线上，而有一定程度的偏离。如果测定方法是稳定的，实验操作是谨慎严密的，各实验点很可能接近于一条直线，这时绘制校准曲线最简便的方法是用图解法绘制一条与各实验点最为接近的直线。

3) 图解法绘制校准曲线

图解法绘制校准曲线简便易行(参见 3.2.4 节和图 3-1)。随着计算机技术的发展，常采用 Origin 和 Excel 软件进行校准曲线的绘制与分析，但还应注意以下几点：

(1) 选取实验误差较小、便于测定的浓度(或含量)，有足够多的实验点，有利于提高曲线的准确度，并在图中准确表示测量数据的有效数字。

(2) 在读取校准曲线各实验点的仪器响应信号时，应反复读数 3～4 次，取平均值。这是因为当校准曲线上各实验点的浓度选定后，它们在仪器上的响应信号值是一个随机变量，可用多次读数的办法来减少仪器响应信号值显示的随机误差。

(3) 标准系列应在测量方法的线性范围内。实验点通常按等距离分布在直线上，最低点与最高点相差约一个数量级。

(4) 采用线性回归法描绘校准曲线。

(5) 为了验证所绘校准曲线的稳定性，至少要在相同条件下重复 3 次实验所得的曲线。能重合的当然最好，一般情况下不可能完全重合，但曲线的斜率不能相差太大。这时可用每个实验点 3 次测量值的平均值重绘校准曲线。

4) 一元线性回归

若待测物质在分析仪器上的响应信号(如吸光度)完全依赖于浓度的改变而改变，即吸光度-浓度直线通过所有的实验点，在统计上，溶液的吸光度和浓度的函数关系完全相关，没有实验误差。但是由于实验中不可避免地存在误差，实验点往往有不同程度的分散，虽有一定的变化规律，但并不同在一条直线上。特别是实验点比较分散时，画直线的随意性就很大，用图解法求校准曲线会产生较大的误差。此种情况下，较好的方法是进行数据的直线回归分析，求出回归方程，然后配线作图，这样可以得到对各实验点误差最小的直线，即回归线。

（1）一元线性回归方程的确定与配线作图

若校准曲线属于一元线性方程。x 为自变量，y 为因变量，则线性回归方程可用下式表示：

$$y = a + bx, \tag{3-12}$$

式中，a 为截距，b 为斜率或称回归系数。根据实验测定值 y_i 与相应的回归直线上的理论响应值 Y_i 之差的平方和 $\sum_{i=1}^{n}(y_i - Y_i)^2$ 为最小的原则，确定参数 a、b。由于平方运算也称“二乘”运算，所以，该法通常称为“最小二乘法”。用求极值的方法可以推导 a 和 b 的计算式：

$$b = \frac{n\sum_{i=1}^{n} x_i y_i - \left(\sum_{i=1}^{n} x_i\right)\left(\sum_{i=1}^{n} y_i\right)}{n\sum_{i=1}^{n} {x_i}^2 - \left(\sum_{i=1}^{n} x_i\right)^2} = \frac{\sum_{i=1}^{n} x_i y_i + n\overline{xy}}{\sum_{i=1}^{n} {x_i}^2 - n\overline{x^2}}, \tag{3-13}$$

式中，$\overline{x} = \frac{\sum_{i=1}^{n} x_i}{n}$，$\overline{y} = \frac{\sum_{i=1}^{n} y_i}{n}$，$n$ 为制作校准曲线的实验点数。

根据一组实验测量值，求算出 a 和 b 值，确定回归方程 $y = a + bx$。求出直线回归方程后，找出 $x=0$ 时的 y 值(y_0)，通过$(0, y_0)$和$(\overline{x}, \overline{y})$这 2 点所得的直线，就是回归方程对应的直线，即校准曲线。

（2）计算回归方程应注意的问题

① b 的有效数字的位数，应与 y_i 的有效数字相同，为了减小浓度计算的误差，也可以比 y_i 多保留一位。a 的最后一位数，应和 x_i 的最后一位数取齐，或多保留一位。

② 空白试验点的数据通常不列入回归方程的计算。

③ 建立回归方程所选的实验点应在测定方法的线性范围之内，当测定值超出建立回归方程所选实验点两端之外时，若无充分的依据，不得任意外推。

④ 回归方程的计算时，数字多，容易出错，最好根据下式进行验算。

$$\sum_{i=1}^{n} x_i = na + b\sum_{i=1}^{n} y_i \text{。} \tag{3-14}$$

（3）相关系数

对任何 2 个变量 x 和 y 的一组数据(x_i, y_i)，都可以根据最小二乘法配置出唯一的一条直线 $y = a + bx$。但在实际工作中，只有当 x 和 y 间存在某种线性关系时，配置的直线才有意义。x 与 y 之间线性关系的密切程度可用相关系数 r 衡量。r 的计算公式如下：

$$r = \frac{\sum_{i=1}^{n}(x_i - \overline{x})(y_i - \overline{y})}{\sqrt{\sum_{i=1}^{n}(x_i - \overline{x})^2 - \sum_{i=1}^{n}(y_i - \overline{y})^2}}, \tag{3-15}$$

或

$$r = b\sqrt{\frac{n\sum_{i=1}^{n}x_i^{2} - \left(\sum_{i=1}^{n}x_i\right)^{2}}{n\sum_{i=1}^{n}y_i^{2} - \left(\sum_{i=1}^{n}y_i\right)^{2}}}。 \tag{3-16}$$

相关系数的取值范围是 $0 \leqslant |r| \leqslant 1$。当 $|r| = 1$ 时，表示 x 与 y 之间完全相关，此时所有实验点位在回归直线上。当 $r = 0$ 时，说明 x 与 y 完全不相关。当 $|r|$ 在 0～1 之间，说明 x 与 y 存在不同程度的相关关系。$|r|$ 愈接近于 1，直线的线性关系愈好。r 为正值时，称正相关，r 为负值时，称为负相关。对于经典成熟的标准测定方法，标准曲线的相关系数的绝对值通常可达 0.999 以上，而工作曲线的相关系数要稍低一点，常在 0.99 以上。

4　实验室常用仪器、设备介绍

4.1　常用玻璃仪器及器皿

表 4-1　实验室常用玻璃仪器及器皿

仪器名称	规　　格	主要用途	使用注意事项
试管、离心试管	普通试管以外径(mm)×管长(mm)表示，如25×500，10×15等；离心试管以容积(mL)表示	1. 用作少量试剂的反应容器或收集少量气体；2. 离心试管可用于沉淀分离	1. 普通试管可直接用火加热，但加热后不可骤冷。离心试管只能用水浴加热；2. 反应液体的体积不超过试管容积的1/2，加热时不超过1/3；3. 加热时管口不可对人，应先使试管下半部均匀受热。加热固体时管口略向下倾斜
烧杯	以容积(mL)表示，分硬质、软质，有刻度、无刻度	1. 用作反应物量较多时的反应容器；2. 配制溶液；3. 可代替水浴	1. 加热时应放置在石棉网上，不可骤冷骤热，以免破裂；2. 反应液体的体积不超过烧杯容积的2/3
量筒、量杯	以量度的最大容积(mL)表示	粗略量取一定体积的液体	1. 不能加热，也不可作为反应容器；2. 读数时应直立，读取与液体弯月面最低点相切的刻度线
长径漏斗、漏斗	以口径(mm)大小表示	1. 短颈漏斗用于一般过滤操作；2. 长颈漏斗特别适用于定量分析中的过滤操作	不能直接用火加热
玻璃砂芯漏斗	分为坩埚形和漏斗形，砂芯滤板为烧结陶瓷，其规格以砂芯板的平均孔径(mm)和漏斗容积(mL)表示	用作细颗粒沉淀乃至细菌分离，也可用于气体洗涤和扩散实验	1. 不能用于氢氟酸、浓酸、浓碱液及活性炭等物质体系的分离，避免腐蚀而造成微孔堵塞或玷污；2. 不能用火直接加热；3. 用后立即洗净，以防滤渣堵塞滤板孔；4. 在烘箱中加热时，升温或冷却须缓慢，以防裂损

（续表）

仪器名称	规　　格	主要用途	使用注意事项
细口瓶、广口瓶、滴瓶	以容积（mL）大小表示	1. 广口瓶用于盛放固体药品；滴瓶、细口瓶用于盛放液体药品；2. 不带磨口塞子的广口瓶可用作集气瓶	1. 不能加热；2. 滴管与滴瓶磨口配套，不可互换；3. 盛放碱液时要用橡皮塞，不可用磨口瓶塞，以免时间长被腐蚀粘牢；4. 储存见光易分解试剂应选用棕色瓶
蒸发皿	以口径（mm）或容积（mL）大小表示，有瓷、石英、铂等不同质地	用于蒸发、浓缩液体或干燥固体	1. 可直接加热，但不宜骤冷；2. 液体接近蒸发完时需垫石棉网
布氏漏斗、吸滤瓶	布氏漏斗为磁质，以容积（mL）或口径（mm）大小表示。吸滤瓶为玻璃质，以容积（mL）大小表示	两者配套使用，用于减压过滤，利用水泵或真空泵降低吸滤瓶中压力，以加速过滤	1. 滤纸必须与漏斗底部吻合，过滤前须先将滤纸润湿；2. 注意根据过滤的固体或滤液的量选择合适大小的漏斗或吸滤瓶；3. 吸滤瓶不可加热
容量瓶	以刻度以下的容积（mL）表示	配制准确浓度的溶液	1. 不能烘烤或加热；2. 不能代替试剂瓶存放溶液，不能在其中溶解固体；3. 容量瓶与磨口塞要配套使用，不可互换
移液管、吸量管	以容积（mL）表示，有多刻度管型和单刻度大肚型 2 种	准确量取一定体积的溶液	1. 不能加热；2. 使用时先用少量所移溶液润洗 3 次；3. 如吸量管未标"吹"字，不可用外力使残留在吸量管末端的溶液流出
酸式滴定管、碱式滴定管	规格按刻度最大标度（mL）表示。酸式滴定管下端有玻璃磨口的活塞；碱式滴定管下端连接着橡皮管，再接一个玻璃尖嘴	在定量分析（如滴定）中用于准确放出一定量液体	1. 不能加热；2. 使用前必须检查滴定管是否漏液，活塞转动是否灵活；3. 读取体积前必须调节到管内没有气泡；4. 酸式滴定管用于盛放酸性溶液或氧化性溶液，不宜盛放碱液；碱式滴定管不能存放与橡胶作用的溶液；5. 见光易分解的溶液用棕色滴定管盛放

（续表）

仪器名称	规 格	主要用途	使用注意事项
称量瓶	分“扁形”和“高形”，以外径(mm)×高(mm)表示	精确称量一定量试剂，特别适用于称取易吸湿的固体试样	1. 磨口塞要原配，不能互换；2. 不可直接用火加热
碘量瓶	以容积(mL)大小表示	反应容器，振荡方便，适用于碘量法滴定操作或生成挥发性物质的分析	1. 磨口塞要原配；2. 加热时要打开瓶塞
普通干燥器、真空干燥器	以外径(mm)大小表示，分普通干燥器和真空干燥器	内放干燥剂，可保持样品或产物的干燥。真空干燥器通过抽真空造成负压，可使物质更快更好地干燥	1. 灼烧过的物品放入干燥器前温度不可过高，并要不时开盖，直至热物质完全冷却；2. 及时更换干燥剂；3. 盖与缸身之间的平面经过磨砂，在磨砂处涂以润滑脂，使之密闭
点滴板	瓷质	用于定性分析、点滴实验	不能加热
研钵	以口径大小(mm)表示，用瓷、玻璃、玛瑙或铁制成	用于研磨或混合固体物质	1. 不能用火直接加热；2. 根据固体的性质和硬度选用不同的研钵；3. 大块固体物质只能碾压，不能捣碎
石棉网	由铁丝制成，中间涂有石棉，有大小之分	加热时垫上石棉网能使物体受热均匀，避免局部过热	不能与水接触，以免石棉脱落或铁丝锈蚀
坩埚	以容积(mL)大小表示，有瓷、石英、铁、镍、铂等不同材质	用于灼烧试样	1. 可直接加热，但不宜骤冷。灼热的坩埚不要直接放在桌上，应放在石棉网上；2. 根据固体性质选用不同材质坩埚
坩埚钳	铁、铜或不锈钢材质，有大小、长短之分	夹取坩埚加热或往高温电炉中取放坩埚	使用后，若温度很高应放在石棉网上

（续表）

仪器名称	规　格	主要用途	使用注意事项
洗瓶	以容积(mL)大小表示，有玻璃和塑料材质	内装蒸馏水，用于洗涤或配制溶液	塑料制品严禁加热，注意洗瓶的密封
泥三角	由耐热瓷管和铁丝缠绕而成，有大小之分	灼烧坩埚时，放置坩埚用	
水浴锅	铜或铝制品	用于间接加热，也用于控温实验	1. 加热时防止将锅内水烧干；2. 用完后将水倒掉，并擦干锅体，以免腐蚀
三角架	铁制品，有大小、高低之分	放置较大或较重的加热容器	
铁架台、铁夹、铁环		1. 用于固定或放置反应容器；2. 铁环还可以代替漏斗架使用	用铁夹夹持仪器时，不可过紧或过松，以仪器不能转动为宜
漏斗架	木制，有螺丝可固定于铁架台或木架上	用于过滤时支撑漏斗	
试管架	有木质、铝质、特种塑料材质	放试管用	

（续表）

仪器名称	规　　格	主要用途	使用注意事项
试管夹	有木质、钢丝或塑料材质	用于加热试管时夹持试管	1. 防止烧损；2. 夹持试管应从试管底部慢慢朝上移动，试管夹不应触及试管口
Test Tube Brush 毛刷	以大小和用途表示，如试管刷、滴定管刷等	用于洗涤玻璃仪器	1. 根据所洗涤仪器的大小，选择适当粗细的毛刷；2. 小心刷子顶端的铁丝撞破玻璃仪器
药匙	由牛角、瓷或塑料制成，现多为塑料制品	取用固体药品，药匙两端各有一大一小 2 个勺，根据取用量多少选用	1. 不能用于取灼热的药品；2. 取用一种药品后必须洗净擦干后，方可取用另一种药品
燃烧匙	铁、铜制品	检验物质可燃性	1. 放入集气瓶时应从上而下慢慢放入，不可接触瓶底；2. 硫磺、钾、钠的燃烧试验，必须在燃烧匙底垫上少量沙子；3. 用后立即洗净擦干
烧瓶	玻璃质，分硬质和软质，有平底、圆底、长颈、短颈几种及标准磨口烧瓶。规格按容量(mL)大小表示。磨口烧瓶以标号表示其口径大小(mm)，如 14,19 等	反应物多且需长时间加热时，常用它作反应容器	加热时应放置在石棉网上或加热浴中，使受热均匀
自由夹、螺旋夹	自由夹又称弹簧夹、止水夹、管水夹等；螺旋夹又叫节流夹	在蒸馏水储瓶、制气或其他实验装置中沟通或关闭流体的通路。螺旋夹还可控制流体的流量	1. 使用胶管时，夹在自由夹的中间部位；2. 在蒸馏水储瓶的装置中，夹子夹持胶管的部位应经常变动

（续表）

仪器名称	规　　格	主要用途	使用注意事项
恒压滴液漏斗	以外径(mm)×高(mm)表示，通常为筒状	主要用于反应体系内有压力存在的反应，使液体顺利滴加	易折断，使用和洗涤时须小心
分液漏斗	有球形、梨形之分，以容积(mL)大小表示	1. 互不相溶的液液分离；2. 气体发生装置中加液	1. 不能加热；2. 磨口的漏斗塞子不能互换，活塞处不能漏液
蒸馏头、克氏蒸馏头	以口径长度(mm)表示，一般有普通蒸馏头和克氏蒸馏头	与圆底烧瓶组装后，用于蒸馏	减压蒸馏时，应在磨口连接处涂润滑油剂，保证装置密封性。普通蒸馏用蒸馏头，减压蒸馏用克氏蒸馏头
(a) (b) (c) 冷凝管	以口径长度(mm)表示，主要分为直形(a)、球形(b)、蛇形(c)和空气冷凝管	蒸馏和回流操作	回流操作必须使用球形冷凝管。一般蒸馏时，使用直形冷凝管，当被冷凝物质沸点超过140℃时，可用空气冷凝管
维氏分馏柱	以口径(mm)表示	用于分馏分离多组分沸点相近的物质	
(a) (b) 接引管	以口径(mm)表示，主要有单接引管和双接引管	与冷凝管组装，用于蒸馏	减压蒸馏时，应在接引管磨口处涂润滑油剂，以保证减压蒸馏顺利进行。接引管(a)用于常压蒸馏，接引管(b)用于减压蒸馏

（续表）

仪器名称	规　格	主要用途	使用注意事项
(a) (b) 套管	以口径(mm)表示，主要分为温度套管(a)和搅拌器套管(b)	温度计套管用于固定温度计和反应器皿，搅拌器套管用于固定搅拌器和反应器皿	使用时，必须用橡皮管连接固定
(a) (b) 连接管	以口径(mm)表示，一般有二口连接管(a)和75°弯接管(b)	75°弯接管主要用于连接反应器皿和直形冷凝管，用于一般蒸馏。二口连接管用于连接反应器皿、滴液漏斗和回流冷凝管	二口连接管有时也可用于连接反应器皿、温度计及回流冷凝管
分水器	以口径(mm)表示	用于分离反应中产生的水	一般借共沸蒸馏带走反应中生成的水
干燥管	玻璃质，以口径(mm)表示，多为磨口	装干燥剂，用于干燥气体或用于无水反应装置	1. 干燥剂大小适中，不与气体反应；2. 两端用棉花团塞好；3. 干燥剂变潮应立即更换；4. 使用时，固定在铁架台上，大头进气，小头出气
洗气瓶		用于洗涤、干燥气体	要根据所洗涤气体的性质选择适当的液体洗气剂，洗气剂的用量不可过多或过少

4.2 基本称量仪器及其使用

天平是化学实验中不可或缺的称量仪器。实验时，应根据称量准确度的不同要求，选择精度适宜的天平。一般来说，台秤适用于粗称样品，可称准至 0.1 g。电光分析天平与电子分析天平能准确称量至 0.0001 g。电子天平称量更加简便。

4.2.1 台秤与电子天平

1) 台秤

台秤(图 4-1)用于精度不高(一般为 0.1 g)的称量,适用于粗称样品。使用方法如下:

(1) 调整零点:将游码拨到标尺“0”位,指针停在刻度盘的中间位置。

(2) 称量时,左盘放称量物,右盘放砝码(10 g 或 5 g 以下的重量是通过移动游码来平衡的),增减砝码,使台秤处于平衡状态,此时指针所指位置即为停点。砝码加游码的质量就是称量物的质量。

称量时应注意:①不能称量热的物体;②若称量物不能直接放在托盘上,依情况选择纸、表面皿或其他容器;③称量完毕,一切复原。

2) 电子天平

利用电磁力来称重物体质量的衡器被称之为电子天平,见图 4-2。实验室中常使用分度值为 0.1 g 或 0.01 g 的电子天平,如制备化合物、配制非标准溶液时物质的称重等。电子天平具有称量速度快,性能稳定,灵敏度和精度高,操作简便等优点。

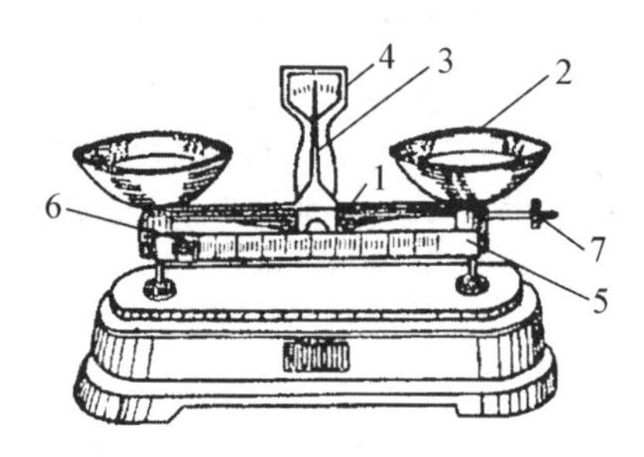

1—横梁;2—托盘;3—指针;4—刻度牌;
5—游码标尺;6—游码;7—平衡调节螺丝

图 4-1 托盘天平

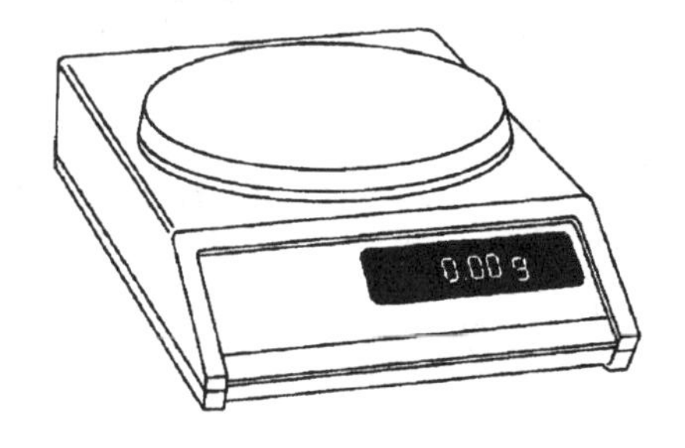

图 4-2 电子天平

4.2.2 电光分析天平与电子分析天平

1) 电光分析天平

电光分析天平是化学实验室中最常见的分析天平,能精确称量至 0.0001 g,主要用于定量分析。天平的外形与构造见图 4-3。

天平横梁上的 3 个玛瑙刀等距离安装在横梁上,横梁两边装有 2 个平衡螺丝,用来调整横梁的平衡位置,梁的中间装有垂直的指针,用以指示平衡位置。支点刀的后上方装有调节天平灵敏度的“重心螺丝”。

天平的悬挂系统是由吊耳、吊钩、秤盘、空气阻尼器等组成,当开启天平时,空气阻尼器内筒上下移动所产生的阻力能使天平横梁停摆而达到平衡。

天平的读数装置由下端装有缩微标尺的垂直指针、光源、光屏等构成。开启天平时,光源将缩微标尺上的刻度线放大,投射到光屏上,从屏上看到标尺的投影,中间为零,左负右正,屏中央有一条垂直刻线,标尺投影与该线重合处为天平的平衡位置(也称停点)。天平座下面有一拨杆,可使光屏在小范围内左右移动,用以细调天平的停点。

天平的升降旋钮,位于天平底座的正中,连接托梁架、盘托和光源,是天平的开关。开启

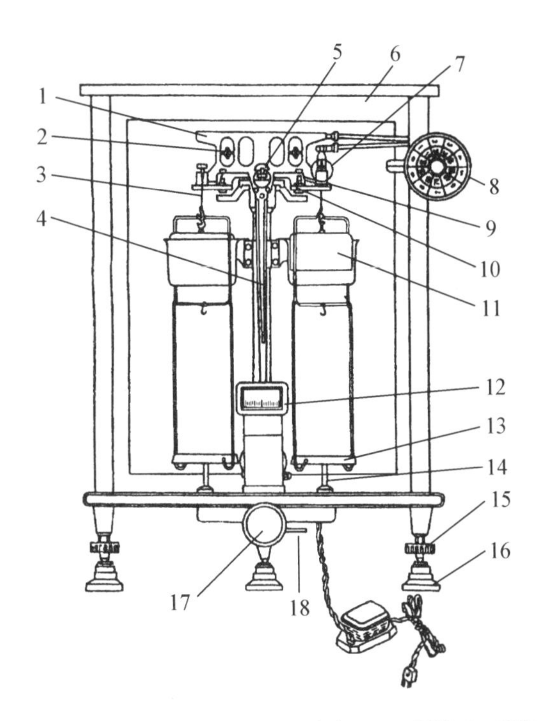

1—横梁；2—平衡螺丝；3—吊耳；4—指针；5—支点刀；6—框罩；7—环码；8—指数盘；
9—承重刀；10—支架；11—阻尼内筒；12—投影屏；13—称盘；14—盘托；
15—螺旋脚；16—垫脚；17—开关旋钮(升降旋钮)；18—微动调节杆

图 4-3　半机械加码(半自动)电光分析天平

天平时，顺时针旋转升降旋钮，电源接通，影屏上显出标尺的投影；逆时针旋转升降旋钮，电源关闭，天平停止工作。

每台天平都有一盒配套使用的砝码，盒内装有 1 g、2 g、2 g、5 g、10 g、20 g、20 g、50 g、100 g 等砝码。标称值相同的砝码，其实际质量可能有微小的差异，通常以单星“*”、双星“**”作标记以示区别。取用砝码时必须使用镊子，用毕及时放回砝码盒内。

(1) 电光分析天平的使用规程

① 取下天平防尘罩检查并调整天平至水平位置，叠整齐后放在天平顶板上。检查天平是否水平，圈码有无脱落，吊耳是否错位，圈码指数盘是否归零等。

② 天平零点调整。顺时针旋转升降旋钮，开启天平，光屏上显示移动的缩微标尺投影。待标尺投影停稳后，天平处于“停点”，光屏中央刻线所指示的标尺读数即为停点的读数。天平处于“零点”时，该读数为“0”。否则，应拨动拨杆，使光屏上的刻线恰好与标尺上的“0”线重合。

③ 称量操作。先在台秤上粗称样品，然后将样品放在分析天平的左托盘中央，天平右托盘中央放上克位以上的砝码，再调整圈码的重量，每次均从中间量(如 500 mg 或 50 mg)开始调整，调定圈码至 10 mg 位后，完全开启升降旋钮，待平衡后，即可读数。

若样品未经粗称，为使天平尽快达到平衡，加减砝码的判别原则是：由大到小，中间截取，逐级试探。熟记“指针总是偏向轻盘，标尺投影总是向重盘方向移动”，这样就可以迅速判断究竟是增加砝码，还是减去砝码。

④ 读数。待天平处于平衡后(注意：天平侧门应关闭!)，被称重物体的质量等于秤盘上砝码质量读数、圈码质量读数与标尺上的读数之和。在预习报告上记录样品的质量。

⑤ 称量结束后，逆时针旋转升降旋钮，使天平停止工作。取出被称物，将砝码夹回砝码盒，圈码指数盘回归“000”，关闭天平侧门，盖上防尘罩，登记天平使用记录。

(2) 使用电光分析天平的注意事项

① 天平应保持清洁干燥，天平箱内的硅胶应及时更换。

② 在天平未关闭时，绝对不能在天平盘上加减砝码或取放试样，否则会使天平梁坠落或玛瑙刀口损坏。

③ 开、关升降旋钮时，必须缓慢均匀。如标尺摆过光屏刻线时，应立即关闭天平。

④ 不能称量过冷或过热的物体，以免引起天平梁热胀冷缩。化学药品不能直接在天平盘上称量，吸湿性强、易挥发或具有腐蚀性的化学药品必须放在密闭容器内迅速称量。

⑤ 称量过程中，应使用天平侧门。取砝码时，须用镊子夹取。加减圈码时，应逐格轻缓旋动圈码指数盘，避免环码脱落。称量读数时，必须关好侧门，以防气流影响读数的准确性。

⑥ 在同一个实验中，所有的称量操作应使用同一台分析天平，最大程度地减少称量的系统误差。

⑦ 称量完毕后，应检查天平是否关闭，砝码盒内砝码是否齐全，称量物是否取出，指数盘是否归零，侧门是否关好。然后罩上防尘罩，在天平使用登记本上签字，经实验指导教师检查后方可离开天平室。

2) 电子分析天平

电子分析天平(图 4-4)用于定量分析，其原理与电子天平一样，具有称量迅速，性能稳定，灵敏度和精度高，操作简便等优点。

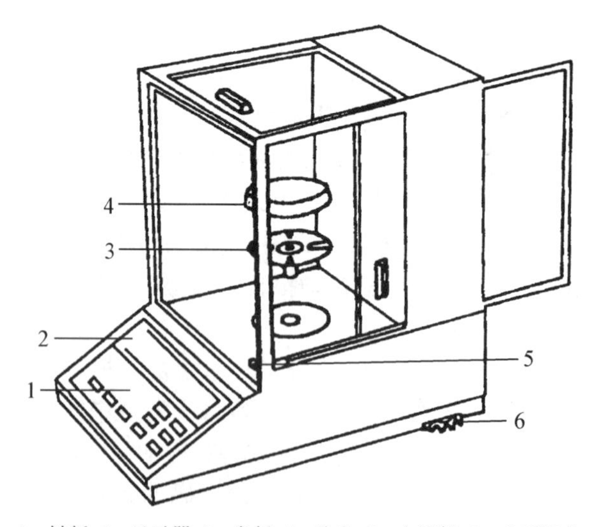

1—键板；2—显示器；3—盘托；4—称盘；5—水平仪；6—水平调节

图 4-4　电子分析天平

(1) 电子分析天平的使用方法

① 检查天平后方的水平仪,如不水平,应调节天平前边左、右 2 个水平支脚,使天平达到水平状态。

② 接通电源,预热 30 min。

③ 按开/关键,显示屏出现“0.0000 g”。若显示不是“0.0000 g”,则按 TARE 键调零。

④ 将称量物轻放在秤盘中央,显示屏数字不断变化,待显示屏上的数字稳定并出现“g”后,即可记录称量结果。

(2) 使用电子分析天平的注意事项

若天平长期未用或天平被移动,应对天平进行校准。校准程序首先按电子分析天平使用方法的①、②、③步骤进行,尔后按校正键(CAL),天平自行校正,此时屏幕显示“CAL”。10 s 左右,“CAL”消失,表明天平校正完毕。天平屏幕显示“0.0000 g”。若显示非零,则按“TARE”键,再进行称量操作。

4.3　基本测量仪器及其使用

4.3.1　气压计

实验室常用福廷式气压计(图 4-5)。读数前先记下气压计温度(由所附温度计读出),然后进行调节:首先旋转底部的调节螺旋,使汞槽内的液面与象牙针尖端刚好接触。然后转动游标螺旋,使游标副尺下沿边与管中汞面之凸液面相切。读数分为 2 部分:按照游标副尺的零线(即下沿)所对应的主尺上的刻度,读出大气压的整数部分;从副尺上找出一根刻度线正好与主尺上的某一刻度线相吻合,此副尺上的刻线即为大气压的小数部分。例如,游标尺的零线处于刻度759~760 mmHg(1 mmHg=133.322 Pa)之间,则气压的整数部分为 759 mmHg,然后找出游标尺上与主尺刻度吻合的线是 4,则气压的小数部分为 0.4 mmHg。此时大气压力为759.4 mmHg。

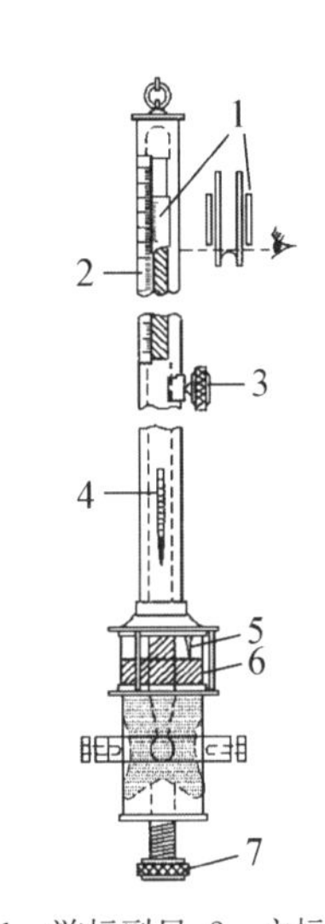

1—游标副尺;2—主标尺;
3—游标调节螺旋;4—温度计;
5—象牙针;6—水银槽;
7—调节螺旋

图 4-5　福廷式气压计

4.3.2　酸度计

酸度计又称 pH 计,是测量溶液 pH 值的常用仪器,它由电极和电动势测量部分构成。电极与待测试液组成工作电池;电动势测量部分则将电池产生的电动势进行放大和测量,最终显示待测溶液的 pH 值。酸度计还可以测量氧化还原电对的电极电势值(mV)。如果配上合适的离子选择性电极,酸度计还可以测量溶液中某一种离子的浓度(活度)。

酸度计通常以玻璃电极(氢离子选择性电极)为指示电极,饱和甘汞电极(图 4-6)为参比电极。玻璃电极的下端是一玻璃球泡,它是由仅对氢离子感应的特殊玻璃薄膜制成。球泡内盛有一定 pH 值的内标准缓冲溶液,电极内还装有一支 Ag-AgCl 内参比电极。玻璃电极与待测溶液的接触界面产生一个电势差,该电势差只与待测溶液的 pH 值相关联,并随溶液的 pH 值变化而变化。另外,饱和甘汞电极是由汞、甘汞(Hg_2Cl_2)与饱和氯化钾溶液组成,其电极电位恒定。温度为 T℃时,$E(Hg_2Cl_2)=0.2415-7.6\times10^{-4}(T-25)$,不随溶液 pH 值的变化而变化。

酸度计的工作电池可用下式表示:

$$(-)\mathrm{Ag}|\mathrm{AgCl}|\mathrm{HCl}(\text{玻璃球泡内})|\text{待测溶液}\parallel \mathrm{KCl}(\text{饱和})|\mathrm{Hg_2Cl_2}|\mathrm{Hg}\ (+)。$$

25℃时,该电池所产生的电池电动势为:

$$E_{\mathrm{cell}} = K' + 0.059\ \mathrm{pH}。$$

式中,K'为常数,测量这一电动势便可获得待测溶液的 pH 值。但 K'很难测定,实际工作中常用一个已知 pH 值的缓冲溶液作为基准,对酸度计进行校正。

目前,许多型号的酸度计均采用复合电极(图 4-7),该电极是将参比电极和指示电极合为一体,使用十分方便。

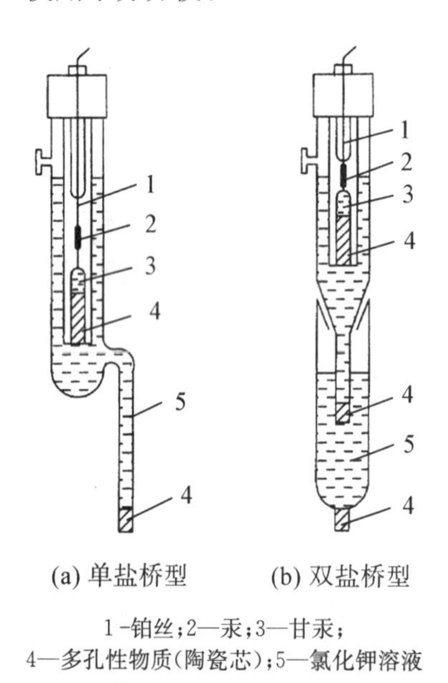

(a) 单盐桥型　　(b) 双盐桥型

1-铂丝;2—汞;3—甘汞;
4—多孔性物质(陶瓷芯);5—氯化钾溶液

图 4-6　甘汞电极

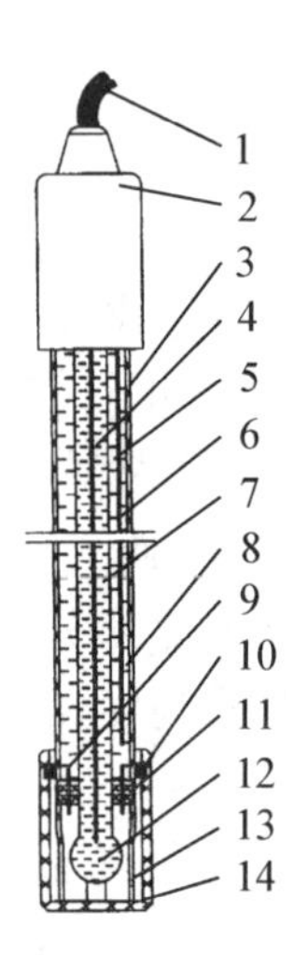

1—电极导线;2—电极帽;3—电极塑壳;
4—内参比电极;5—外参比电极;6—电极支持杆;
7—内参比溶液;8—外参比溶液;9—液接界;
10—密封圈;11—硅胶圈;12—电极球泡;
13—球泡护罩;14—护套

图 4-7　pH 复合电极

1) PHS-25 型酸度计的使用方法

酸度计的型号众多,实验室中最常用的是 PHS-25 型酸度计(图 4-8),其使用方法如下:

(1) 电极安装与开机

① 将玻璃电极和甘汞电极固定在电极夹上。由于玻璃电极下端的玻璃球泡很薄,非常容易碰坏,因此,甘汞电极的位置应低于玻璃电极,以保护玻璃电极。

若使用复合电极时,将复合电极固定在电极夹上。

② 开启电源,将量程选择开关置于“pH”挡,预热 10 min。

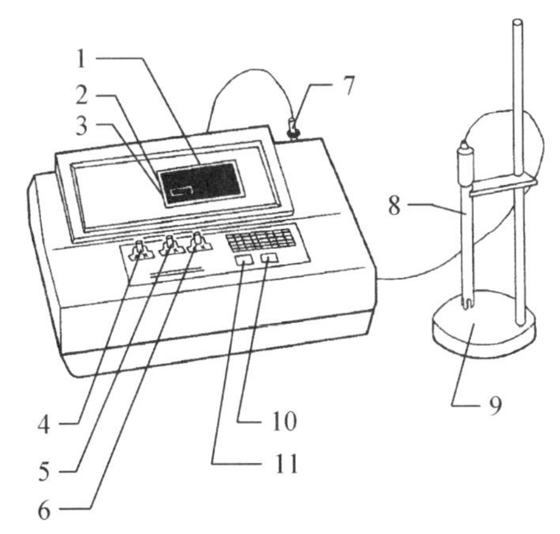

1—pH 及 mV 值显示屏；2—pH 指示灯；3—mV 指示灯；4—定位调节器；
5—斜率调节器；6—温度补偿调节器；7—pH 电插座；8—pH 电极；
9—电极架；10—"mV"开关；11—"pH"开关

图 4－8　PHS－25 型酸度计

（2）定位（校准）

① 调节"温度"调节旋钮，使所指示的温度与溶液的温度相同。

② 用去离子水冲净电极，用吸水纸擦干电极上的水滴，插入 pH＝6.86 的标准缓冲溶液（表 4－2）中。

表 4－2　三种标准缓冲溶液

编号	pH 值	组　成	配　制　方　法
1	4.00	邻苯二甲酸氢钾	10.21 g 邻苯二甲酸氢钾（G. R）溶解，稀释至 1000 mL
2	6.86	KH_2PO_4－Na_2HPO_4	3.4 g KH_2PO_4（G. R）和 3.55 g Na_2HPO_4（G. R）溶解，稀释至 1000 mL
3	9.20	硼砂	将 3.81 g 硼砂（G. R）溶解，稀释至 1000 mL

③ 调节"定位"旋钮，使屏幕读数与使用的标准缓冲溶液的 pH 值一致。

④ 用去离子水清洗电极，用吸水纸擦干电极，再以与待测溶液相近 pH 值的标准缓冲溶液（如 pH ＝ 4.00 或 pH ＝ 9.18）进行第二次定位（有时，酸度计只需进行一次校准，选择与待测液 pH 值相近的缓冲溶液进行定位即可）。仪器校准定位后，不得拨弄"定位"旋钮，否则应重新校正定位仪器。

（3）测量 pH 值

用去离子水清洗电极，用吸水纸擦干电极，尔后将电极插入待测溶液中，轻轻晃动烧杯，使溶液均匀，按下"测量"开关，待屏幕上的读数稳定后，读出该溶液的 pH 值。

2）酸度计使用的注意事项

未润湿的玻璃电极不能响应 pH 值的变化，使用前应在蒸馏水中浸泡 24 h。每次测量完毕仍需浸泡在蒸馏水中。另外，应避免玻璃电极的敏感玻璃泡与硬物接触，并尽量避免在强碱性溶液中使用。

复合电极在使用前，应将电极上方加液口的橡皮套拔出。使用后，及时插好，并套上电极保护套,套内应放少量外参比补充液(3 mol·L^{-1} KCl)润湿玻璃球泡。应避免长时间浸泡在蒸馏水、蛋白质溶液和酸性氟化物溶液中。复合电极经长期使用后,如发现斜率略有降低,则可把电极下端的玻璃球泡浸泡在 4% HF(氢氟酸)溶液中 3～5 s,用蒸馏水洗净,然后在 0.1 mol·L^{-1}盐酸溶液中浸泡,使之复新。

4.3.3 电导率仪

电导率仪是化学实验室中测量水溶液电导必备的仪器,也是半导体、核能工业和发电厂纯水或超纯水检验所必需的仪器(图 4-9)。

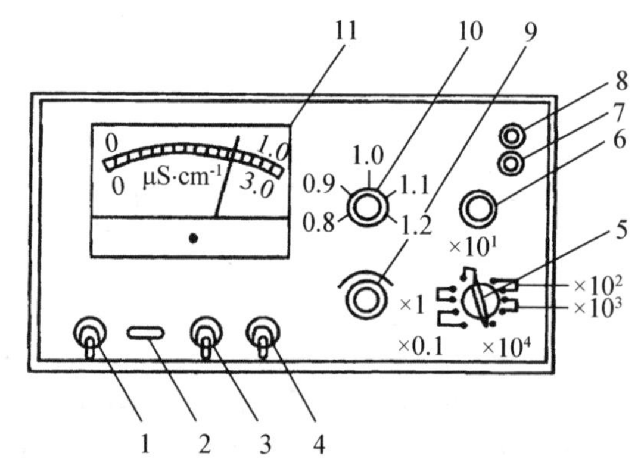

1—电源开关;2—指示灯;3—高周、低周开关;4—校正、测量开关;5—量程选择;6—电容补偿调节器;7—电极插口;8—10 mV 输出端口;9—校正调节器;10—电极常数调节器;11—表头

图 4-9 DDS-11A 型电导率仪

电解质溶液的导电能力以电导 G 表示。测量溶液电导可用 2 个平行板电极插入溶液中,测出两极间的电阻。根据欧姆定律,在一定温度下,两电极间的电阻 R 与两电极间的距离 l 成正比,与电极的截面积 A 成反比,即,

$$R=\rho\frac{l}{A},\tag{4-1}$$

式中,ρ 称为电阻率。因为,电导 G 是电阻 R 倒数,电导率 κ 是电阻率 ρ 倒数,所以,

$$G=\kappa\frac{A}{l},\text{ 即 }\kappa=\frac{l}{RA}。\tag{4-2}$$

式(4-2)中,κ 表示两电极距离为 1 m、截面积为 1 m^2 的溶液的电导,单位是 S·m^{-1}。

1) DDS-11A 电导率仪的使用方法

DDS-11A 型电导率仪是化学实验室中常用的电导率仪,其量程范围为 0～10^5 μS·cm^{-1},有 12 个量程,不同量程需配用不同的铂电极。各量程范围和配用电极见表 4-3。

DDS-11A 电导率仪的使用方法如下:

(1) 接通电源前,观察表头指针是否指零,若有偏差调节表头下方凹孔,使其恰指零。

(2) 接通电源,仪器预热 10 min。将铂电极插头插入插座,在去离子中浸泡数分钟。

(3) 将电极浸入被测溶液(或水)中,须确保极片浸没。

(4) 调节“常数”旋钮,使其与铂电极常数的标称值相一致。例如,所用电极的常数为 0.98,则把“常数”旋钮的白线对准面板上 0.98 刻度线。

表 4-3　电导率仪的量程范围与配用电极

<table>
<tr><th>量　程</th><th>电导率/(μS・cm^{-1})</th><th>测量使用频率</th><th>配用电极</th></tr>
<tr><td>1</td><td>0～0.1</td><td rowspan="8">低周</td><td rowspan="5">DJS-1 型光亮电极</td></tr>
<tr><td>2</td><td>0～0.3</td></tr>
<tr><td>3</td><td>0～1</td></tr>
<tr><td>4</td><td>0～3</td></tr>
<tr><td>5</td><td>0～10</td></tr>
<tr><td>6</td><td>0～30</td><td rowspan="6">DJS-1 型铂黑电极</td></tr>
<tr><td>7</td><td>0～10^2</td></tr>
<tr><td>8</td><td>0～3×10^2</td></tr>
<tr><td>9</td><td>0～10^3</td><td rowspan="4">高周</td></tr>
<tr><td>10</td><td>0～3×10^3</td></tr>
<tr><td>11</td><td>0～10^4</td></tr>
<tr><td>12</td><td>0～10^5</td><td>DJS-10 型光亮电极</td></tr>
</table>

(5) 根据待测溶液电导率的大小，选择“低周”和“高周”挡。若待测溶液电导率小于 300 μS・cm^{-1}时，将“高周/低周”开关拨至“低周”；若待测溶液电导率大于 300 μS・cm^{-1}时，将“高周/低周”开关拨至“高周”挡。

(6) 将“量程”置在合适的倍率挡。若事先不知待测液体电导率高低，可先置于较大的电导率挡，再逐挡下降，以防表头指针打弯。

(7) 将“校正-测量”开关置于“校正”位，调“校正”调节器使表针指满度值 1.0。

(8) 将“校正-测量”开关置于“测量”位，表针指示数乘以“量程”倍率即为溶液电导率。

【例 4-1】 测纯水时，“量程”置于×0.1(红)挡，指示值为 0.56，则被测电导率为 0.56×0.1=0.056 μS・cm^{-1}。若“量程”置$\times10^2$ 挡，指示值为 0.50，则被测电导率为 0.50×10^2=50 μS・cm^{-1}。

(9) “量程”置黑(B)点挡，则读数为表面上行刻度 0～1。“量程”置红(R)挡，则读数为下行刻度。

2) DDS-11A 电导率仪使用的注意事项

(1) 测量高纯水的电导率时，应尽量减少高纯水样在空气中暴露的时间。

(2) 测量低电导率(电导率小于 100 μS・cm^{-1})水样时，例如，高纯水、去离子水、蒸馏水和矿泉水等水样，请选用 DJS-1 型光亮电极。

(3) 测量一般溶液的电导率(30～3000 μS・cm^{-1})，请采用 DJS-1 型铂黑电极。

(4) 测量 3×10^3～10^4 μS・cm^{-1}的高电导溶液时，应使用 DJS-10 型光亮电极。

4.3.4　紫外-可见分光光度仪

当一定频率的紫外-可见光照射待分析试样时，引起分子中价电子能级发生变化，分子中的一些基团有选择地吸收紫外-可见辐射，使电子发生能级跃迁而产生吸收光谱。分子的紫外-可见吸收光谱呈带状，它反映了待分析分子的特征。因此，紫外-可见光谱可以进行定性分析，了解和分析分子中的一些基团信息。

紫外-可见分光光度法的定量测定基于朗伯-比耳定律。当一束平行单色光通过单一均匀、非散射的吸光物质溶液时，溶液的吸光度与浓度和液层厚度的乘积成正比。若固定比色皿厚度，测定有色溶液的吸光度，则溶液的吸光度与浓度构成线性关系，这样，通过配制系列标准溶液，便能进行物质的定量分析。

1）紫外-可见分光光度仪的结构

紫外-可见分光光度仪测定波长位于 200～1 000 nm。虽然该类型仪器的型号众多，但它们的基本构造相似，较为常见的仪器有 722 型光栅分光光度仪和 752C 型紫外-可见分光光度仪，以 722 型光栅分光光度仪为例（图 4-10），它采用单光束自准式光路，以衍射光栅为色散单元，由光源（适用于可见区的钨丝灯，使用范围在 330～800 nm）、单色器、样品池、光电管和电子系统等部件构成，图 4-10 为 722 型分光光度仪。

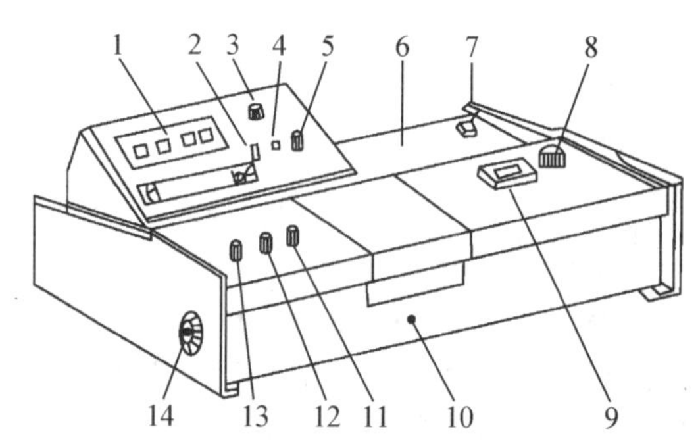

1—数字显示器；2—吸光度调零旋钮；3—选择开关；4—吸光度调斜率电位器；
5—浓度旋钮；6—光源室；7—电源开关；8—波长选择旋钮；9—波长刻度窗；
10—样品回拉手；11—100%T 旋钮；12 0%T 旋钮；
13—灵敏度调节旋钮；14—干燥器

图 4-10　722 型分光光度仪

2）紫外-可见分光光度仪的使用方法

紫外-可见分光光度仪能在紫外与可见光谱区域内对样品物质作定性和定量分析，其灵敏度、准确性和选择性都很高。现以 722 型分光光度仪为例，介绍其使用方法。

① 将“灵敏度”调节器旋钮置于放大倍率最小的“1”挡。

② 预热仪器。将“选择”开关置于“T”，打开电源开关，点亮钨灯（752C 型分光光度仪有氢灯或氘灯，使用范围在 200～360 nm）；仪器预热 15 min。

③ 选定波长。根据实验要求，转动波长手轮，调至所需要的单色波长。

④ 打开试样室盖（光门自动关闭），调节透光率“0%T”旋钮，使显示数字为“00.0”。

⑤ 将盛参比溶液（蒸馏水或纯溶剂）的比色皿放入比色皿座架中的第一格内，并置于光路中，把试样室盖子轻轻盖上。调节透光率“100%”旋钮，使数字显示正好为“100.0”。如果显示不到 100.0%，则可适当增加灵敏度的挡数，同时重复调整仪器的“0%T”和“100%T”，直至仪器稳定。

⑥ 吸光度的测定。当显示“100.0”透光率时，将选择开关置于“A”挡，使数字显示为“.000”。若不是，则调节吸光度“调零”旋钮。

将盛有待测溶液的比色皿放入比色皿座架中的其他格内，盖上试样室盖，轻轻拉动试样架拉手，将待测溶液推入光路，此时数字显示值即为该待测溶液的吸光度值。记下读数，打开试样室盖，切断光路。重复上述测定操作 1～2 次，读取相应的吸光度值，取平均值。

⑦ 浓度的测定。选择开关由“A”旋至“C”，将已标定浓度的样品放入光路，调节浓度旋钮，使得数字显示为标定值。尔后将待测样品推入光路，此时数字显示值即为该待测溶液的浓度值。

⑧ 实验完毕，切断电源，将比色皿取出洗净，并将比色皿座架用软纸擦净。

3）紫外-可见分光光度仪使用的注意事项

① 为了防止光电管疲劳，不测定时，必须将试样室盖打开，使光路切断，以延长光电管的使用寿命。

② 拿取比色皿时，手指只能捏住比色皿的毛玻璃面，而不能碰比色皿的透光表面。

③ 比色皿不能用碱溶液或氧化性强的洗涤液洗涤，也不能用毛刷清洗。比色皿外壁附着的水或溶液应用擦镜纸或细而软的吸水纸吸干，不要擦拭，以免损伤它的光学表面。若在测定波长小于 360 nm 时，必须使用石英比色皿。

④ 测定吸光度前，须用待测溶液润洗比色皿 2～3 次，以免溶液浓度改变。

4.3.5　显微熔点测定仪

在大气压力下，一个纯固体的熔点就是固态与液态达到平衡时的温度。其纯度越高，固液两态之间的变化越敏锐。一般而言，一个纯固体自初熔至全熔的温度区间不超过 0.5℃～1℃。因此，固体样品的熔点不但体现其物理性质，而且反映其纯度。

显微熔点测定仪除了能进行固体样品的熔点测定外，还能用于观察晶体在受热状态下的晶形转变、色变、升华和分解以及水合物的脱水等现象。显微熔点测定仪的型号较多，但基本上由显微镜、加热平台、温控装置及温度显示等部件构成。图 4-11 为常见的显微熔点测定仪。

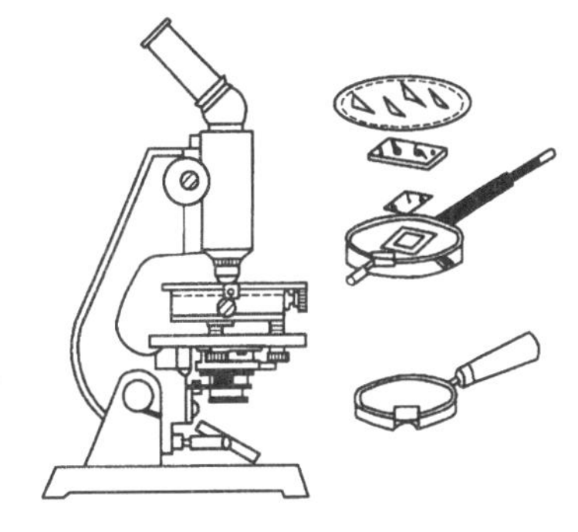

图 4-11　显微熔点测定仪

显微熔点测定仪的使用方法：先将载玻片擦净，放入微量固体样品，再用另一玻片盖住样品，一起放入加热台中央。升温，用调热旋钮调节加热速度。当温度接近样品熔点时，控制升温速度为 1℃～2℃/min。样品结晶棱角开始变圆时为初熔，结晶完全变为液滴时为全熔。测定结束后，停止加热。稍冷后用镊子取出载玻片。用溶剂洗净载玻片，以备再用。

4.3.6　阿贝折光仪

折射率是物质的重要物理常数之一，测定物质的折射率可以定量地求出该物质的浓度或纯度。物质中所含杂质愈多，其折射率与纯物质的偏离愈大。另外，纯物质溶解于溶剂中，折射率也会发生变化，一般情况下，当溶质的折射率小于溶剂的折射率时，浓度愈大，折射率愈小，反之亦然。

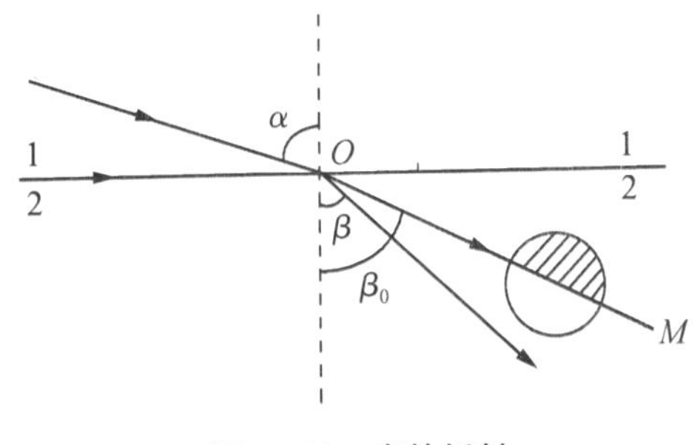

图 4-12　光的折射

阿贝折光仪根据全反射原理设计，利用测定全反射的临界角来测定物质的折射率。当一束色光从介质 1 进入介质 2 时，因 2 种介质的密度不同，光线在界面处改变方向，发生光的折射(图 4-12)。根据光的折射定律，入射角 α 和折射角 β 的关系为：

$$\frac{\sin\alpha}{\sin\beta}=n_{1,2}。\tag{4-3}$$

式(4-3)中,$n_{1,2}$是介质2相对于介质1的相对折射率。若$n_{1,2}>1$,则α恒大于β。当入射角增大至90°时,折射角也相应增至最大值β_0,β_0称为临界角。此时,光线可通过介质2中OM的下方区域,即明亮区;而OM的上方区域无光线通过,则为暗区。如果在M处有一目镜,则会出现半明半暗。当入射角α为90°,式(4-3)可改写为

$$n_{1,2}=\frac{1}{\sin\beta_0}。\tag{4-4}$$

因此,当固定一种介质时,临界折射角β_0的大小与被测物质的折射率呈简单的函数关系。

1) 阿贝折光仪的结构

阿贝折光仪(图4-13)由2块折射率为1.75的玻璃直角棱镜(图4-14)构成,两棱镜间留有微小缝隙,用于装待测液体,并可使液体铺展成一薄层。当光线经反光镜反射至辅助棱镜的粗糙表面时,发生漫反射。漫射所产生的光线透过镜隙的液层,从各个方向进入测量棱镜而发生折射,其折射角都落在临界角β_0之内。具有临界折射角的光线自测量棱镜经过消色散棱镜(也称阿密西棱镜)消除色散,再反射至物镜,此时若将目镜十字线调节到适当位置,则会看到目镜上呈现半明半暗的像。

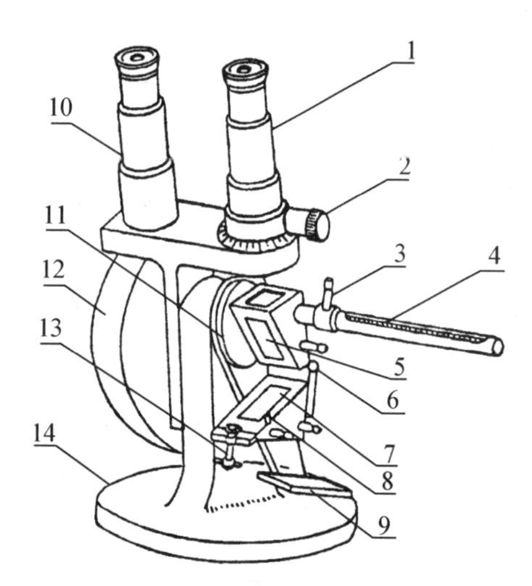

1—测量望远镜;2—消色散手柄;3—恒温水入口;4—温度计;5—测量棱;6—铰链;7—辅助棱镜;8—加液槽;9—反射镜;10—读数镜;11—转轴;12—刻度盘罩;13—闭合旋钮;14—底座

图4-13　阿贝折光仪外形图

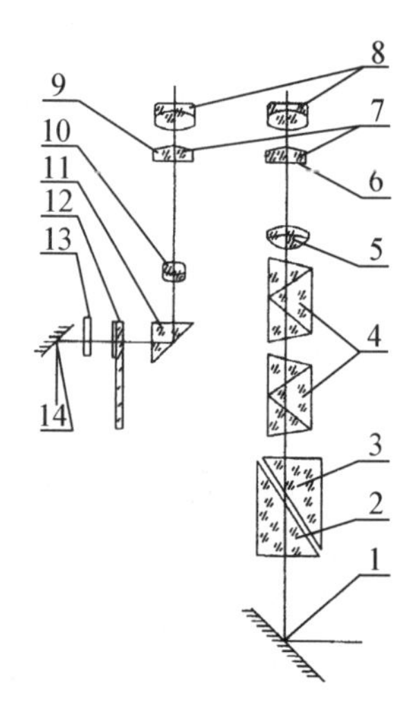

1—反光镜;2—辅助棱镜;3—测量棱镜;4—消色散棱镜;5—物镜;6—分划板;7、8—目镜;9—分划板;10—物镜;11—转向棱镜;12—照明度盘;13—毛玻璃;14—小反光镜

图4-14　阿贝折光仪光学系统示意图

2) 使用方法

(1) 将阿贝折光仪置于光亮处,注意避免阳光直射。在棱镜外套上装好温度计,用超级恒温槽将达到预设温度的恒温水通入棱镜夹套内。

(2) 扭开测量棱镜和辅助棱镜,使辅助棱镜的糙面呈水平,用滴管加少量丙酮清洗镜面,用擦镜纸顺单一方向轻轻揩净镜面。待镜面干燥后,滴加几滴待测液体样品,并迅速合

上棱镜，旋紧锁钮。若待测液体试样易挥发，可在两棱镜闭合时，从加液小孔注入样品。

(3) 转动镜筒使之垂直，调节反射镜使入射光进入棱镜，同时调节目镜的焦距，使目镜中的十字线清晰明亮。再调节读数旋钮，使目镜中呈现半明半暗状态，即目镜中出现明暗分界线或彩色光带。

(4) 调节消色散棱镜至目镜中彩色光带消失，再调节读数旋钮使明暗界面恰好落在十字线的交叉处。

(5) 从望远镜中读出标尺的折射率数值。为减小偶然误差，应再转动棱镜，使明暗分界线离开十字线交叉点，再调回交叉点，再次读取折射率，同时记下温度。每一个样品需加样 3 次，每次重复读取 3 个折射率数据。

4.3.7　气相色谱仪

气相色谱仪利用试样中各组分在气相和固定液相之间的分配系数不同，当汽化后的试样被载气带入色谱柱中运行时，组分就在其中的两相间进行反复多次分配，由于固定相对各组分的吸附或溶解能力不同，因此各组分在色谱柱中的运行速度就不同，经过一定的柱长后，试样中各种组分便彼此分离，按时间顺序离开色谱柱进入检测器，产生的离子流信号经放大后，在记录器上描绘出各组分的色谱峰。每一个峰代表最初试样中不同的组分。峰出现的时间称为保留时间，可以用来对每个组分进行定性，而峰的大小(峰高或峰面积)则是组分含量大小的度量。

1) 气相色谱仪的结构

气相色谱仪一般由载气系统(包括气源、气体净化、气体流速控制和测量)、进样系统(包括进样器、气化室)、色谱柱(可分为填充柱和毛细管柱)、检测器(常见的有热导检测器、氢火焰检测器、电子捕获检测器、火焰光度检测器和氮磷检测器)和记录系统(色谱工作站)组成。

2) 色谱柱

色谱柱和检测器是气相色谱仪的关键部件，色谱柱应柱效高、选择性好、分析速度快。固定相和柱管组成色谱柱。将固体吸附剂或涂布有固定液的颗粒载体均匀而紧密地填装于不锈钢柱管内而成的色谱柱称为填充柱。将固定液直接涂布于细长的玻璃或石英毛细管内壁上而成的色谱柱称为开管毛细管柱。填充柱方便、允许进样量大，主要应用于工业生产中。毛细管柱渗透性好，传质阻力小，分离效能高，分析速度快，允许进样量很小，在科研院所应用广泛。色谱柱首次使用前，需在高温下通载气数小时，即色谱柱“老化”。在色谱分析

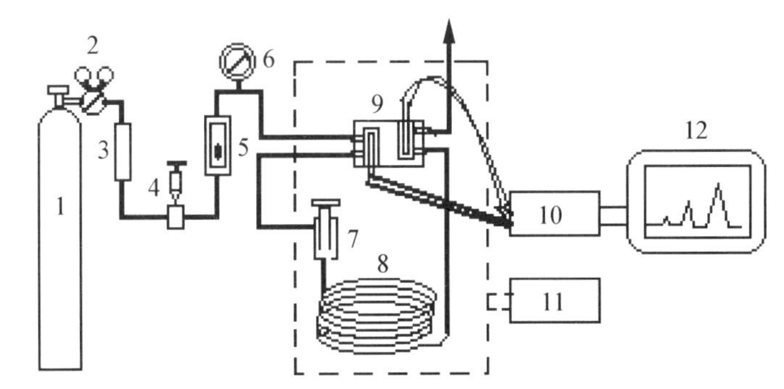

1—载气钢瓶；2—减压阀；3—净化干燥管；4—针形阀；5—流量计；6—压力表；7—气化室；
8—色谱柱；9—热导检测器；10—放大器；11—温度控制器；12—色谱工作站

图 4-15　气相色谱仪构造图

中，分析试样中各组分的分离程度主要取决于选择合适的色谱柱固定相和柱长，分离后各组分能否灵敏正确地检出则主要取决于选择合适的检测器。

3）色谱条件

根据待测试样的性质选择热导检测器（TCD）或氢火焰检测器（FID）。热导检测器测量载气中通过检测器组分浓度瞬间的变化，所检测信号值与组分的浓度成正比。热导检测器工作时，桥电流通常设为140 mA（氢气作载气）。氢火焰检测器测量载气（氮气作载气）中某组分进入检测器的速度变化，即检测信号值与单位时间内进入检测器组分的质量成正比。然后，设定载气流速、汽化温度、柱温和检测器温度。柱温可采用恒温或程序升温模式。通常柱温比待测试样中各组分的平均沸点低20℃～30℃，汽化温度和检测器温度应高于试样中沸点最高的组分。若待分离试样中各组分的沸点相差很大，可采用程序升温模式。

4）气相色谱仪的使用方法

GC－7890系列气相色谱仪是由计算机控制的多功能实验室用分析测试仪器，其操作方法如下：

① 打开载气高压阀，调节减压阀至所需压力。打开净化器上的载气开关阀，用检漏液检漏，保证气密性良好。调节载气稳流阀使载气流量达到适当值，通载气10 min以上。

② 打开色谱仪主机电源开关，根据分析需要设置柱温、汽化温度和FID检测器的温度（FID检测器的温度应大于100℃）。

③ 通入氢气和空气，调节稳流阀使气体流量达到适当值。

④ 打开计算机，进入色谱工作站。打开通道1，点击"样品项"，选择"添加"，进入样品项设置界面，点击"新建"按钮，进入"新建一个样品项"的窗口，根据提示完成样品信息和使用方法的设置，并点击"完成"按钮确认，即可完成样品项设置。色谱工作站开始走基线。

⑤ FID检测器的温度升高到100℃以上，按"点火"键，点燃FID检测器的火焰。

⑥ 将试样注入色谱仪，同时按下"采集数据"按钮，可看到谱图窗口内出现色谱流出曲线。待各组分出峰结束后，按下"停止采集"按钮。

⑦ 关机时，先关闭高效净化器的氢气和空气开关阀，以切断FID检测器的燃气和助燃气使火焰熄灭。然后设置柱箱、检测器、进样器的温度至30℃，气相色谱仪开始降温，在柱箱温度低于80℃以下才能关闭电源，最后再关闭载气。

4.4 实验室常用设备的使用

4.4.1 干燥设备

常用干燥设备有烘箱、干燥箱、真空干燥器等。

1）烘箱

烘箱（又称电热恒温箱）是实验室最常用的干燥设备，可在室温至300℃温度下进行烘焙、干燥、热处理等操作。除电热鼓风干燥箱外，实验室中还使用真空恒温干燥箱用于干燥热敏性、易分解和易氧化的物质，并能够向箱体内充入惰性气体，特别适合一些成分复杂物品的快速干燥。

烘箱主要用于干燥玻璃器皿或烘干无腐蚀性、无挥发性、热稳定性较好的化学药品。不可烘易燃、易爆、有腐蚀性的物品。干燥玻璃器皿时，应将水沥干后，才能放入烘箱，温度一般控制在100℃～110℃。尽管每一个烘箱均配有温控装置，但操作人员必须经常察看，以防电压不稳或温控装置失灵,引发火灾事故。

2) 红外线快速干燥箱

红外线快速干燥箱采用红外灯泡为热源,可进行快速干燥、烘焙。它具有结构简单、使用维修方便、升温快、温度稳定等特点。与烘箱一样,红外线快速干燥箱严禁烘烤易挥发、易燃、易爆物质。

3) 干燥器和真空干燥器

实验室中,常用干燥器和真空干燥器保持物质的干燥,硅胶是常用的干燥剂。

4) 真空恒温干燥箱

真空恒温干燥箱既可作为普通烘箱使用,也可在减压下对样品进行干燥,效果更好。

4.4.2 加热设备

加热是化学实验中的重要操作。加热能加快化学反应速率,一般温度每升高 10℃,反应速率将加快 2～4 倍,对于活化能较高的化学反应,升温效应尤为明显。升温也能增加溶质在溶剂中的溶解度。加热设备可分为火焰加热设备(如煤气灯、酒精灯)、电加热设备(如电炉、电热套、管式炉、马弗炉)、介质加热设备(如水浴、油浴、沙浴)以及辐射加热设备(如微波炉、红外灯)等。

1) 火焰加热设备

煤气灯使用便捷,可用于一些对温控要求不严的实验(如试管反应等)进行直接加热。缺点是温度不易控制,器皿受热不均匀。在加热玻璃器皿时,应在煤气灯与器皿之间放一块石棉网,使加热均匀。但因为是明火加热,因此,煤气灯不能加热含易燃溶剂(如乙醇等)的反应体系。另外,应防止煤气中的有毒物质(主要是 CO)的外逸。不用时,一定要把煤气灯关紧。

(1) 煤气灯的构造

煤气灯由灯管和灯座所组成(图 4－16)。灯管下方有几个圆孔,为空气的入口。旋转灯管,即可完全关闭或不同程度地开启圆孔,以调节空气的进入量。灯座的侧面有煤气进管,用橡皮管与煤气管道连接。灯座下面(或侧面)为煤气进量旋钮,用以调节煤气的进入量。

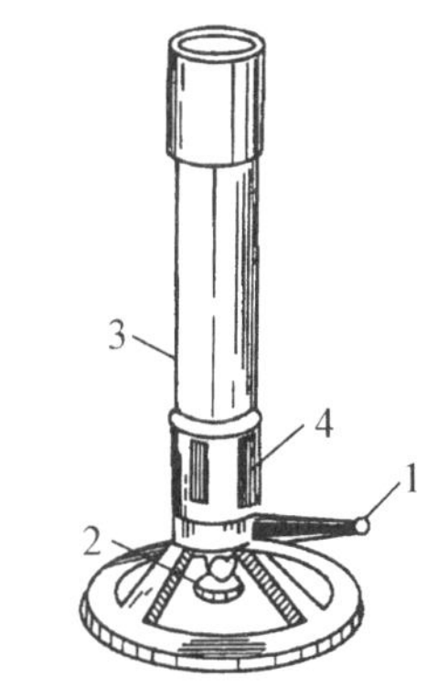

1—煤气进管;2—煤气进量旋钮;
3—灯管;4—空气入口

图 4－16　煤气灯

当灯管圆孔完全关闭,即无空气进入煤气灯时,点燃煤气灯,此时的火焰呈黄色(系碳粒发光所产生的颜色),煤气的燃烧不完全,火焰温度并不高。旋转灯管,逐渐加大空气的进入量,煤气的燃烧就逐渐完全,并且火焰分为 3 层。

内层(焰心)——煤气与空气混合物,并未燃烧,温度低,约为 300℃左右。

中层(还原焰)——煤气不完全燃烧。并分解为含碳的产物,所以这部分火焰具有还原性,称“还原焰”,温度较高,火焰呈淡蓝色。

外层(氧化焰)——煤气完全燃烧,过剩的空气使这部分火焰具有氧化性,称“氧化焰”,温度最高,最高温度区域位于还原焰顶端上部的氧化焰中,约 800℃～900℃,火焰呈淡紫色。实验时,一般都用氧化焰来加热,温度的高低可由调节火焰的大小来控制。

(2) 煤气灯的使用

① 检查煤气进量旋钮和灯管圆孔是否关闭,若圆孔未关闭,旋转灯管将通气孔关闭。若煤气进量旋钮未关闭,调节煤气进量旋钮,使之关闭。

② 划着火柴,开启煤气龙头,打开煤气进量旋钮,点燃煤气灯。

③ 旋转灯管,使空气进入煤气灯头,调节空气进量使煤气灯火焰正常燃烧。

(3) 煤气灯使用的注意事项

当空气或煤气进入量的比例不适配时,会产生不正常的火焰,需要重新调节。一般应先关闭空气进量,尔后增大(或减小)煤气进量,再开启空气进量开关,使煤气灯正常燃烧。

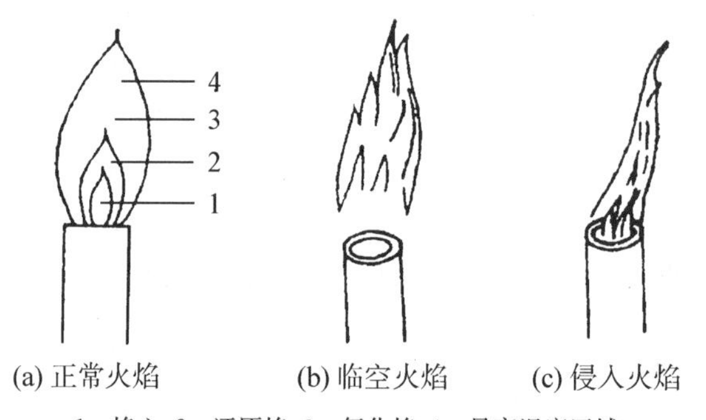

(a) 正常火焰　　(b) 临空火焰　　(c) 侵入火焰

1—焰心;2—还原焰;3—氧化焰;4—最高温度区域

图 4-17　煤气灯的各种火焰

当煤气和空气的进入量都很大时,火焰就临空燃烧,称"临空火焰"[图 4-17(b)],待引燃用的火焰(如火柴)熄火时,它也立即自行熄灭。当煤气进入量很小,而空气进入量很大时,煤气会在灯管内燃烧,而不是在灯管口燃烧,这时还能听到特殊的嘶嘶声和看到一根细长的火焰,这种火焰叫做"侵入火焰"[图 4-17(c)],它将烧热灯管,手触灯管会烫伤手指。有时在煤气灯使用过程中,因某种原因煤气量突然减少时,会产生侵入火焰,这种现象称为"回火"。遇到临空火焰或侵入火焰时,应关闭煤气灯,重新调节和点燃。

2) 电加热设备

(1) 电热套(电热包)

电热套(图 4-18)专为加热圆底烧瓶等容器而设计,电热面为凹的半球面,可取代油浴、沙浴对圆底容器加热,有多种规格(如 50 mL、100 mL、250 mL、500 mL、1 000 mL 等),使用时根据圆底容器的大小选用合适型号。受热容器应悬置在电热套的中央,不能接触电热套的内壁。因此,电热套相当于一个均匀的加热的空气浴,最高温度可达 450℃～500℃。为有效保温,可在电热套口和容器之间用石棉布围住。为使加热温度更加精准,电热套常与调压变压器联用,这是既方便又安全的加热方法。

(2) 马弗炉、管式炉

马弗炉、管式炉属高温炉,用于灼烧试样。高温炉利用电热丝(达 950℃)或硅碳棒(达 1 300℃～1 350℃)加热,炉膛采用传热性能好、耐高温而无胀缩碎裂的碳化硅结合体制成。根据炉膛形状分为箱式(马弗炉)和管式炉 2 种。利用热电偶和温度控制器可检测与控制高温炉的炉温。

马弗炉(图 4-19)炉膛呈长方体,打开炉门,用坩埚钳将待加热的坩埚或其他耐高温器皿放入炉膛灼烧。灼烧完毕先关电源，不要立即打开炉门，以免炉膛骤冷破裂。一般温度降至 200℃以下方可打开，并用坩埚钳取出试样。

管式炉(图 4－20)有一管状炉膛，炉膛内可插入一支耐高温的瓷管或石英管，瓷管中再放入盛有反应物的瓷舟。反应物可在空气气氛或其他惰性气氛(如氮气、氩气等)中受热，一般用于焙烧少量试样或对气氛有一定要求的高温反应。

图 4－18　电热套

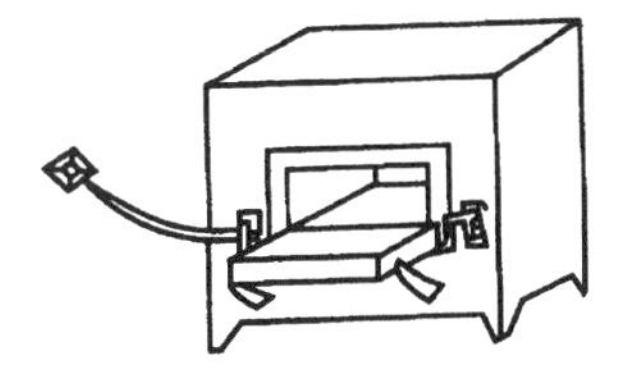

图 4－19　马弗炉

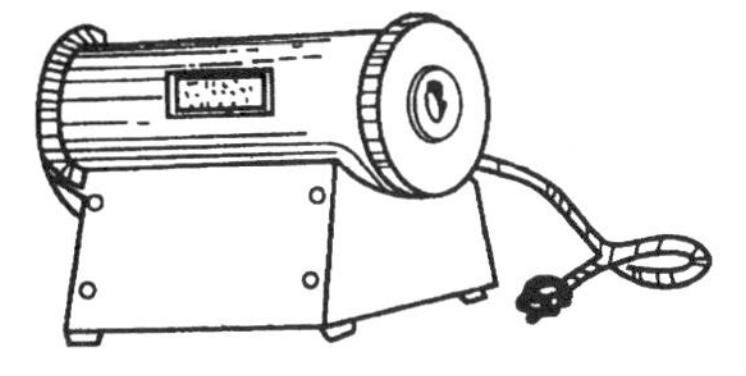

图 4－20　管式炉

3) 介质加热设备

介质加热实际上是将热源的热量通过某种介质传递给待加热的物质，常用的有水浴、油浴、砂浴和空气浴。所用设备简单，受热均匀，受热面积大，可防止局部过热。

(1) 水浴。受热温度不超过 100℃，用于蒸发浓缩溶液。即将受热容器浸入水浴中(勿使容器触及水浴锅底部)。若需要加热到 100℃，可用沸水浴或水蒸气浴。注意随时补充水浴锅中水，切勿蒸干。实验室还可采用烧杯代替水浴锅(图 4－21，图 4－22)。

图 4－21　水浴加热

图 4－22　六孔电水浴锅

(2) 油浴。一些有机合成反应常需在 100℃～250℃时进行，可使用油浴加热。油浴所能达到的最高温度取决于油的沸点和闪点，详见表 4－4。

表 4－4　常见油浴

油　浴　液	加热温度/℃	特　　　点
石蜡油	＜220	高温时不分解，但易燃烧
蜡或石蜡	＜220	室温时为固体，便于保存
甘油或邻苯二甲酸二正丁酯	140～145	温度过高易分解
植物油	＜220	加入 1%对苯二酚，可增加其热稳定性
硅油或真空泵油	＞250	稳定，但价格贵

用油浴加热时应悬挂温度计，以便及时调节热源，防止温度过高。为更加精准地控制温度，油浴中的电热棒常与调压变压器连接，也可使用水银接点温度计和电子继电器来控温。使用油浴前，应擦净反应瓶底外部，以免将水带入油浴，致使加热时油滴飞溅造成烫伤或引起火灾。

(3) 砂浴。加热温度高于 200℃时，可以使用砂浴。但砂浴由于散热太快，温度上升较慢，且不易控制而使用有限。

(4) 空气浴。加热沸点在 80℃以上的液体，原则上均可采用空气浴加热，参见电热套。

(5) 恒温水浴。一些理化常数如蒸气压、黏度、电导、化学反应速率常数、平衡常数等的精确测定均需要在恒定的温度下进行，实验室中一般选用恒温槽(图 4-23)或超级恒温槽(图 4-24)。恒温槽采用间歇加热以维持温度。当体系温度低于设定温度时，它会自动对体系进行加热；而达到所需温度时，又会自动停止加热。恒温槽采用热容大、导热性能好的液体作为介质，若以水为介质，此种恒温槽被称为恒温水浴，它由浴槽、温度调节器、控制器、加热单元、搅拌器及温度计组成。若将恒温水浴系统稍加改制，就能形成恒温油浴等多种在合成化学中广泛使用的恒温系统。

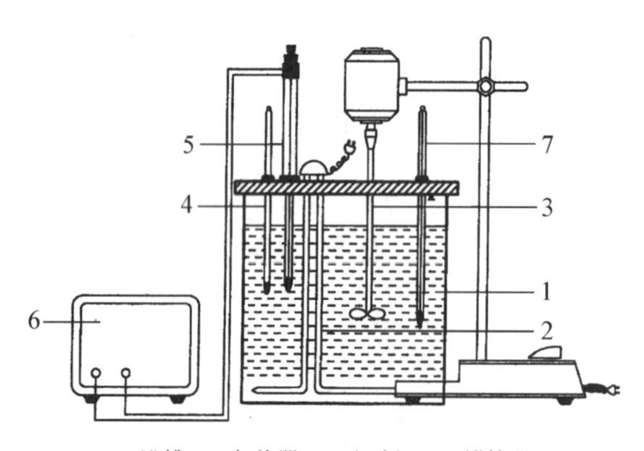

1—浴槽；2—加热器；3—电动机；4—搅拌器；
5—温度调节器；6—温度控制器；7—温度计

图 4-23　恒温水浴槽

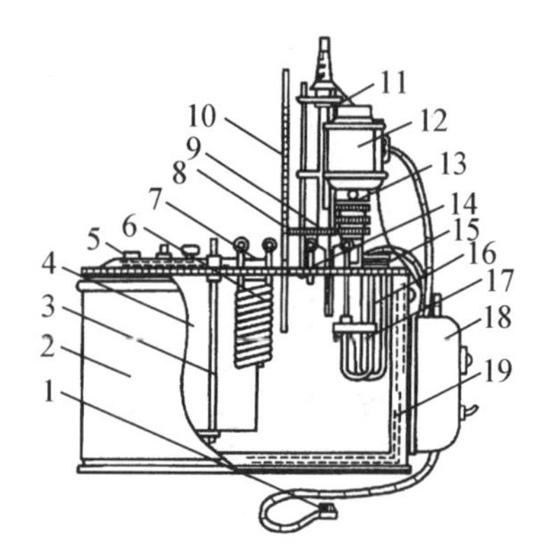

1—电源插头；2—外壳；3—恒温筒支架；4—恒温管；
5—恒温筒加水口；6—冷凝管；7—恒温筒盖子；
8—水泵进水口；9—水泵出水口；10—温度计；
11—水银接点温度计；12—电动机；13—水泵；
14—加水口；15—加热元件线盒；
16—两组加热元件；17—搅拌叶；
18—电子继电器；19—保温层

图 4-24　超级恒温槽

① 温度调节器

水银接点温度计(图 4-25)是恒温水浴的传感器，用于调节温度，对恒温水浴的灵敏度有直接影响。它的上半端是控制温度用的指示装置，下半端是一支水银温度计。后者的毛细管内有一根金属丝与上半端的螺母相连。水银接点温度计的顶端有一帽形磁铁，转动磁铁时，螺母会带动金属丝沿螺杆上下移动。温度计有 2 根导线，一根与金属丝和水银相连，另一根与温度控制器相连。

旋转帽形磁铁将螺母调至设定的位置，如需设定 50℃时，金属丝的下端位于 50℃刻度处。当水银柱上升到 50℃时，恰与金属丝接触，加热器随即停止加热。温度低于 50℃时，两者脱离，系统重新加热。

② 温度控制器

温度控制器由继电器和控制电器构成，也可选用独立的电子设备，如电子节能控温仪，它由大功率可控硅控制电压，内部继电器连接水银接点温度计以达到精密控温的效果。继电器在水银接点温度计断路时，接通加热单元，水浴开始加热。若温度计电路接通后，即水浴温度超过设定值，继电器切断加热电路，停止加热。

③ 加热单元、搅拌器和温度计

合适功率的电热棒可作为加热单元。搅拌器能在较短时间内使浴槽各处的温度一致，通过变速器调节搅拌速率。为更加精确地显示水浴温度，还需加用一支 1/10℃的温度计测量温度。

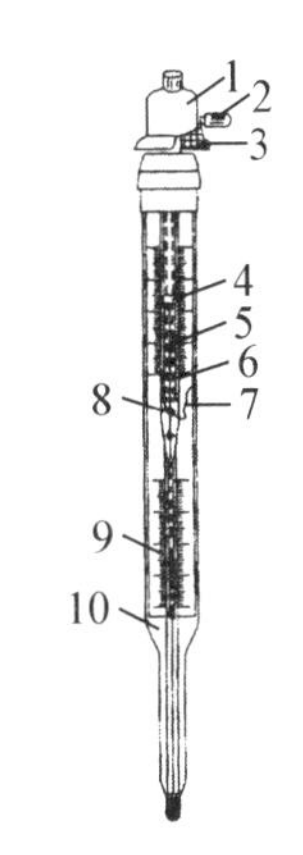

1—调节帽；2—固定螺丝；3—磁铁；4—指针；5—钨丝；6—调节螺杆；7—铂丝接点；8—铂弹簧；9—水银柱；10—铂丝接点

图 4-25　水银温度计

4）辐射加热设备

微波(0.3～30 GHz)介于高频波与远红外辐射之间，在微波辐射作用下，极性分子为响应磁场变化，通过分子偶极以每秒十亿次的高速旋转，使分子间不断碰撞和磨擦而产生热量。这种加热方式较传统的热传导和热对流加热更迅速，体系受热更均匀。微波辐射具有 3 大特点：①大量离子存在时能快速加热；②快速达到所需的温度；③能起到分子水平上的搅拌。在实验室中，常用微波炉干燥玻璃仪器，加热或烘干试样。例如，重量法测定可溶性钡盐中的钡时，可用微波干燥恒重玻璃坩埚与沉淀物，亦可用于合成化学中的微波反应。自 1988 年 Baghurst 首次用微波技术合成了 KVO_3、$BaWO_4$、$YBa_2Cu_2O_{7-x}$ 等无机化合物以来，这一技术在化学中的应用日益受到重视。

4.4.3　冷却设备

有些化学反应如重氮化反应必须在低温下进行，有些放热反应需要传递出产生的热量，而固体结晶等操作也需要冷却。实验室中可选用低温反应装置如低温恒温反应浴，也可选用内盛冷冻液的杜瓦瓶，并根据所要求的温度，选择不同冷冻剂(参见 5.6 节)。

4.4.4　搅拌器

1）磁力搅拌器

磁力搅拌器是化学实验室中常用的实验设备，它结构简单、性能可靠、使用便捷，能使反应体系内的物质混合均匀，若与适当的恒温装置如油浴等联用，还能维持反应体系的温度。使用时，将大小合适的搅拌子(四氟乙烯包裹密封的小铁棒，俗称四氟磁子)置于反应瓶内的液体中，金属底盘下的永久磁铁与电动机相连，电动机带动永久磁铁吸引搅拌子旋转，从而起到搅拌作用。磁力搅拌器还具有加热、简单控温、定时和调速等功能。操作时，搅拌速度不易过快，否则搅拌子旋转速度与磁铁转速不匹配，转速不匀，甚至跳动。此外，还应将反应容器置放在底盘中央。

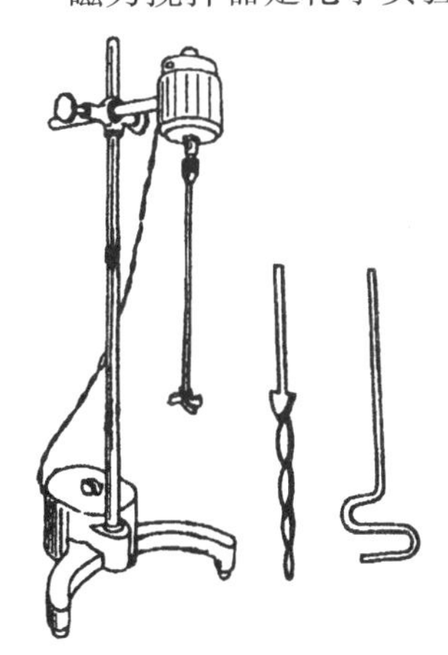

图 4-26　电动搅拌器和搅拌桨

2）电动搅拌器

电动搅拌器由机座、电动机、调速器和搅拌桨(图 4-26)组成，电动机主轴配有搅拌卡头，用于固定搅拌桨。使用时，应保证搅拌桨安装正确，转速稳定，避免搅拌桨触及反应瓶，搅拌桨应转动自如。其转速的调整应由慢到快逐渐增速。一般而言，低黏度液体应采用高速搅拌，高黏度液体采用低速搅拌。

4.4.5 电动离心机

电动离心机常用于沉淀与溶液、不易过滤的各种黏度较大的溶液、乳浊液、油类溶液及生物制品等的分离。使用时，应注意：

① 离心试管应放在离心机的套管中，位置要对称，重量要均衡，否则容易损坏离心机。

② 启动离心机时，应逐渐加速，如果声音不正常，应停机检查。

③ 离心时间和转速由待分离沉淀的性质决定。例如，晶形紧密的沉淀在转速为1000 r/min时，约耗时 1～2 min，无定形疏松沉淀在转速为 2000 r/min 时，约耗时 3～4 min。如 3～4 min 仍不能使其分离，则应设法使沉淀絮凝(可加入电解质或加热)，然后离心分离。

4.4.6 泵

1) 循环水泵

循环水泵是由循环水作为工作流体的一类喷射泵，利用离心水泵将水高速射流产生的负压而使系统形成真空，抽真空的效率与水压、流速和水温有关，它的极限真空度受水的饱和蒸气压限制，当水温在 25℃～30℃时，其最大真空度为 0.1 MPa。实验室中常用循环水泵进行减压过滤、减压蒸馏等操作。

2) 真空泵(简称油泵)

在许多化学实验中，要求系统内部压力低于外部大气压，这就需要真空泵来降低系统内部的压力。真空泵有机械泵和扩散泵 2 种，前者的真空度可达 1～0.1 Pa，后者可获得小于 10^{-4} Pa 的真空度。

机械泵是一种油封式真空泵，有定片式、旋片式、滑阀式等。以旋片式油泵为例，气体从真空系统进入泵的入口，随偏心轮旋转使气体压缩，再从出口排出，其效率主要取决于旋片与定子之间的密封程度。真空泵结构十分精密，工作条件要求较严，若使用不当，会降低工作效率和使用年限，为此，须注意：

① 真空泵应放于清洁干燥的地方，需定期清洗和换油。

② 真空系统与油泵连接的管道应粗短，尽量减少接头。各接头应密封，不漏气。

③ 在真空泵进气口之前，应配有冷凝器、洗气瓶或吸收塔，以除去系统所产生的易凝结蒸气、腐蚀性气体或挥发性液体。

④ 停止工作时，应先关闭真空泵的阀门，并打开放气阀，避免油倒吸至真空系统内，然后关闭电机电源。

⑤ 真空泵不能抽低沸点液体，应先用循环水泵抽出低沸点液体后，才能使用油泵抽真空。

4.4.7 旋转蒸发仪

旋转蒸发仪(也称薄膜蒸发仪)是由电动机、调速器、蜗轮蜗杆减速器、冷凝器、接液器、旋转管、浓缩瓶等构成(图 4－27)。工作时，在真空状态下，被加热的浓缩烧瓶不断旋转，液体在烧瓶内表面形成一层薄膜，从而迅速蒸发，达到浓缩的目的。旋转蒸发仪效率很高，能在低于沸点温度下迅速蒸发液体，对一些黏稠液体或者易产生泡沫的液体浓缩更为合适。操作时，应先开启冷却水并抽真空，待烧瓶被吸牢后，再慢慢开动调速电机，当真空度及转速稳定后，再慢慢加热水浴或油浴。液体蒸出后，即应控制浴温，勿使过热；浓缩结束后，应先停止加热，再关闭电机。当烧瓶停止转动后，再慢慢撤去真空，取下烧瓶并关闭冷却水。为防止蒸发瓶中的液体暴沸而直接冲入冷凝器，造成污染和不必要的麻烦，在具体使用中，可在旋转管和浓缩瓶之间接一个安全瓶。

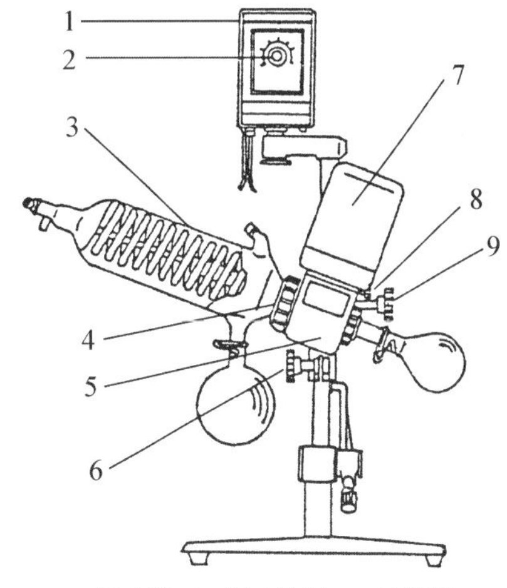

1—调速箱；2—调速旋钮；3—冷凝器；4—冷凝器锁紧螺母；5—减速器；6—升降固定螺丝；7—电动机；8—水平旋转固定螺丝；9—倾斜度固定螺丝

图 4－27　旋转式薄膜蒸发器

4.4.8　气体钢瓶

气体钢瓶是储存压缩气体、液化气体的特制耐压钢瓶，由无缝碳素钢或合金钢制成。钢瓶的内压很大，最高工作压力可达 150 MPa。使用时，需用减压阀(气压表)有控制地放出气体。气体钢瓶可长时间持续提供某种气体，例如在气相色谱分析中，载气氮气便由氮气钢瓶提供。

1) 气体钢瓶的颜色

为防止因各种气体钢瓶混用造成爆炸事故，统一规定钢瓶瓶身颜色及标字颜色，以示区别，详见表 4－5。

表 4－5　钢瓶常用标记

气体类别	瓶身颜色	字体颜色
N_2	黑	黄
O_2	天蓝	黑
H_2	绿	红
空气	黑	白
NH_3	黄	黑
CO_2	灰	黑
Cl_2	黄绿	黄
C_2H_2	白	红
He	银灰	深绿
Ar	灰银	深绿
其他一切可燃气体	红	白
其他一切不可燃气体	黑	黄

2）使用气体钢瓶的注意事项

（1）钢瓶应存放在阴凉、干燥处，远离热源和易燃物。可燃气体（如乙炔等）必须与氧气钢瓶分开放置。此外，氢气钢瓶必须单独放置。

（2）使用气体钢瓶，需用减压阀确保安全使用。减压阀要专用。可燃性气体钢瓶（如氢气、乙炔等）的气门螺纹是反扣的（左旋），即逆时针方向拧紧，不燃或助燃性气体钢瓶（如氮气、氧气）的气门螺纹是正扣的（右旋），即顺时针方向拧紧。

（3）瓶内气体不得全部用完，一般应保留 0.2～1 MPa 剩余压力，以防再次灌气时发生危险。

3）减压阀的使用

减压阀由指示钢瓶的高压表、控制压力的减压阀门和低压表等 3 部分构成。不同气体钢瓶减压阀的原理和结构基本相同，但它们的减压阀不能混用。安装减压阀时，应注意减压阀螺纹与钢瓶螺纹的方向，不要搞反。下面以氧气钢瓶减压阀为例说明减压阀的使用。

将减压阀按图 4－28 连接，先将调节器压阀按反时针方向旋至最松位置（即关闭状态），然后打开钢瓶总阀，减压阀的高压表立即显示瓶内气体压力。检查各连接处是否漏气（可用肥皂水检查）后，方可顺时针缓慢旋紧调压阀门，以恒定的流速使气体缓缓送入反应体系，直至达到所需的压力（由低压表指示）。使用完毕时，必须先关闭钢瓶总阀，排空系统内的气体，待高压表、低压表均指示为“0”时，再旋松调压阀门，此时减压阀重新关闭。

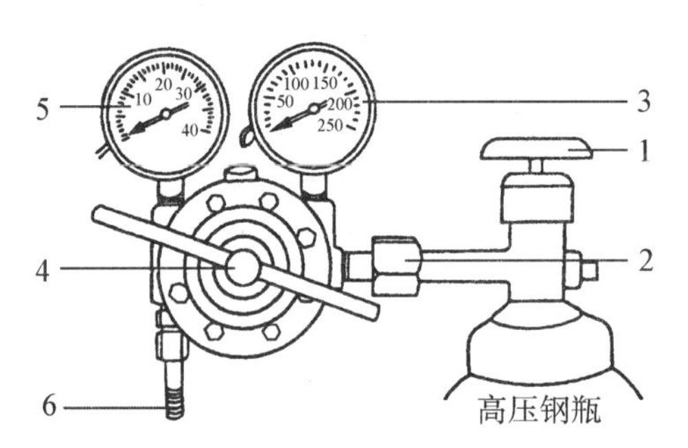

1—钢瓶阀门；2—减压阀与钢瓶连接螺丝；3—高压表；
4—减压阀门；5—低压表；6—供气阀门

图 4－28　气体钢瓶减压阀

5　基 本 操 作

5.1　玻璃加工技术

1）截断玻管（或棒）

取1根长玻管（或玻璃棒）平放在实验台上。如图5-1所示，用三角锉的棱边在玻管欲截断处用力锉出1个凹痕（长度约为玻管周长的1/6）。应向同一方向用力锉割玻管，不可来回“锯割”。若锉痕不明显，须在原处重复锉割。锉痕应与玻璃管垂直，以保证折断后的玻管截面平整。然后双手持玻管（凹痕向外），两手的拇指放在凹痕背面，轻轻地用力向前压，同时食指向外拉，玻管便折断，如图5-2所示。新切的玻璃管截面很锋利，容易划伤皮肤，必须将其在火焰中熔烧至光滑为止（图5-3）。灼热的玻管应放在石棉网上冷却，不可放在实验桌上，更不要用手摸，以免烫伤。

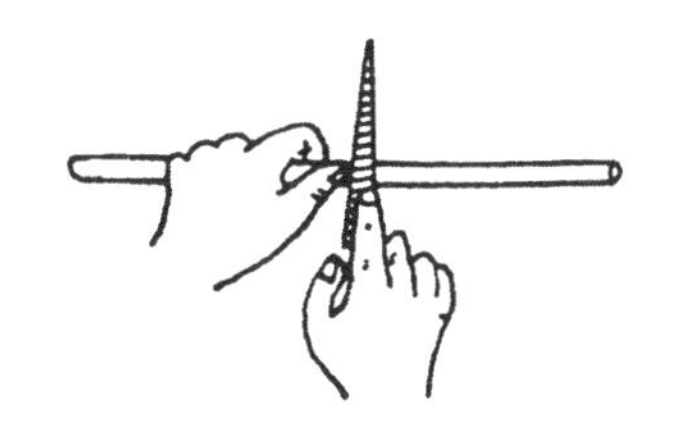
图5-1　锉割玻管

图5-2　截断玻管

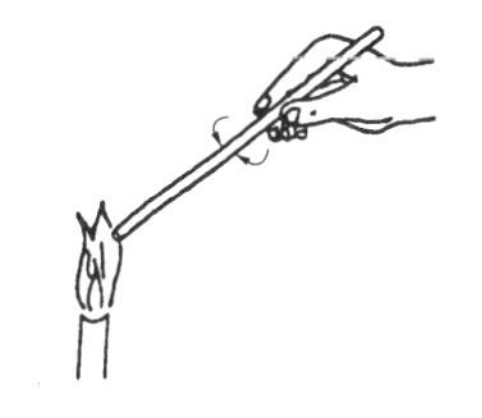
图5-3　玻管截面的熔烧

2）弯曲玻管

如图5-4（图中使用鱼尾灯头）所示，将待弯曲的玻管插入煤气灯的氧化焰中，以增大玻管的受热面积。缓慢而均匀地转动玻管（两手用力要均匀），不能让玻管在火焰中扭曲。当玻管烧成黄色且足够软时，即可从火焰中取出，稍等1～2 s后，准确地弯成所需的角度（图5-5）。玻管弯成后，应检查弯成的角度是否准确（图5-6），整个玻管是否在同一平面上，然后放在石棉网上冷却。

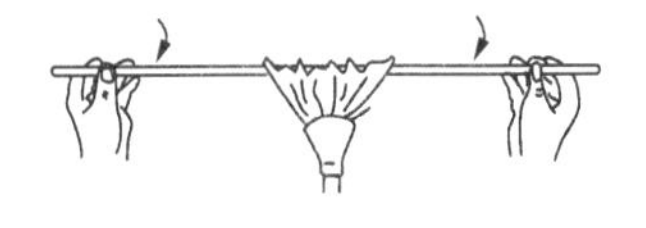

图5-4　加热玻管

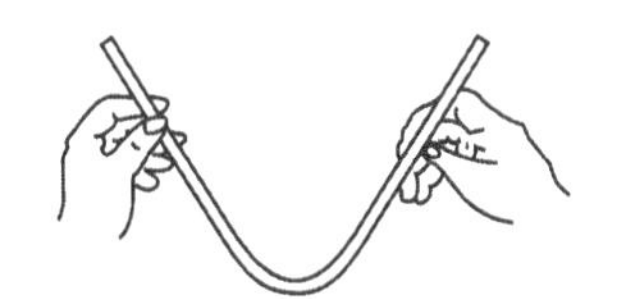
图5-5　玻璃管的弯曲

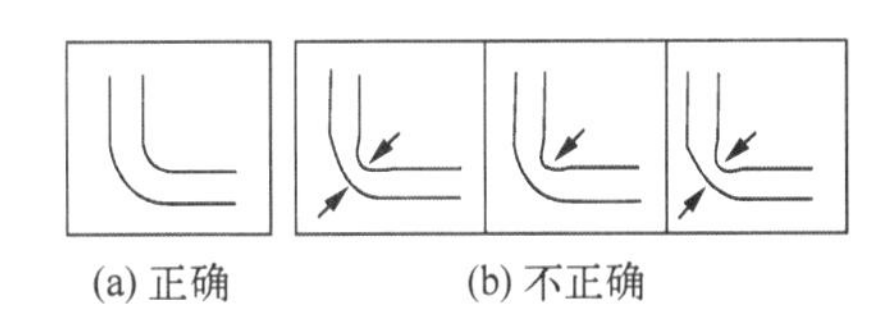

图5-6　弯管好坏的判断

弯曲120°以上的角度，可一次完成。若需要弯曲更小的角度，应分几次完成。先弯成120°左右，待玻管稍冷后，再加热弯成更小的角度（例如90°）。但玻管第二次受热的位置应较第一次略微偏左或右一些。当需要更小角度（如60°、45°）时，则需要第三次加热与弯曲操作。

3）拉玻璃滴管

拉玻璃滴管时，加热方法与弯玻管基本一致，不过受热面积要小一些，而且要烧得更软，当玻管烧到红黄色时，再从火焰中取出。取出后顺着水平方向边拉边来回转动玻璃管，如图5－7所示。当玻管被拉到所需要的细度时，用一手持玻管，使之垂直下垂片刻，再放于石棉网上冷却。冷却后，先检查玻璃滴管是否合格(图5－8)，再根据滴管加工要求进行裁切。

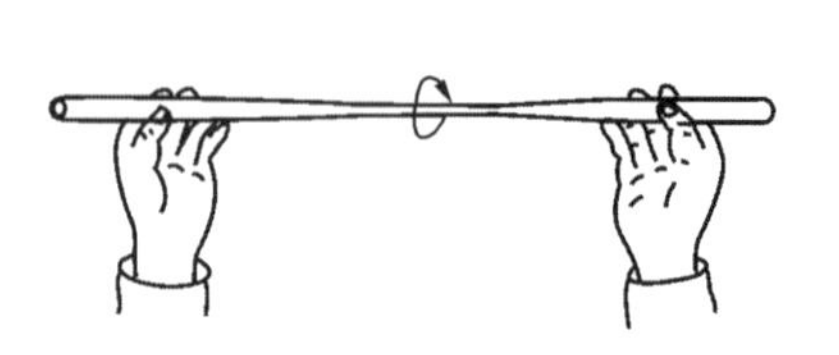

图5－7　玻璃管拉伸

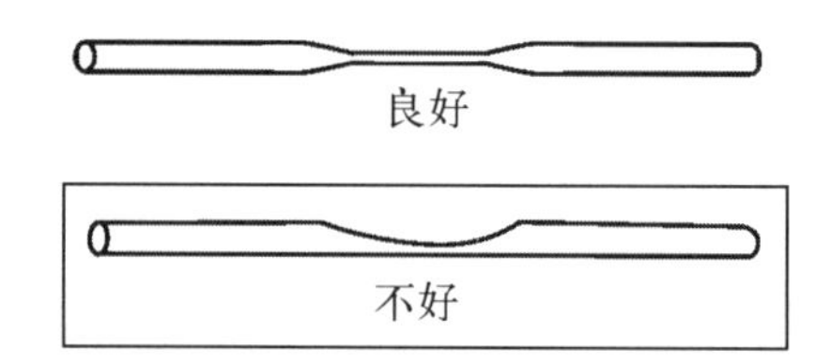

图5－8　玻璃管拉制好坏的比较

4) 塞子钻孔

玻璃容器的常用塞子有软木塞、橡皮塞和玻璃磨口塞。实验中，有时需要在塞子上安装温度计或插入玻璃导管，所以要在软木塞或橡皮塞上钻孔。钻孔步骤如下：首先选择合适直径的钻孔器(图5－9)。将塞子的小头朝上，放在桌面上，如图5－10所示。左手拿塞子，右手按住钻孔器的手柄，在选定的位置上，沿一个方向垂直地(防止钻斜)边转边往下钻。钻到一半深时，反方向旋转并拔出钻孔器。再将塞子的大头朝上，对准原孔的方向按同样操作钻孔，直到贯通为止。把钻孔器中的橡皮条或软木捅出。注意：橡皮塞钻孔时，应选择直径比玻管管径略大一点的钻孔器；而软木塞钻孔时，应选择直径比玻管管径略细一些的钻孔器，并且，钻孔前，先用压塞机把软木塞压实一些，以免钻孔时软木塞开裂。

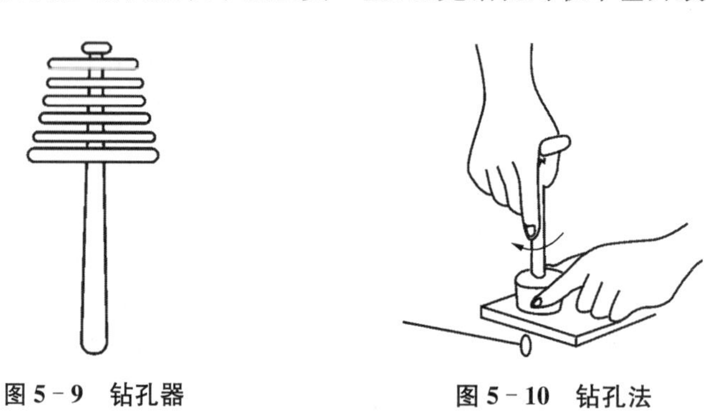

图5－9　钻孔器　　**图5－10　钻孔法**

5.2　玻璃仪器的洗涤与干燥

5.2.1　玻璃仪器的洗涤

玻璃仪器的干净程度常常影响到实验结果的准确性。判断玻璃器皿清洁的标准是：刚清洗后的玻璃器皿壁上应留有一层均匀的水膜，且玻璃壁不挂水珠。洗涤玻璃器皿应根据实验的要求、污物的性质和玷污程度来选择洗涤方法。

(1) 用毛刷洗。用毛刷蘸水刷洗，可去除玻璃器皿上附着的尘土、可溶性物质和易脱落的不溶性杂质，但油污等有机物质不易洗去。

(2) 用去污粉、肥皂或合成洗涤剂洗。用毛刷蘸上皂粉或去污粉，刷洗润湿的器壁，直至表面污物除去为止，然后用自来水清洗。最后，根据采取"少量多次"原则，用蒸馏水洗三次，去除自来水中所含的Ca^{2+}、Mg^{2+}、Fe^{3+}、Cl^{-}等。

(3) 若常规方法洗不干净，视固体污物性质选取恰当方法。

① 粘附壁面的残留物用不锈钢勺刮掉；

② 酸性残留物用5%～10% Na_2CO_3 溶液洗涤，碱性残留物用5%～10%HCl 溶液洗涤；

③ 氧化性残留物可用 $H_2C_2O_4$ 等还原性溶液洗涤，如 MnO_2 褐色斑迹。

④ 有机残留物可根据“相似相溶”原则，选用适当有机溶剂清洗，有机溶剂使用后应回收处理。另外，也可用5% NaOH-乙醇溶液浸泡，再按常规方法清洗。

(4) 超声波清洗。超声波洗涤非常方便，适用于清洗被同种污物玷污的大量器皿。只要将不洁的玻璃器皿放在配有洗涤剂的水中，接通电源，利用超声波的振荡和能量，即可达到清洗玻璃器皿的目的。

(5) 特殊洗涤液洗涤

① 铬酸洗液，由浓 H_2SO_4 和 $K_2Cr_2O_7$ 配制而成，具有强氧化性，对有机物、油污等的去污能力特别强，可反复使用直至呈绿色。坩埚、称量瓶、移液管、滴定管、比色皿等宜用铬酸洗液洗涤。洗液腐蚀性强，使用时要注意安全，应避免引入大量的水和还原性物质。洗液含铬，有毒性，可对环境造成严重污染，因此，失效的洗液不能倾入下水道。

② NaOH-$KMnO_4$ 洗涤液，可用于被油污及有机物玷污的器皿。

③ HNO_3-乙醇洗涤液，可用于洗涤被油脂或有机物玷污的酸式滴定管等。

④ HCl-乙醇洗涤液，适用于洗涤沾染有色有机杂质的比色皿。

玻璃器皿清洗后，先用大量自来水冲洗，再用适量蒸馏水或去离子水冲洗数次。

(6) 特殊玻璃仪器的洗涤

移液管、容量瓶、滴定管、比色皿等因形状和材质较为特殊，为保证测量准确性，洗涤方法(通常用铬酸洗液)也较为特殊。

① 移液管的洗涤：先用自来水冲洗，再用吸耳球吹出管内残剩的水，然后将移液管插入洗液瓶内，用吸耳球缓缓吸入洗液至移液管容量的1/4，用食指堵住移液管上口，将移液管横置，左手托住未被洗液沾湿处，右手食指松开，转动移液管，使洗液润洗移液管内壁，然后将洗液放回原瓶。再用自来水充分冲洗，用洗瓶、少量蒸馏水洗涤内壁2～3次。

② 容量瓶的洗涤：先用自来水冲洗，倒出残留的水，再倒入适量洗液，转动容量瓶，使洗液润洗内壁，然后将洗液放回原瓶。再用自来水充分冲洗，用洗瓶、少量蒸馏水洗涤内壁2～3次。

③ 滴定管的洗涤：先用自来水冲洗，零刻度以上部位可用毛刷蘸洗涤剂刷洗，零刻度以下部位常采用洗液清洁。碱式滴定管应除去乳胶管，用橡胶乳头封住碱式滴定管的下口。倒入约10 mL 洗液，双手平托滴定管，不断转动滴定管，使洗液润洗滴定管内壁。操作时，应谨防洗液外溢。然后，将洗液倒回原瓶，再用自来水充分冲洗，用洗瓶、少量蒸馏水洗涤内壁2～3次。使用滴定管进行滴定分析前，还须用所盛的溶液润洗3次。

④ 比色皿的洗涤：不能用毛刷刷洗光学玻璃制成的比色皿，通常用合成洗涤剂或(1∶1)硝酸洗涤后，用自来水冲洗，再用蒸馏水润洗2～3次。

5.2.2　玻璃仪器的干燥

化学实验中常需使用干燥的玻璃仪器，尤其是在有机合成与金属有机合成实验中，玻璃器皿的干燥程度关系着实验的成败，有时极微量的水分都会导致无法获得最终产物。洗净的玻璃器皿可采用不同的方法干燥。

（1）自然晾干法：若器皿不急用，可在对各种器皿保持整洁环境的前提下（如倒置在仪器架上），利用水的自然挥发使之干燥。

（2）加热烘干法：可用于试剂瓶、烧杯等非计量玻璃器皿，加热方式可用烘箱（控制在105℃左右。刚用有机溶剂荡洗过的器皿，不能用烘箱烘干）、电吹风、气流烘干器等。

（3）有机溶剂干燥法：适用于带有刻度的计量器皿，如量筒、滴定管、容量瓶等，先用易挥发、与水互溶的有机溶剂（酒精、丙酮等）润湿器皿，然后倒出，再自然晾干或冷风吹干，亦可干燥急用的玻璃器皿。

注意：带有刻度的计量器皿不能用加热烘干法干燥，否则影响精度。

5.3 称量方法

实际操作时，可根据样品的不同，正确选用以下方法：

1）直接法

在空气中稳定、无吸湿性的试样（如金属），可采用直接法称量。用角匙取样，轻放在已知质量的清洁而干燥的表面皿或称量纸上。一次称取一定质量，然后将试样全部转移至接受容器中。称量时，不能用手直接取放被称物，应戴上汗布手套，或垫上纸条，或使用镊子，避免引入误差。

2）差减（减量）法

称取试样的质量由2次称量之差获得。此法适用于称取易吸水、易氧化或易与空气中某些组分反应的固体物质。称量操作如下：

将适量待称物放入洁净、干燥的称量瓶中，盖好瓶盖。用清洁纸条叠成1 cm宽的纸带套在称量瓶上（或戴汗布手套拿取称量瓶），左手捏住纸带（图5－11），将称量瓶放在秤盘中央，称出称量瓶及瓶中试样的质量，记下天平读数。将称量瓶从天平秤盘，移至接受容器上方（图5－12）。右手用纸片捏住称量瓶瓶盖，打开瓶盖，并用瓶盖轻轻敲击瓶口，使固体试样缓缓落入接受容器内（图5－12）。当倾出的试样接近所要求称取的质量时，将称量瓶慢慢竖起，同时用称量瓶继续轻敲瓶口上部，使粘附在瓶口处的试样落下。然后盖好瓶盖，再将称量瓶放回天平秤盘中央，称量，记下第二次天平读数。2次质量之差即为试样的质量。若试样量不够，则继续进行称量操作。若不慎倒出的试样超过所需质量时，则应弃之重称。

图5－11　称量瓶的握法

图5－12　试样倾出

3）固定质量称量法（增量法）

用基准物质配制指定浓度的标准溶液时，往往需要称取指定质量的试样，可选用增量法。先称出空容器的质量，然后加上固定质量的砝码，用角匙将试样逐渐加至容器中。称量时，用手指轻轻敲击匙柄，使试样落入接受容器中。使用电子分析天平时，加样至所要求的质量。

5.4　化学药品的取用及溶液配制

5.4.1　试剂的取用与处理

1) 固体试剂的取用

(1) 以清洁、干燥的药匙取用试剂,多取药品不可倒回原试剂瓶中。

(2) 一般固体可以放在称量纸上称量。易潮解或有腐蚀性的试剂必须放在加盖玻璃容器中称量。

(3) 往试管中加入粉末状固体试剂时,可用药匙或将取出的药品放在对折的纸片上,伸进平放的试管 2/3 处[图 5-13(a),(b)],然后直立试管,使试剂放入。加入块状固体时,应将试管倾斜,使其沿管壁慢慢滑下,不得垂直悬空投入以免击破管底[图 5-13(c)]。

(a) 用药匙向试管中送入固体试剂

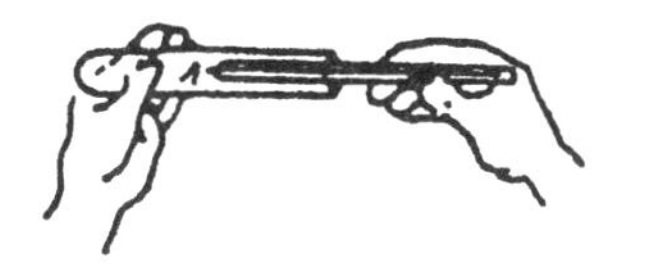
(b) 用纸槽向试管中送入固体试剂

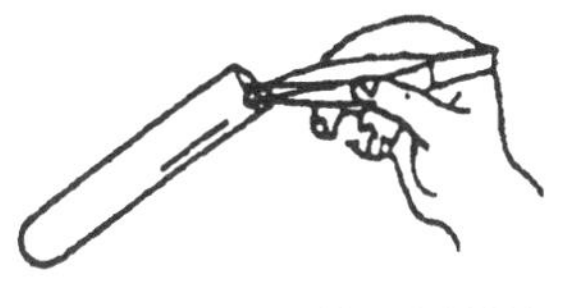
(c) 块状固体沿管壁慢慢滑下

图 5-13　向试管中加入固体试剂

2) 液体试剂的取用

(1) 以倾注法从试剂瓶中取用液体试剂(图 5-14)。取下瓶塞倒放在桌面上,掌心对着标签,握住试剂瓶,逐渐倾斜瓶子,让试剂沿着试管壁流入试管或沿着玻璃棒注入烧杯中,不可悬空而倒。倒完后应将试剂瓶口往试管或玻璃棒上靠一下,再使瓶子竖直,以免液滴沿外壁流下。

图 5-14　从细口瓶中取用液体

(2) 从滴瓶中取用试剂(图 5-15)。左手垂直拿住试管(或其他容器),右手将滴管悬空放于试管口的正上方,绝不可将滴管伸入试管内,以免污染。滴瓶上的滴管必须专用,不能搞错。使用后立即插回原来滴瓶中。不得把沾有液体试剂的滴管横放或将管口向上斜放,以免液体流入橡皮头引起污染。

(3) 用量筒量取试剂。选用合适容积的量筒,按图 5-16 所示量取所需液体。读数时应使视线与凹液面最低处保持水平,否则会造成误差。

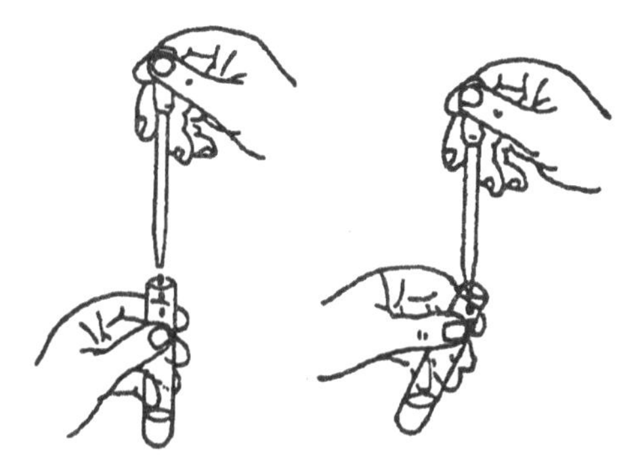
图 5-15　向试管中滴加液体

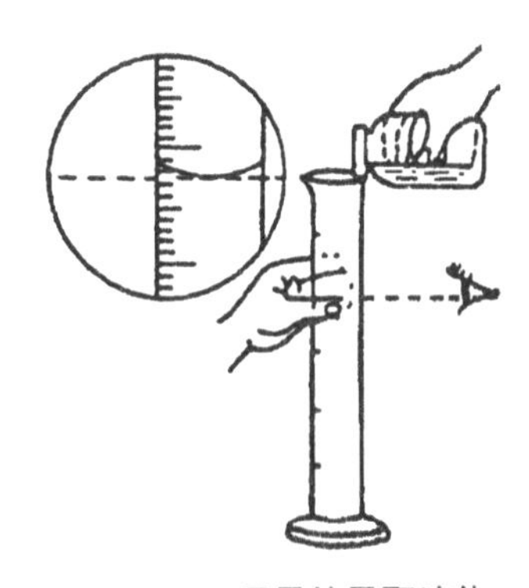
图 5-16　用量筒量取液体

(4) 用移液管移取溶液。移液管是移取一定体积液体的度量器具，一种中间胖大，管颈上方刻有一条标线；另一种内径均匀且带有分刻度，又称吸量管。移液管洗净后须用少量待转移的溶液润洗 3 次。润洗前，先用滤纸将移液管尖端内外的水吸干，以免因水滴引入而改变溶液浓度。左手拿吸耳球，用右手大拇指和中指拿住管颈标线上方(图 5－17)，将移液管插入液面以下约 1～2 cm 深度(太深使外壁沾附过多溶液；太浅往往造成空吸)。

吸取时应随容器中液面下降而使移液管下移。当液体上升到标线刻度以上时，立即用右手的食指按住管口，将移液管提离液面，管尖靠在容器内壁上。然后略微放松食指并轻轻转动移液管，使溶液慢慢流出，直至溶液的凹液面与标线相切时，立刻用食指压紧管口。取出移液管，用干净滤纸擦拭管外溶液。然后，将接收容器倾斜(约 45°)，移液管保持直立，管尖靠在容器内壁，松开食指，使溶液自然沿器壁流下。待溶液流尽后，再等待 10～15 s，取出移液管(图 5－18)。

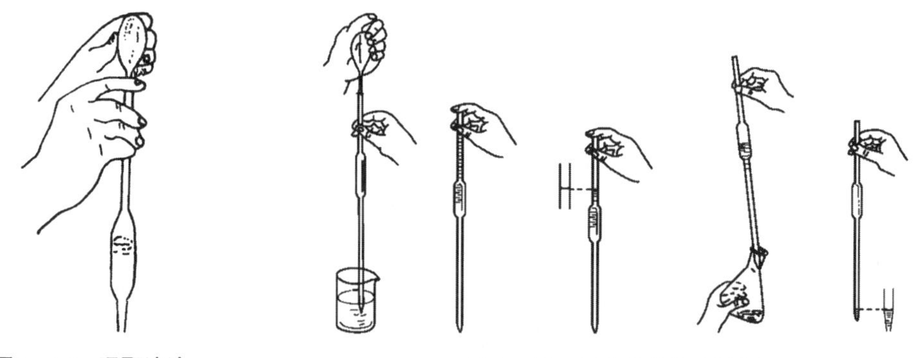

图 5－17　吸取溶液　　　　**图 5－18　用移液管吸取溶液**

使用吸量管移取溶液时，应注意：若吸量管上未标有"吹"字的，切勿把残留在管尖内的溶液吹出。因为在校正移液管容积时，已略去残留液体的体积。

(5) 滴定管的使用。滴定管能滴放任意量(一般在 50 mL 以下)的溶液，在滴定操作时，能准确度量流出的溶液体积。

① 使用前需先检漏、洗涤。对酸式滴定管，若发生漏液，应将活塞重新涂抹凡士林，并在涂好油脂的滴定管旋塞末端套上橡皮圈，以防活塞松动(图 5－19)。对碱式滴定管，检查乳胶管和玻璃球是否完好，若胶管老化或玻璃球过大过小，都要及时更换。滴定管洗净后，还需用少量待装溶液润洗 2～3 次，使待装溶液的浓度与原瓶中的溶液浓度一致。

② 装液并赶去气泡。读数前，先检查滴定管下端是否有气泡。排除气泡方法：对酸式滴定管，将管略倾斜，迅速开启活塞，使气泡随溶液一起冲出；对碱式滴定管，则把橡皮管上弯，玻璃尖嘴上翘，挤压玻璃珠将气泡逐出(图 5－20)。

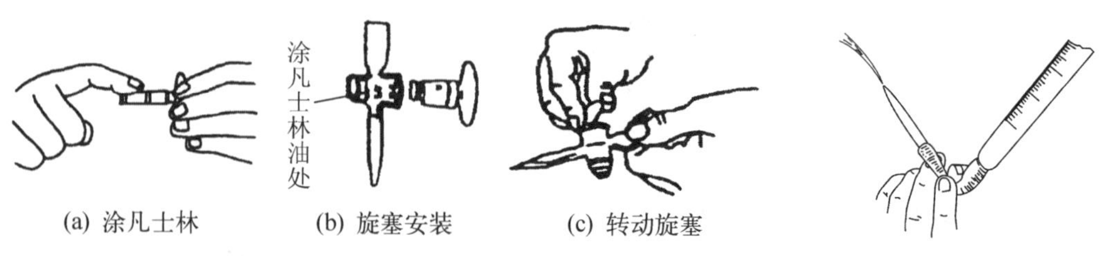

(a) 涂凡士林　　(b) 旋塞安装　　(c) 转动旋塞

图 5－19　酸式滴定管旋塞涂油　　　　**图 5－20　排去碱管中的气泡**

③ 读数。读取与凹液面最低处相切的刻度，精确至小数点后第二位[图 5－21(a)]。对深色溶液，可读取液面两侧的最高点，但初读数与终读数须采用同一标准[图 5－21(b)]。对有蓝带滴定管，读取 2 条蓝线呈尖角时所对应的刻度[见图 5－21(c)]。

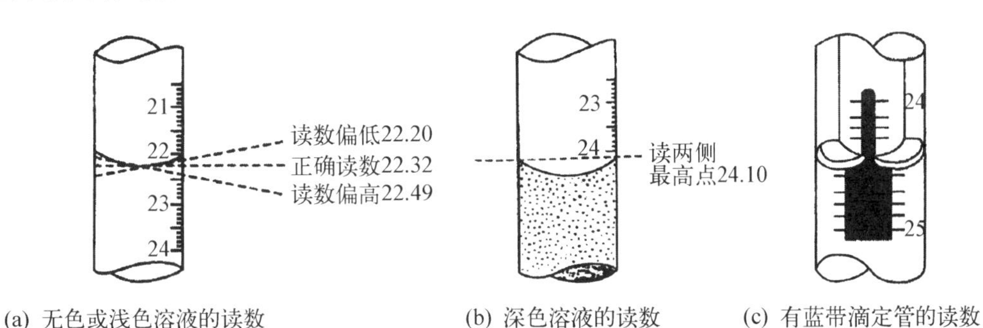

(a) 无色或浅色溶液的读数　　(b) 深色溶液的读数　　(c) 有蓝带滴定管的读数

图 5－21　滴定管的读数

④ 滴定操作。对酸式滴定管，一般以左手控制活塞，即用左手拇指、食指与中指转动活塞。其间应将活塞按住，以防转动活塞时漏液。对碱式滴定管，则用食指和拇指挤压紧贴玻璃珠稍上边的胶管，使管内形成一条细缝，让溶液持续、平稳地流出。同时，右手握持锥形瓶，顺时针摇晃锥形瓶[图 5－22(b)]。

为减小误差，每次滴定最好都从滴定管的“0.00”毫升刻度或零附近某一固定刻度开始，可消除因滴定管上下粗细或刻度不均匀造成的系统误差。

滴定结束后，弃去滴定管内剩余溶液，洗净后放回指定位置。

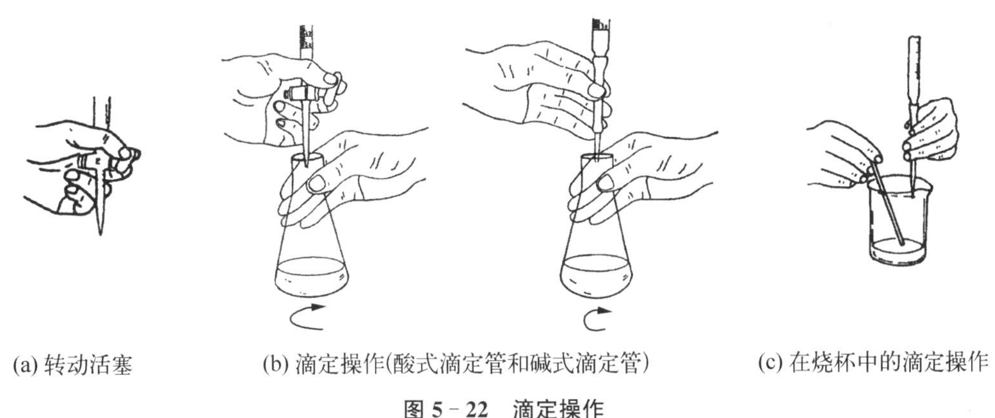

(a) 转动活塞　　(b) 滴定操作(酸式滴定管和碱式滴定管)　　(c) 在烧杯中的滴定操作

图 5－22　滴定操作

3）气体试剂

(1) 气体的发生

化学实验室中，常需要制备少量气体，一般可采取如下方法：

① 定性实验中，若需在硬质试管中产生气体时，可在加热条件下，用固体或固体混合物来制备气体(如 O_2、NH_3、N_2 等)。

② 启普发生器，适用于块状或大颗粒的固体与液体之间的反应，在不需要加热的条件下制备气体(如 H_2、H_2S、CO_2 等)。

③ 其他气体发生装置。当制备反应需要加热或固体颗粒是小颗粒或粉末状时(如制备 HCl、Cl_2、SO_2)，不能用启普发生器而用气体发生装置。一般由反应器(烧瓶、试管、锥形瓶

等)与分液漏斗组成。

(2) 气体的收集

少量气体的收集可用：①排水集气法收集，适用于在水中溶解度很小的气体，如 H_2、O_2、N_2 等；②排气集气法。瓶口向下的排气集气法适用于收集易溶于水且比空气轻的气体，如 NH_3 气；瓶口向上的排气集气法适用于收集能溶于水且比空气重的气体，如 Cl_2、SO_2、CO_2 等。

(3) 气体的净化和干燥

实验室制备的气体常带有酸雾、水汽和其他杂质，其纯度往往达不到要求，需要净化和干燥。一般的步骤是先除去杂质和酸雾，再干燥气体。气体净化通常在洗气瓶中进行，酸雾可用 H_2O 或玻璃棉除去，水汽可用浓 H_2SO_4、无水 $CaCl_2$ 或硅胶等除去，其他杂质视具体情况而定，气体干燥见 5.7.7 节。

(4) 气体的吸收

在一些化学实验中，会产生有毒、水溶性的气体副产物(如 HCl 气体)，可采用气体吸收装置进行吸收。图 5-23 中(a)的装置可用于少量气体的吸收，(b)和(c)适用于有大量气体生成或气体逸出速度较快的化学反应。为防止倒吸，可在反应器与吸收装置之间加安全瓶。根据产生气体性质，吸收溶液可选用水、碱液或酸液等。

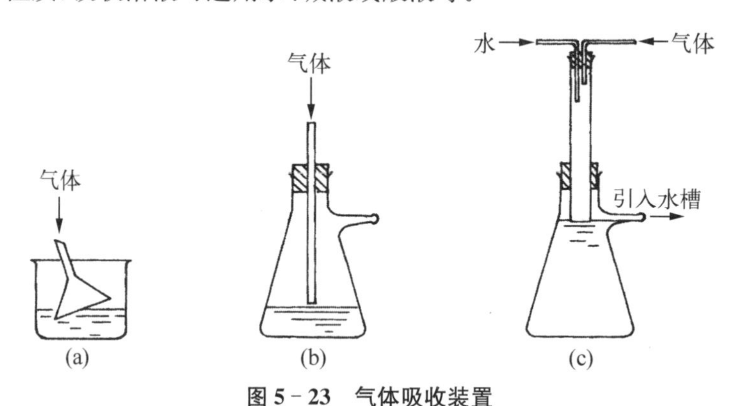

图 5-23　气体吸收装置

5.4.2　溶液的配制

化学实验中常需要配制许多溶液，可分为一般溶液、基准溶液、标准溶液等。

1) 一般溶液的配制

根据实验的不同要求和化学试剂本身的特性，选取合适的称量仪器和玻璃器皿进行。如果实验对溶液浓度的准确度要求不高，可用台秤、量筒等低准确度的仪器配制溶液，浓度的有效数字为 1～2 位。例如欲配制 0.1 $mol \cdot L^{-1}$ NaOH、1 $mol \cdot L^{-1}$ KNO_3 时，可用托盘天平称取一定量的固体试剂于烧杯内，以少量蒸馏水搅拌溶解，稀释到所需的体积，转移至试剂瓶中。

2) 基准溶液的配制

(1) 容量瓶的使用

容量瓶常与移液管联用，主要用于配制基准溶液或定量稀释浓的标准溶液，带有专用的磨口玻璃塞或塑料塞，颈上有一标线，瓶身标有容积，有多种规格，其具体操作规程如下：

① 使用前,应检查瓶塞是否漏水。为避免打破或丢失瓶塞,应该用一根线绳或橡皮筋把塞子系到瓶颈上。使用容量瓶配制溶液参见下节“基准溶液配制”。

② 在容量瓶中不宜久贮标准溶液,尤其是碱性溶液,应转移到试剂瓶中保存。

③ 若固体是经过加热溶解的,溶液必须先冷却,再转移到容量瓶中。

④ 容量瓶长期不用时,洗净后,瓶口与瓶塞间应垫上纸片,以防粘结。

(2) 移液枪

当使用容量瓶稀释标准溶液时,可用移液管或吸量管吸取一定体积的标准溶液,转移至容量瓶中,定容至标线,目前,实验室中也用移液枪(图 5-24)代替吸量管量取少量甚至微量的液体。

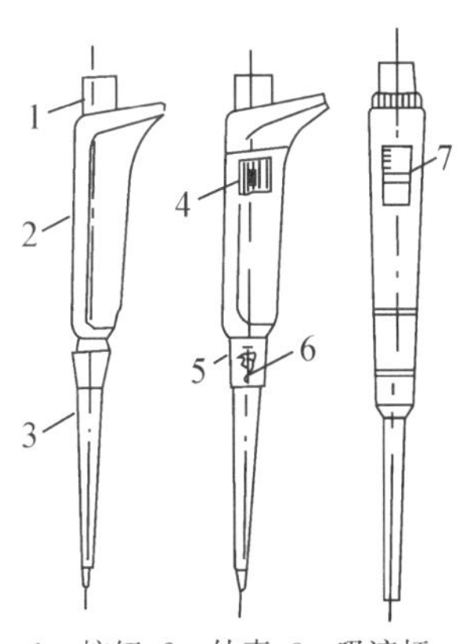

1—按钮;2—外壳;3—吸液杆;4—定位部件;5—活塞套;6—活塞;7—计数器

图 5-24　移液枪示意图

(3) 基准溶液配制

在定量分析实验中,需要配制基准溶液。基准溶液(也可称标准溶液)是由基准试剂配制而成。常用的基准试剂有:邻苯二甲酸氢钾、重铬酸钾、氧化镁等。

其配制方法是:用加量法(或减量法)在分析天平上称取一定量的基准试剂于烧杯中,加入适量蒸馏水完全溶解,转入容量瓶内。转移时要使溶液沿玻璃棒缓慢流入瓶中,注意玻璃棒下端贴靠在瓶颈内壁,但上端不可触碰容量瓶口(图 5-25)。用少量的蒸馏水洗涤烧杯和玻璃棒 3~4 次,洗涤液一并转移至容量瓶中(此过程称定量转移)。加蒸馏水至标线以下 1 cm 处,等待 1 min 左右,再用洗瓶或滴管缓缓加水,直至溶液凹液面最低处与标线相切,旋紧瓶塞,左手捏住瓶颈上端,食指压住瓶塞,右手三指托瓶底,将容量瓶反复倒转数次,并同时震荡,使溶液充分混匀(图 5-26)。所得溶液的浓度可准确到 4 位有效数字。

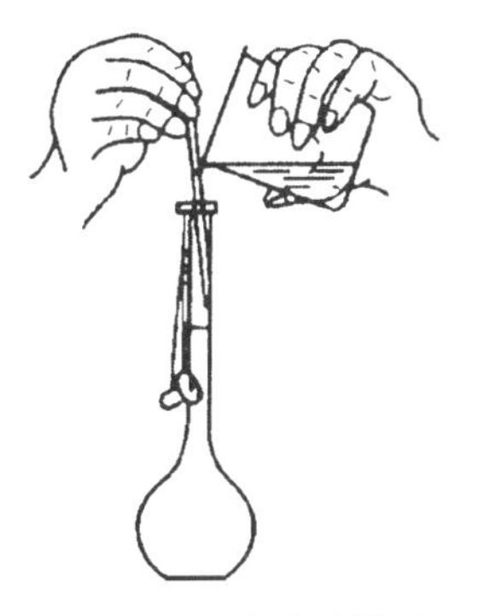

图 5-25　溶液的转移

图 5-26　容量瓶内溶液的混匀

3) 标准溶液的配制

有些化学试剂虽然能在分析天平上准确称重,在容量瓶里准确定容,但是它们受纯度、吸潮、稳定性等因素的制约,所得浓度无法达到化学定量分析规定的精度。例如,由于固体 NaOH 易吸收空气中水分和 CO_2,所以,NaOH 标准溶液的浓度只能通过标定法获得。因此,标准溶液的配制除直接法(见基准溶液的配制)外,大量采用标定法。

已知准确浓度的溶液都可称为标准溶液。标准溶液还可由浓的标准溶液稀释而成,具体操作如下：用移液管或移液枪吸取一定体积的浓标准溶液，转移至容量瓶中，定容至标线，摇匀。

4）配制溶液注意事项

（1）配好的溶液应盛放在细口试剂瓶中。见光易分解的溶液盛于棕色瓶中，如 $AgNO_3$、$KMnO_4$、KI 溶液。盛挥发性试剂的试剂瓶瓶塞要严密，长期存放时，可用石蜡封住。浓碱液须用塑料瓶装，如果装在玻璃瓶中则不能使用玻璃瓶塞。

（2）配制易水解盐类的溶液如 $SnCl_2$、$SbCl_3$、$Bi(NO_3)_3$ 等，应先加相应的酸（HCl 或 HNO_3）溶解后，再以一定浓度的稀酸稀释，以抑制水解。

（3）配制水中溶解度较小的固体试剂，如 I_2 时，可选用合适的溶剂（如 KI 溶液）溶解。

（4）对于液态试剂，如 HCl、HNO_3、HAc、H_2SO_4 等，先用量筒量取适量的浓酸（浓盐酸约为 12 $mol \cdot L^{-1}$、浓硝酸约为 15.8 $mol \cdot L^{-1}$、冰醋酸约为 17.5 $mol \cdot L^{-1}$、浓硫酸约为 18.4 $mol \cdot L^{-1}$），然后用适量的蒸馏水稀释。

（5）配制硫酸等放热量大的溶液时，必须在不断搅拌下，将浓硫酸沿烧杯壁缓缓倒入蒸馏水中，切不可将操作顺序颠倒过来。

（6）配制饱和溶液时，应称取比计算值稍多的溶质质量，加热溶液，然后冷却。待结晶析出后所得溶液便是饱和溶液。

5.4.3 试纸的使用

在实验室里经常使用某些试纸来定性检验一些溶液的性质或某些物质存在。

1）试纸的种类

（1）石蕊试纸：用于检验溶液的酸碱性，酸性呈红色，碱性呈蓝色。

（2）pH 试纸：用于检验溶液的 pH 值，分为广泛 pH 试纸（粗略检验 pH 值，变色范围 pH 1～14）和精密 pH 试纸（较精确检验 pH 值，pH 值分为若干小区间）。试纸呈现颜色与标准色板对比，以确定溶液 pH 值。

（3）自制专用试纸

① 淀粉-KI 试纸：浸渍过淀粉-KI 溶液的滤纸条，晾干后呈白色。当遇到氧化性物质（如 Cl_2、Br_2、NO_2、O_2、HClO、H_2O_2 等）时变蓝。

② $Pb(Ac)_2$ 试纸：将滤纸用 $Pb(Ac)_2$ 溶液浸泡，晾干后呈白色，用来专门检验 H_2S 气体，可生成黑褐色带金属光泽的 PbS 沉淀。

2）试纸的使用方法

（1）用试纸检验溶液的酸碱性时，将小块试纸放在表面皿或点滴板上，用玻璃棒蘸取待测溶液，接触试纸中部，于半分钟内观察颜色变化（不能将试纸投入溶液中检验）。

（2）用试纸检验挥发性物质及气体时，先将试纸用蒸馏水润湿，并粘附在玻璃棒尖端，悬空放在气体出口处，观察试纸颜色变化。

（3）试纸应密闭保存，用镊子取用。

5.5 加热方法

提高反应温度，能加快化学反应速率，因此，反应温度的控制是化学实验中非常重要的操作。根据不同化学实验对温度控制要求的不同，可以选用不同热源加热。详见 4.4.2 加热设备。常用的加热方法有以下几种。

1) 直接加热试管中的液体或固体

用试管夹夹持试管。加热液体时，液体量不应超过试管高度的 1/3，试管稍倾斜，管口向上，不能对着自己或别人，以免加热时液体溅出，造成伤害(图 5 - 27)。加热时，应使液体各部分受热均匀，先加热液体的中上部，再热及下部，并不时上下移动。不要集中加热某一部分，以免液体因局部沸腾造成迸溅。

在试管中加热固体不同于液体，管口应略向下倾斜，以免管口冷凝的水珠倒流入试管的灼热部分使试管炸裂(图 5 - 28)。加热时，应先将火焰来回移动，再在盛有固体物质的部位加强热。

2) 加热烧杯、烧瓶中的液体

加热时烧杯、烧瓶都要放在石棉网上，所盛液体量不应超过烧杯容积的 1/2 和烧瓶的 1/3(图 5 - 29)。烧杯加热时要适当搅拌，以防暴沸。

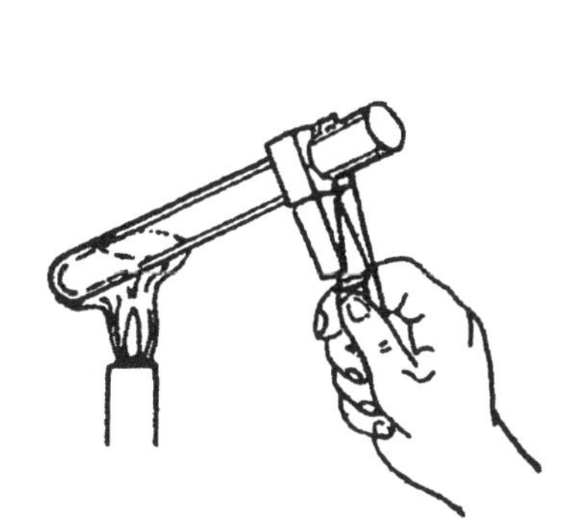

图 5 - 27　加热试管中的液体

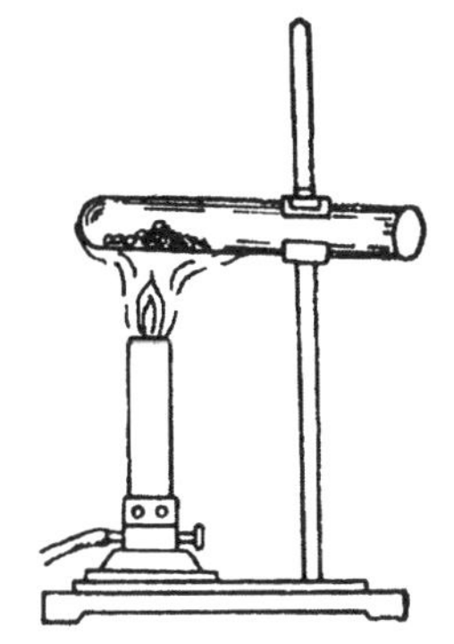

图 5 - 28　加热试管中的固体

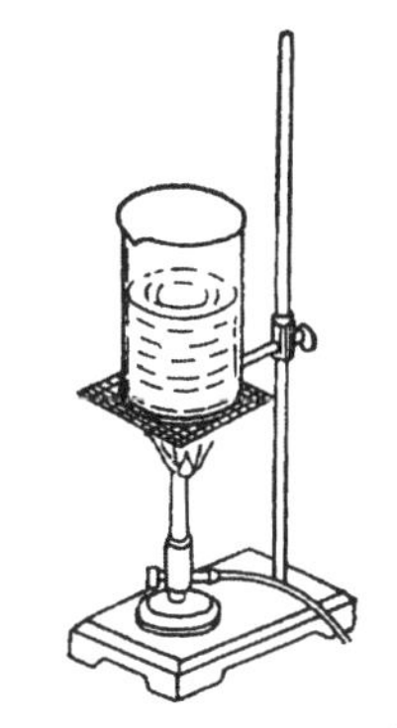

图 5 - 29　加热烧杯中的液体

3) 加热回流

许多有机化学反应需在反应体系溶剂的沸点温度下进行。各种回流装置见图 5 - 30，其中(a)为简单的加热回流装置；(b)为带干燥管的回流装置；(c)为带气体吸收的回流装置；(d)为边回流边加液装置。采用图 5 - 31 的实验装置，可在回流过程中及时排除反应所产生的水。回流加热前，应先放入沸石。根据溶剂沸腾温度，选用合适的热源(如水浴、油浴或电热套等)。回流速率应控制在液体蒸气浸润不超过球形冷凝管的 2 个球为宜。值得注意：在有机反应中，大多选用易燃溶剂，所以不能使用明火加热的方法。

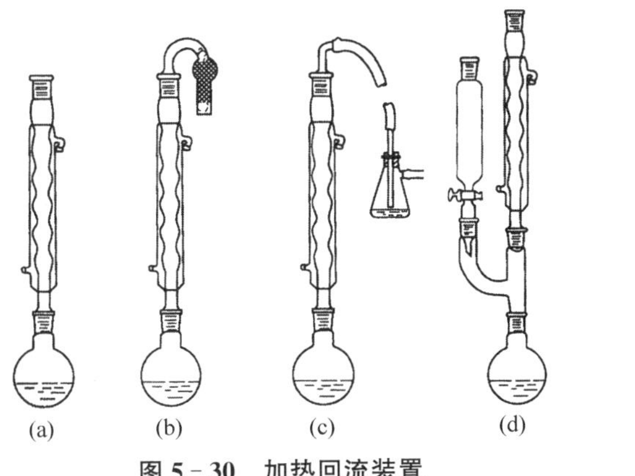

图 5 - 30　加热回流装置

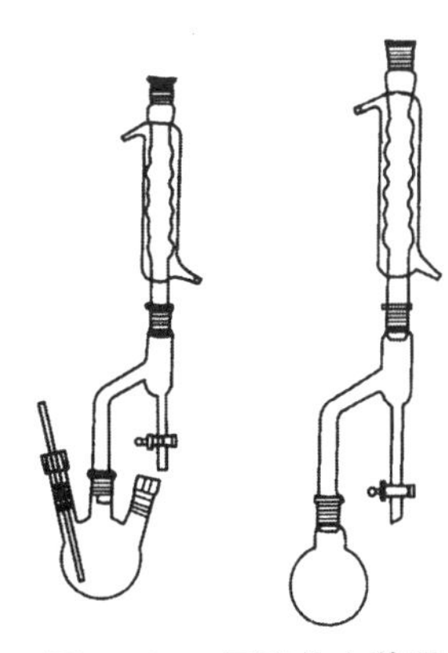

图 5 - 31　回流分水装置

5.6 冷却方法

实验时,可根据所要求的温度,选择不同致冷剂。例如,

(1) 用冰水混合物作冷却剂,可使温度降至0℃。

(2) 若需将温度降至0℃以下,可使用碎冰和盐(常用 NaCl、NH_4Cl、$CaCl_2$ 等)的混合物,可得到0℃～－50℃的低温。致冷剂的选择参见表5-1。

(3) 干冰与适当有机溶剂混合,可得到更低温度,例如,与乙醇混合可达－72℃,与乙醚、丙酮或氯仿混合可达－78℃。

(4) 液氮可达－196℃。

应当注意,若温度低于－39℃,则不能再使用水银温度计,否则水银会凝固,应使用低温温度计(内装甲苯、正戊烷等有机液体)。加入溶剂或放入玻璃仪器时,必须戴棉手套和防护面罩。

另外,若使用电冰箱冷冻室低温保存样品时,应将样品装入牢固耐压的瓶中,瓶口塞严并绑牢,再套上乳胶指套,以免水汽侵入或有机蒸气逸出造成冰箱爆炸或被腐蚀。

表5-1 常见冰盐混合物的制冷性质

物质	无水物质的质量分数 w/%	最低温度/℃	物质	无水物质的质量分数 w/%	最低温度/℃
$Pb(NO_3)_2$	35.2	−2.7	NaCl	28.9	−21.2
$MgSO_4$	21.5	−3.9	NaOH	19.0	−28.0
$ZnSO_4$	27.2	−6.6	$MgCl_2$	20.6	−33.6
$BaCl_2$	29.0	−7.8	K_2CO_3	39.5	−36.5
$MnSO_4$	47.5	−10.5	$CaCl_2$	29.9	−55.0
$Na_2S_2O_3$	30.0	−11.0	$ZnCl_2$	52.0	−62.0
NH_4Cl	22.9	−16.8	KOH	32.0	−65.0
$NaNO_3$	37.0	−18.5	HCl	24.8	−96.0

5.7 分离与提纯技术

5.7.1 固液分离

固液分离通常有倾析法、过滤法和离心分离法等。

1) 倾析法

倾析法适用于固体颗粒较大或相对密度较大,静置后容易沉降至容器底部的固液分离。倾析操作与溶液转移的操作是同步进行的。待溶液和沉淀分层后,以一洁净的玻璃棒作为引流棒,小心地将上层清液沿玻璃棒慢慢倾入另一容器中(图5-32)。若

沉淀需要洗涤时，可在盛有沉淀的容器内加入少量洗涤剂（如蒸馏水、酒精等），充分搅拌后静置，分层，再以上述方法小心倾析出洗涤液，如此反复操作 2～3 次，即可洗净沉淀。

图 5－32　倾析法

2）过滤

当固体颗粒较细或沉淀较轻时，需用过滤法进行固液分离。过滤速度受溶液温度、黏度、过滤压力、过滤器的孔隙和沉淀物的状态等因素影响。溶液温度越高，黏度越小，过滤压力越大，过滤速度越快。若沉淀呈细胶状，须在过滤前加热以破坏溶胶，促使胶体聚沉。

（1）滤纸的选择

滤纸分为定性滤纸和定量滤纸。定性滤纸的灰分含量高（>0.1%），但可满足无机、有机合成时的过滤要求。定量滤纸灼烧后的灰分很低（≤0.01%），小于分析天平的感量，适用于重量分析。

（2）过滤方法

① 常压过滤。常压过滤是指在常压下，利用普通漏斗的过滤方法，适用于过滤胶体或细小晶体，一般多用于固液的定量分离（如重量分析）中，过滤速度较慢，普通的化学合成实验中较少使用。

常压过滤的操作过程如下：

（a）手洗净擦干后，将一大小合适的圆形或方形滤纸对折 2 次成扇形（方形滤纸要剪成扇形），展开成圆锥形，一边为 3 层，一边为 1 层（若漏斗规格不标准，角度略大于或小于 60°，应适当改变滤纸折叠的角度，使其与漏斗壁密合）。将折好的滤纸放入漏斗中，滤纸边缘应在漏斗边缘下 1 cm 左右（图 5－33）。用食指把滤纸按住，用少量蒸馏水润湿，并用玻璃棒轻压滤纸，赶出气泡，使滤纸紧贴于漏斗壁上。将漏斗放在漏斗架上，注意漏斗尖端应紧靠在接受器（如烧杯）的内壁，可加快过滤速度并且避免溶液溅出。

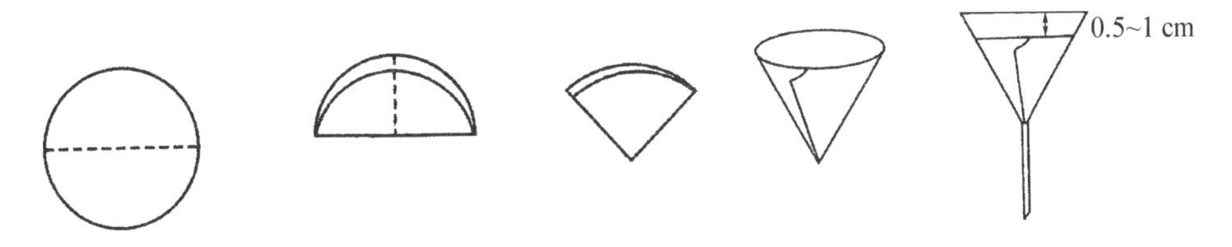

图 5－33　滤纸的折叠和安放

（b）常压过滤的基本原则是先转移溶液，后转移沉淀。转移溶液时，应把它滴在 3 层滤纸处并用玻璃棒引流（图 5－34）。每次转移量不可超过滤纸高度的 2/3。

（c）沉淀洗涤的目的是将沉淀表面所吸附的杂质和残留的母液除去。往盛有沉淀的容器中加入少量洗涤液，并用玻璃棒充分搅拌。待沉淀下沉后，将上层清液用“倾析法”移入漏斗，重复2～3 遍，最后把沉淀定量转移到滤纸上（图 5－35）。洗涤时，应贯彻少量多次的原则，既可将沉淀洗净，又可尽量降低沉淀溶解（图 5－36），并通过检查滤液中是否残存杂质来判断沉淀是否洗净。

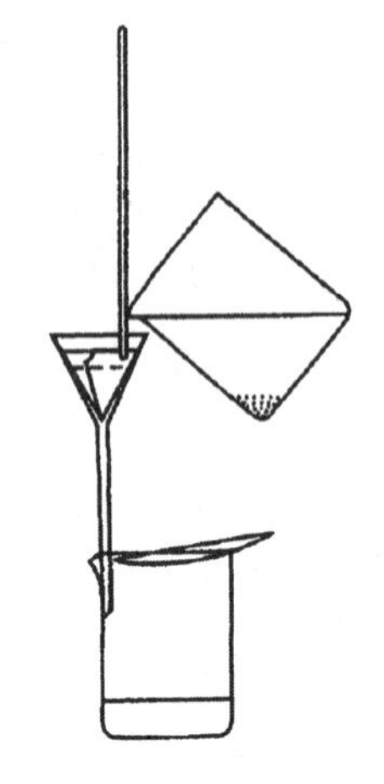

(a) 玻璃棒垂直紧靠烧杯嘴，下端对着滤纸3层的一边，但不能碰到滤纸

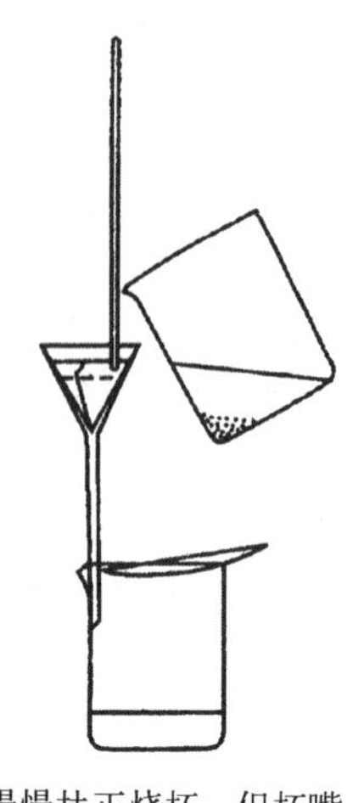

(b) 慢慢扶正烧杯，但杯嘴仍与玻璃棒贴紧，接住最后一滴溶液

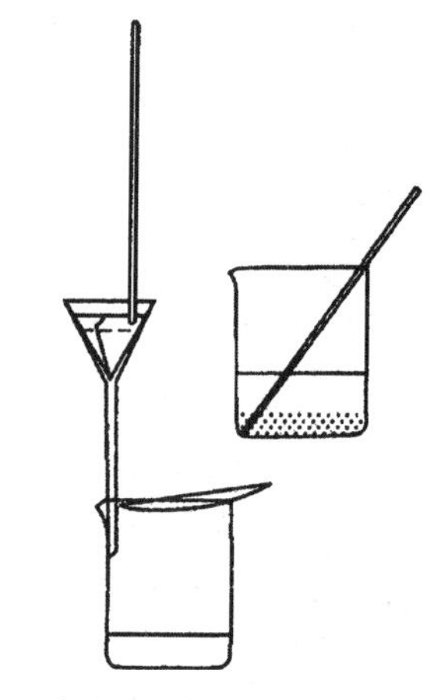

(c) 玻璃棒远离烧杯嘴搁放

图 5 - 34 常压过滤

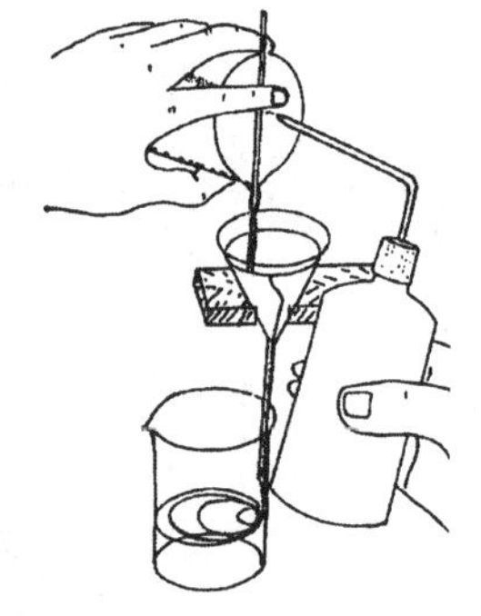

图 5 - 35 沉淀定量转移方法

图 5 - 36 沉淀在漏斗中的洗涤

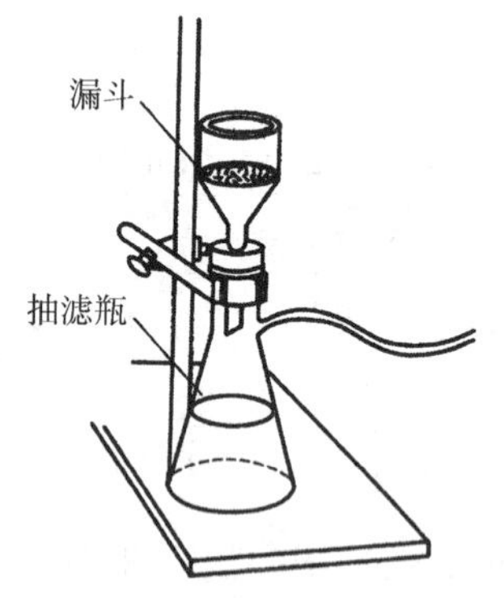

图 5 - 37 减压过滤

② 减压过滤(俗称抽滤)。减压过滤装置(图 5 - 37)由吸滤瓶、布氏漏斗、安全瓶和循环水泵(亦称水泵)组成。此法能加快过滤速度,并能使沉淀抽得较为干燥,在普通化学的合成实验中经常使用。但不宜用于过滤颗粒太小的沉淀(如纳米粒子)和胶体沉淀。因为颗粒太小的沉淀易堵塞滤孔,而胶体沉淀易穿透滤纸。

减压过滤的原理是利用真空泵产生的负压带走瓶内的空气,使抽滤瓶内的压力减小。由于布氏漏斗的液面上与抽滤瓶内形成压力差,从而加快抽滤速度。

减压过滤时,将布氏漏斗下端斜口正对吸滤瓶支管。抽滤用滤纸应比漏斗内径略小,以恰好覆盖住布氏漏斗瓷板上的所有小孔为宜。先用少量水润湿滤纸,再打开水泵使滤纸紧贴漏斗,然后转移溶液,其他操作与常压过滤相似。布氏漏斗中的液体不得超过漏斗容积的 2/3。停止抽滤时,应先拔下连接吸滤瓶和真空泵的橡皮管,再关泵,防止倒吸。

若沉淀需洗涤,先关闭水泵,加入洗涤液,浸润全部沉淀,再抽气过滤即可。

若过滤的溶液呈强酸性或氧化性，为避免溶液与滤纸作用，应采用玻璃砂芯漏斗过滤。

③ 热过滤。如果溶液中的溶质在温度降低时很容易析出结晶，为防止溶质在过滤时析出，应采用趁热过滤(图 5－38)。过滤时，可把普通玻璃漏斗放在铜质的热漏斗内，热漏斗内装有热水，以维持溶液的温度。也可以在过滤前把普通漏斗放在水浴上用蒸汽加热，然后进行过滤。应选用颈部粗而短的玻璃漏斗，避免滤液在漏斗颈中停留过久，因散热降温析出晶体而发生堵塞。图 5－39 是热过滤所用的滤纸折叠方法。

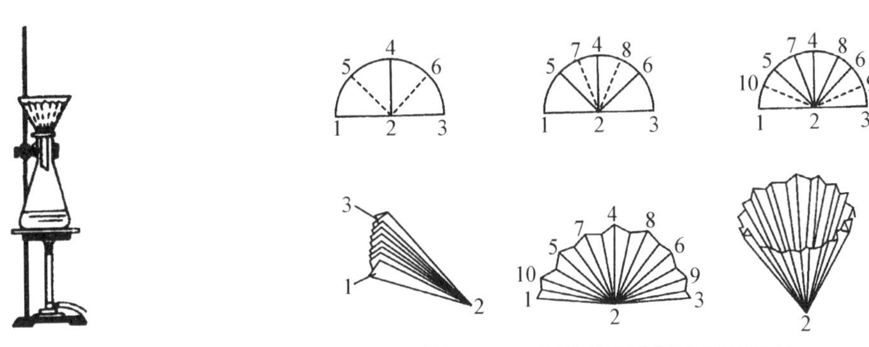

图 5－38　简易热过滤装置

图 5－39　扇形折叠滤纸的折叠顺序

(3) 离心分离法

当被分离的沉淀量很少或沉淀颗粒极小(如纳米颗粒)时，可用离心分离法。实验室常用电动离心机，将要分离的混合物放在离心管中，再把离心管装入离心机的套管内。为使离心机的重心在旋转时保持平稳，应将重量相同或相当的离心试管对称放置在离心机内。若只有一份溶液试样需离心分离，则应在离心机中的对称位置上放入一只装有等重量溶剂的离心管。启动离心机进行离心过滤时，应先慢后快，逐渐增加转速。达到最高转速约 1～2 min，关闭离心机，待其自然停止转动，切不可强制其停止转动，以免发生意外事故。取出离心试管，用滴管的尖端尽量将上层清液吸尽，完成离心分离操作(图 5－40)。如沉淀需洗涤，则在沉淀上加入少量洗涤剂，充分搅拌后，再离心分离，重复操作 2～3 遍，直至符合分离要求。

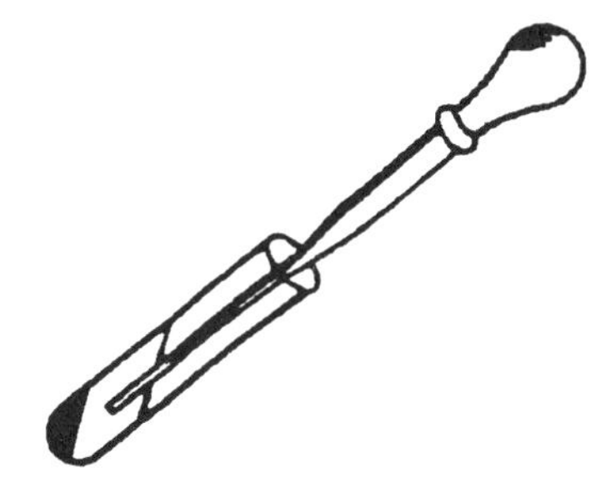

图 5－40　沉淀与溶液的分离

5.7.2　结晶与重结晶

1) 结晶

结晶是根据混合物中各组分在一种溶剂中的溶解度不同，通过蒸发减少溶剂使溶液不断浓缩，或改变溶液温度使溶解度较小的物质析出晶体而分离的方法。

(1) 蒸发(浓缩)

当溶液很稀而目标化合物溶解度又较大时，为使目标化合物的晶体析出，必须通过加热不断蒸发浓缩溶液至一定程度，然后冷却使晶体析出。浓缩的程度取决于溶质溶解度的大小。若物质溶解度较大，必须蒸发到溶液表面出现晶膜再冷却；若物质溶解度较小或高温时溶解度较大而室温时溶解度较小，就不必蒸发到液面出现晶膜即可冷却结晶。

蒸发皿是最常用蒸发浓缩的器皿(只限于水溶液，有机溶剂须用蒸馏法)，其蒸发面积较大，有利于快速浓缩。蒸发皿内所盛液体量不应超过其容积的 2/3。一般用水浴间接加热，蒸发浓缩。

(2) 结晶

溶液蒸发到一定程度后冷却，就会析出溶质的晶体。晶体大小与结晶条件有关。溶液的浓度较高，溶质在水中溶解度随温度下降而显著减小，冷却得越快，则析出晶体越细小，反之则得到较大颗粒的结晶。搅拌溶液有利于细小晶体的生成，静置溶液有利于大晶体生成。若溶液容易发生过饱和现象，可以用搅拌、摩擦器壁或投入几粒小晶体(晶种)等办法，使形成结晶中心，过饱和的溶质便会全部结晶析出。

2) 重结晶

重结晶是提纯固体物质常用的重要方法之一，通常用于溶解度随温度显著变化的化合物，对于溶解度受温度影响很小的化合物则不适用。其原理是根据混合物中各组分在某种溶剂中的溶解度不同而使它们相互分离，因而选择适宜的溶剂是重结晶操作的关键。

(1) 溶剂的选择

通常根据“相似相溶”原理选择重结晶用的溶剂，参见表5-2。溶剂应符合下列条件：①不与被提纯物发生化学反应；②被提纯物在该溶剂中的溶解度随温度变化有明显差异(重结晶温度下的溶解度与室温时的溶解度相差3倍以上)；③杂质在热溶剂中溶解度较小(使杂质在热过滤时被除去)或在低温时极易溶在溶剂中(结晶时使杂质留在母液中)。如果不了解该选用何种溶剂及用量，应在试管中进行预试验。当没有合适的单一溶剂时，可使用混合溶剂。一般由2种或以上可任意互溶的溶剂按一定比例混合而成。其中一种对被提纯物质溶解度较大，而另一种较小。常用混合溶剂有：乙醇-水，乙醚-甲醇，乙醇-乙醚，乙醇-丙酮，乙酸-水，丙酮-水，乙醇-氯仿，乙醚-丙酮，乙醚-石油醚，苯-石油醚等。

表5-2 常用重结晶溶剂

溶 剂	沸点/℃	相对密度(d_4^{20})/($g \cdot mL^{-1}$)	与水的混溶性[①]	易燃性[②]
水	100	1	—	0
甲醇	65	0.79	∞	2
95%乙醇	78	0.8	∞	4
冰醋酸	117.9	1.05	∞	1
丙酮	56.2	0.79	∞	5
乙醚	34.5	0.71	8	10
石油醚	30～60	0.64	0	8
石油醚	60～90	0.72	0	8
乙酸乙酯	77.1	0.9	9	4

（续表）

溶　剂	沸点/℃	相对密度(d_4^{20})/(g·mL^{-1})	与水的混溶性①	易燃性②
苯	80.1	0.88	0	8
氯仿	61.7	1.48	0	0
四氯化碳	76.5	1.59	0	0
二氯甲烷	41	1.3	0	0

注：① 表示在水中的近似溶解度(g/100 mL，25℃时)。
② 估计的相对易燃性(从0～10级)。

(2) 重结晶操作

将粗产品溶于适宜的热溶剂中制成饱和溶液，趁热过滤，除去不溶性杂质，然后使滤液冷却。此时被提纯物呈过饱和状态，析出晶体；而可溶性杂质仍留在母液中，过滤使晶体与母液分离，便得到较纯净的晶体。对有些物质的精制可能需要进行多次重结晶，若饱和溶液混有一些有色杂质，可在热过滤前加入少量粉末状活性炭脱色(用量约相当于粗品质量的1/20～1/50)或硅藻土等使溶液澄清。

5.7.3　升华

升华是指物质在固态时具有相当高的蒸气压，当固体受热后不经液态而直接气化为蒸气，然后由蒸气遇冷又直接冷凝为固态的过程。只有在熔点温度以下具有相当高蒸气压(>2.67 kPa)的固态物质，才可以用升华方法精制。用这种方法制得的产品纯度较高，但损失较大。

1) 基本原理

图5-41是物质三相平衡图，其中ST表示固气两相平衡时固体的蒸气压曲线，T为三相点，此时固液气三相共存。在三相点温度以下，物质仅有固气两相。升高温度，固态直接气化；降低温度，气相直接转化为固相。因此，升华应在三相点温度以下进行。在一定温度下固体物质的蒸气压等于固体物质表面所受的压力时，此温度即为该物质的升华点。对于同一种物质来说，固体化合物表面所受的压力越小，其升华点越低。即外压越小，升华点越低。所以常压下不易升华的物质，可以在减压下进行升华提纯。为了提高升华速度，有时可以通入适量的空气或惰性气体进行升华。

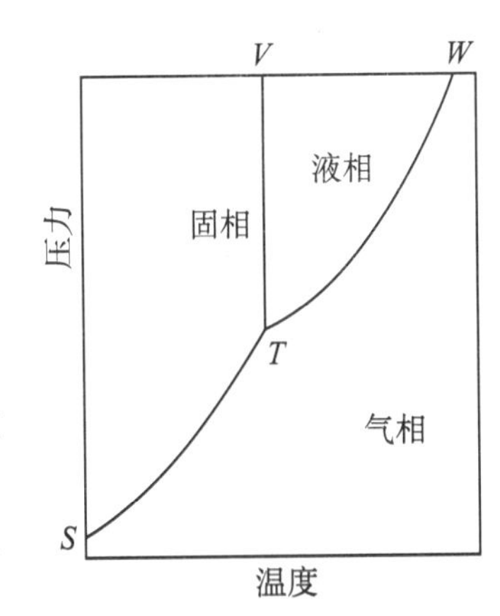

图5-41　物质三相平衡图

2) 操作方法

图5-42(a)为常压下简易升华装置。在蒸发皿中放入待升华物，铺匀，上面覆盖一张多孔滤纸，再倒置一大小合适的玻璃漏斗，漏斗颈部轻塞少许棉花或玻璃纤维，以减少蒸气损失。缓慢加热，温度应控制在物质的熔点以下，慢慢升华。蒸气通过滤纸小孔，冷却后凝结在滤纸上层或漏斗内壁。必要时，漏斗外壁可用湿布冷却。

若物质具有较高的蒸气压，可采用图5-42(b)的装置，将样品置于锥形瓶内，上面连接

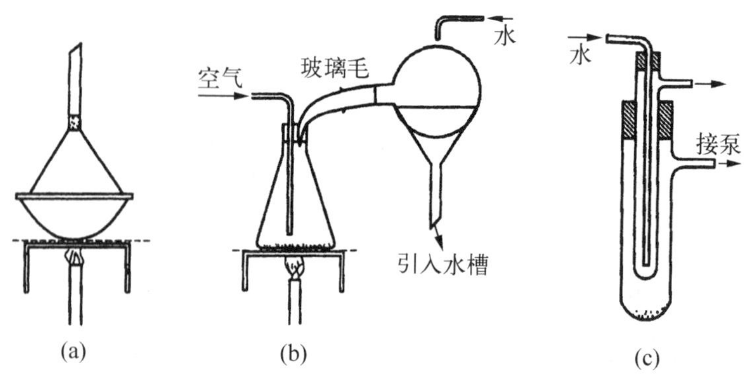

图 5-42　几种升华装置

一个大小合适的圆底烧瓶，瓶内通入冷凝水，用于冷却蒸气。升华时，样品必须干燥，否则其中的水受热汽化后冷凝在瓶底，使固体物质不宜附着。

在常压下不易升华、受热易分解的物质或升华较慢的物质，可采用减压升华装置，如图 5-42(c) 所示。它是由 2 个大小不同的抽滤管通过橡皮塞组合而成。操作时，先减压，向小抽滤管中通冷凝水，升华物可冷凝于其外壁，再缓慢加热。结束后，应慢慢使体系接通大气，以免气流将升华物吹落。这种装置适用于少量物质的升华提纯。

5.7.4　蒸馏与分馏

蒸馏是一种热力学的分离过程，它利用混合液体中各组分沸点不同，使低沸点组分蒸发，再冷凝以分离整个组分的操作过程，是蒸发和冷凝 2 种单元操作的联合。蒸馏是分离和纯化液体物质最常用和最重要的方法。由于液态有机化合物的沸程很小，可以通过蒸馏测定它们的沸点。根据有机化合物的性质与沸点的高低，蒸馏常分为常压蒸馏、分馏、水蒸气蒸馏和减压蒸馏。

1）常压蒸馏

常压蒸馏就是在常压下将液态物质加热到沸腾，气化后的物质经冷凝后又凝结为液体的过程。蒸馏沸点差别较大的液体时，沸点较低者首先蒸出，沸点较高者随后蒸出，难挥发的物质则留在蒸馏烧瓶中，这样就可以达到物质分离和提纯的目的。常压蒸馏一般适用于液体混合物中各组分沸点有较大差别的物质分离。

（1）常压蒸馏的操作方法

按图 5-43 所示装置仪器，于蒸馏头上放一玻璃漏斗，倒入待蒸液。液体应占烧瓶容积的 1/3～2/3。加入 2～3 颗沸石，插入温度计。检查仪器安装无误后，冷凝管通入自来水(下进上出)。加热，使温度慢慢上升。当液体开始沸腾时，可以看到蒸气慢慢上升，同时液体开始回流。当蒸气的顶端到达温度计水银球部位时，水银柱急剧上升，此时，应注意控制温度，使温度计水银球上部保持有液珠，表明烧瓶中液体和蒸气保持平衡，温度计所指示的温度才是真正的液体沸点。当蒸气过热时，水银球上的液珠即会消失，此时，温度计所示的温度较液体的沸点高，所以控制蒸馏速度是物质分离效果和沸点测定准确与否的关键，一般要求蒸馏速度保持每秒 2～3 滴为宜。如果沸程在 1℃～2℃内，表明液体的纯度合乎要求。

蒸馏结束后，先停止加热，然后关闭冷凝水。按与安装蒸馏装置相反的顺序拆下仪器。产品称重并记录。洗净仪器。

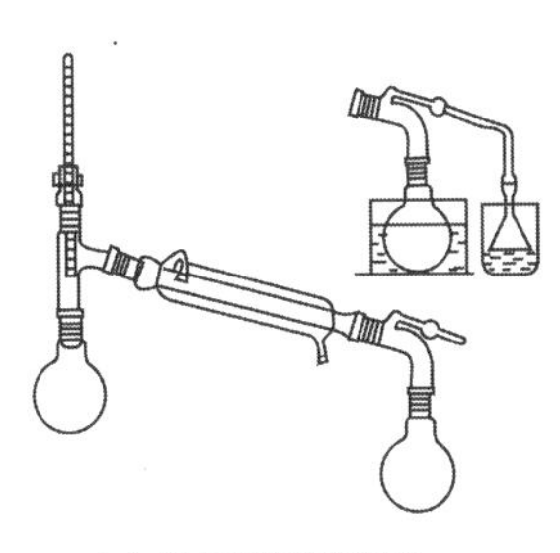

(a) 常压蒸馏装置

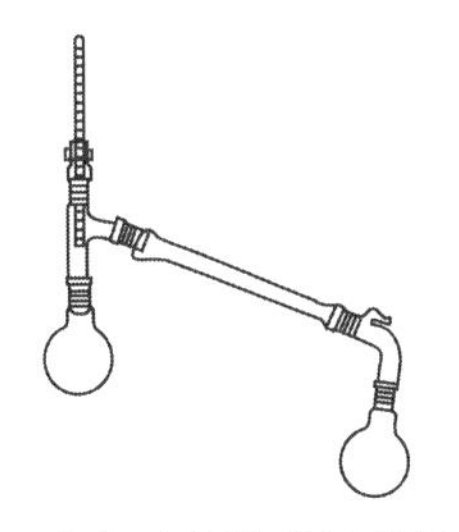

(b) 空气冷凝的蒸馏装置

图 5-43 几种蒸馏装置

(2) 注意事项

① 操作中若发现忘加沸石，应停止加热，待液体稍冷后再补加沸石。

② 被蒸馏物的沸点低于 140℃，采用直形冷凝管，用水冷却；高于 140℃时，用空气冷凝管；蒸馏低沸点液体(如乙醚)时，选用较长的直形或蛇形冷凝管，使液体冷凝充分。蒸馏易燃液体(如乙醇、丙酮等)时，千万不能用明火作热源，只能用电加热的方法。

③ 选用不带支管的尾接管时，尾接管和接受瓶之间不能完全塞紧，否则体系会成为一密闭系统，致使蒸馏系统内液体蒸气压不断升高，导致爆炸事故。接受瓶可选用锥形瓶、梨形瓶，但不能使用像烧杯一样的敞口容器。接受瓶需事先称重并做记录。

2) 分馏

利用常压蒸馏可以分离 2 种或 2 种以上沸点相差较大的液体混合物。而当液体混合物中各组分的沸点相差较小或接近时，仅用一次蒸馏不可能把各组分完全分开。若要获得沸点较低的纯组分，则必须进行多次蒸馏。而分馏柱则可以把多次重复蒸馏的操作在柱内一次完成，利用分馏柱进行分馏，实际上就是在分馏柱内使混合物进行多次气化和冷凝。当上升的蒸气与下降的冷凝液相互接触时，上升的蒸气部分冷凝放出热量使下降的冷凝液部分气化，两者发生热量交换。其结果是上升蒸气中易挥发组分增加，而下降的冷凝液中高沸点组分增加，如此多次的气液平衡，即达到了多次蒸馏的效果。

分馏柱种类较多，其效率高低与柱的长径比、填料类型及绝热性能有关。实验室常用的有维氏(Vcgreax)分馏柱、赫姆帕(Hempl)分馏柱和球形分馏柱。维氏分馏柱的柱体由多组倾斜的刺状管组成，赫姆帕分馏柱和球形分馏柱可填充填料，以增加柱效率。常用的填料有短玻璃管、玻璃珠、瓷环或金属丝制成的圈状填料和网状填料。

对沸点差距较小的化合物，用长的分馏柱或高效分馏柱可获得令人满意的效果。当分馏少量液体时，经常使用维氏分馏柱；当分馏较低沸点的液体时，可在柱外缠石棉绳来保持柱内温度；若沸点较高，则需安装真空外套或电热外套管。

(1) 分馏的操作方法

按图 5-44 所示装置仪器。分馏操作与蒸馏相似，把待蒸馏液体倒入烧瓶中，其体积以不超过烧瓶容积的 1/2 为宜，控制恒定的分馏速率，一般以 2～3 滴/s，保证有相当量的液体自柱中流回烧瓶，并尽量减少分馏柱的热量散失和温度波动。待低沸点组分蒸完后，再缓缓升温，收集沸点较高的组分。实验完毕后，应称量

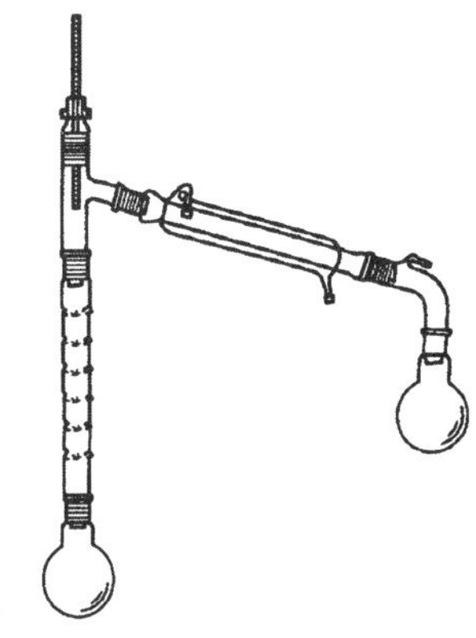

图 5-44 简单分馏装置

各段馏分。

(2) 注意事项

① 控制回流比：回流比越大，分离效果越好。但回流比的大小应根据混合物体系和操作情况而定。

② 保温：根据蒸馏物的沸点和分馏柱的高度选择合适的保温方法。

③ 全回流下的柱平衡：调节加热速率使蒸汽缓缓上升(防止液泛发生)，使蒸气缓慢地上升至柱顶，冷凝而全回流。经过一段时间，柱身及柱顶温度均达到恒定后，出料。

3) 水蒸气蒸馏

常压蒸馏和分馏技术适用于分离完全互溶的液体混合物，而要分离完全不互溶物系，水蒸气蒸馏是一种较简单的方法。

在完全不互溶物系中，2 种互不相溶的液体混合物的蒸气压等于 2 种液体单独存在时的蒸气压之和。当组成混合物的 2 种液体的蒸气压之和等于外界大气压时，混合物开始沸腾。互不相溶的液体混合物的沸点要比每一种单独存在时的沸点低得多。因此，在不溶于水的有机物质中，通入水蒸气进行水蒸气蒸馏时，在比该物质的沸点低得多的温度，甚至比 100℃ 还要低的温度就可以使该物质蒸馏出来。水蒸气蒸馏常用于以下情况：

① 常压下蒸馏会发生分解的高沸点物质；

② 混合物中混有大量固体、不溶物质或含有大量树脂状杂质时，通常的蒸馏、过滤、萃取等方法都不适用。被提纯物质必须难溶于水，在沸腾下长时间与水共存不发生化学变化，在 100℃左右有一定的蒸气压(大于 1.33 kPa)。

(1) 水蒸气蒸馏的操作方法

按图 5-45 所示的水蒸气蒸馏装置安装仪器。在烧瓶中放入待分离的提纯物，不超过烧瓶容积的 1/3，水蒸气发生器中加入约 1/3 容积的水，应尽量使水蒸气导气管的下端接近烧瓶底部。先打开螺旋夹，加热使发生器内的水沸腾，当有大量蒸汽从 T 型管冲出时，旋紧螺旋夹，使蒸汽通入烧瓶。为防止蒸汽进入烧瓶被大量冷凝，烧瓶用小火加热，当烧瓶内混合物剧烈翻滚时将火源撤去。注意观察蒸馏的情况，适当调节火源及螺旋夹，使蒸馏在平稳的情况下进行，蒸馏速度约 2～3 滴/s。蒸馏快结束时，可用干净的表面皿放入少量清水，再接几滴馏出液。如果没有油状物且溶液呈澄清透明时，可停止加热，打开螺旋夹，断开汽源。馏出液用分液漏斗分离，量出蒸馏物的体积，计算回收率。

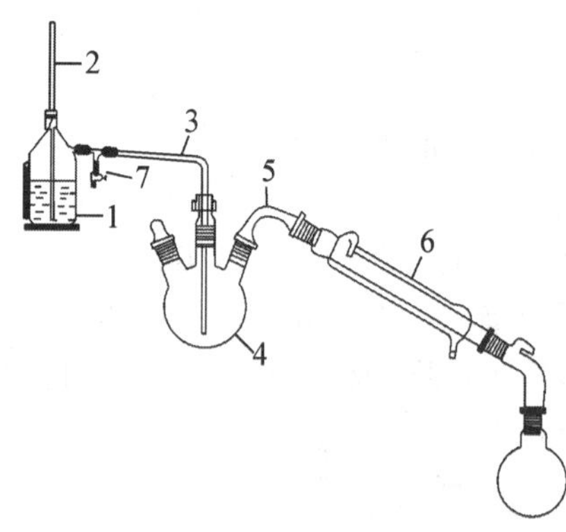

1—水蒸气发生器；2—安全玻管；3—导气管；4—蒸馏瓶；5—蒸馏头；6—冷凝管；7—螺旋夹

图 5-45 水蒸气蒸馏装置

(2) 注意事项

在蒸馏过程中必须经常检查安全管中的水位是否正常，有无倒吸现象等。如安全管中水柱迅速上升，则应立即旋开螺旋夹，移去热源，待故障排除后，再进行蒸馏。

4) 减压蒸馏

减压蒸馏用来分离某些具有高沸点(200℃以上)的有机化合物，或在常压下蒸馏时容易分解、氧化或聚合的物质。

液体的沸点随外界压力变化而变化。如果外界压力降低，液体的沸点也就相应降低。因此，降低蒸馏系统的压力，即可降低液体的沸点，可在较低的温度下蒸出所需的物质。这种在降低压力下进行的蒸馏操作就是减压蒸馏。

物质在不同压力下的沸点可通过查阅文献或计算获得。另外，依据图 5-46 也可找出该物质在某一压力下的沸点（近似值）。方法是在“常压沸点”标尺上找出该物质的正常沸点，在“系统压力”标尺上找出系统压力，2 点连线并延长交至“减压沸点”标尺，此交点所示温度即为该物质在该压力下的沸点。

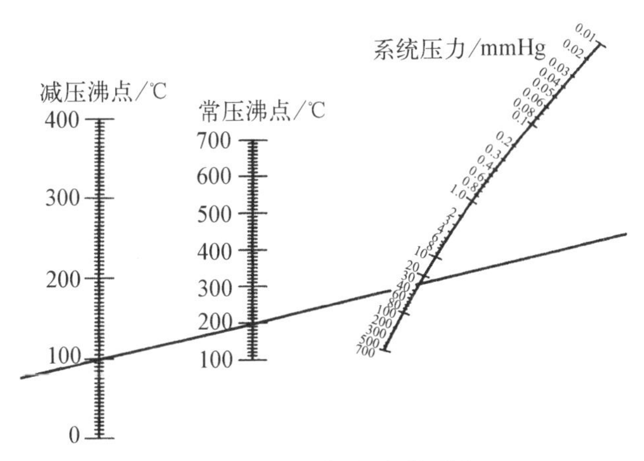

图 5-46　压力-温度关系图

(1) 减压蒸馏的操作方法

按图 5-47 安装减压装置，需先检查系统是否漏气，以及装置能减压到何种程度。然后在蒸馏烧瓶中倒入待蒸馏液体，其量控制在烧瓶容积的 1/3～1/2。先旋紧毛细管上的螺旋夹，打开安全瓶上的二通旋塞，然后开泵抽气。逐渐关闭二通旋塞，系统压力能达到所需真空度且保持不变，说明系统密闭。否则应检查各连接处是否漏气，必要时可在磨口接口处涂少量真空脂密封。进气量可通过螺旋夹调节，以能冒出一连串小气泡为宜。

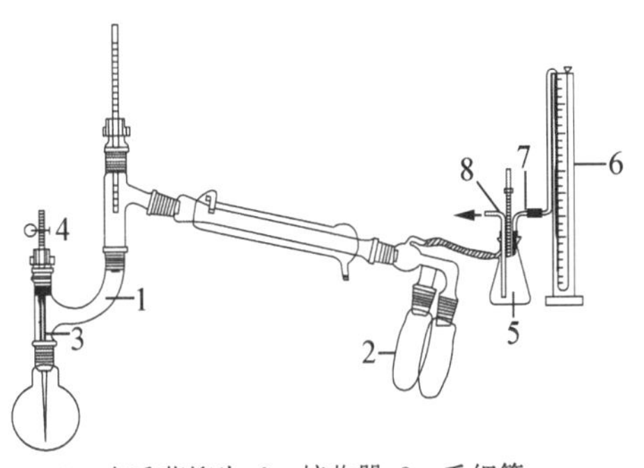

1—克氏蒸馏头；2—接收器；3—毛细管；4—螺旋夹；5—吸滤瓶；6—水银压力计；7—二通旋塞；8—导管

图 5-47　减压蒸馏装置

当系统达到所要求的压力时，开启冷凝水，选用合适的热源加热。密切注意蒸馏的温度和压力，若有不符，应及时调整。先接收前馏分，当沸点达到所需温度时，更换接收器（只需转动多头接收管的位置，使馏出液流入不同的接收器中）。控制馏出速度 1～2 滴/s。

蒸馏完毕，撤去热源，慢慢打开毛细管上的螺旋夹，并缓慢打开安全瓶上的活塞，平衡系统内外压力，然后关闭油泵，再拆卸仪器。

(2) 注意事项

① 在减压蒸馏系统中切勿使用有裂缝或壁薄的玻璃器皿，尤其不能用不耐压的平底瓶（如锥形瓶），因为内部压力小于外部压力时，不耐压的玻璃仪器可引起内向爆炸。

② 为防止暴沸、保持稳定沸腾，常用一根细而柔软的毛细管尽量伸到蒸馏瓶底部。空

气的细流经过毛细管引入瓶底，作为汽化的中心。在减压蒸馏中，加入沸石对防止暴沸是无效的。有些化合物易氧化，在减压蒸馏时，可用毛细管通入氮气或二氧化碳保护。

③ 减压蒸馏时，可用水浴、油浴、空气浴等加热，浴温需较蒸馏物沸点高 30℃以上。

5.7.5 物质的萃取

萃取是利用物质在 2 种互不相溶(或微溶)的溶剂中溶解度或分配系数的不同来进行分离、提取或纯化的操作，是一种常用的分离和提纯有机化合物的重要方法。通过萃取可以从混合物中提取出所需要的物质，也可以洗去混合物中含有的少量杂质。

1) 萃取原理

物质在不同溶剂中有着不同的溶解度。在一定温度下，某物质在 2 种互不相溶的溶剂中的浓度之比为一常数，称为分配系数 K，$K=c_A/c_B$，其中 c_A、c_B 分别为该物质在 2 种溶剂中的浓度。

一般说来，有机物在有机溶剂中的溶解度要比在水中大，因此常利用溶剂来提取溶解在水中的有机物。除非分配系数极大，否则只通过一次萃取很难将所需要的化合物从溶液中完全提取出来，因而必须更换新鲜的溶剂再进行多次萃取。假设在体积为 V 的溶剂中溶解的物质质量为 m_0，每次萃取溶剂的体积为 V'，经 n 次萃取后，则该物质的残留量 m_n 为

$$m_n = m_0\left[\frac{KV}{(KV+V')}\right]^n$$

由于 $KV/(KV+V')$ 总是小于 1，n 越大，m_n 就越小。所以，用同量溶剂分多次萃取比一次萃取的效率高。实际操作中，一般将同量溶剂分 3～5 次萃取。

在水溶液中加入一定量的电解质(如氯化钠)，利用盐析效应降低有机萃取剂在水溶液中的溶解度，可改善萃取效果。

2) 萃取的操作方法

(1) 液-液萃取

首先必须选择合适的萃取溶剂，以保证萃取效果，选择的依据为：不与原溶剂互溶，易分层；对被萃取物质有较大的溶解度，而对杂质的溶解度小；萃取溶剂纯度高、沸点低、化学稳定性好、毒性小、价格低。在实际工作中，涉及最多的是对水溶液性物质的萃取，萃取剂可以是苯、乙醚以及乙酸乙酯，而非水溶性的物质可用石油醚萃取。

最常用的萃取仪器是分液漏斗。要求分液漏斗的容积比萃取液和溶剂的总体积大一倍以上。实际操作中，首先将分液漏斗的活塞、磨口擦干，在活塞表面涂少量润滑脂，小心塞上活塞，旋转几圈至涂层均匀透明。加少量水振摇，观察分液漏斗有无渗漏。然后关好活塞，从上口依次加入被萃取液和萃取剂。塞好上塞口，用右手手掌抵住上塞口，手握漏斗，左手握住活塞部位，拇指压住活塞，进行水平振摇[图 5 - 48(a)]。开始振摇要慢，并注意经常放气(漏斗斜向朝无人处旋开活塞)，以平衡分液漏斗的内外压力[图 5 - 48(b)]。充分振摇后，慢慢旋开活塞，放出下层液体。当 2 种液体界面接近活塞时，减缓流速，以保证分离彻底。最后，将上层液体从上口倒出，切不可从下口放出。

在萃取过程中，尤其是当溶液呈碱性时，常会出现乳化现象，致使分离困难。若已发生乳化现象，可通过较长时间的静置，或加少许电解质，如氯化钠等来破乳。

但当被提取物在溶液中的溶解度较大时，可将被萃取的溶液再倒回分液漏斗中，加入新

萃取液进行多次萃取。若多步分次萃取还不能达到分离与提纯的目的,可采用连续萃取法。

(2) 固体物质的提取

固体物质的提取可采用索氏(Soxhlet)提取器(也称脂肪提取器),如图 5-49 所示。它由圆底烧瓶、提取筒和冷凝器组成。萃取时,先将固体研细放入滤纸套筒内,用脱脂棉盖住样品,置于提取筒中。圆底烧瓶内加入萃取剂、少许沸石。接通冷凝水,加热烧瓶,当烧瓶内溶剂的蒸气从冷凝管凝结下来,滴到固体提取物上时,被提取物溶解在热的萃取剂中。当萃

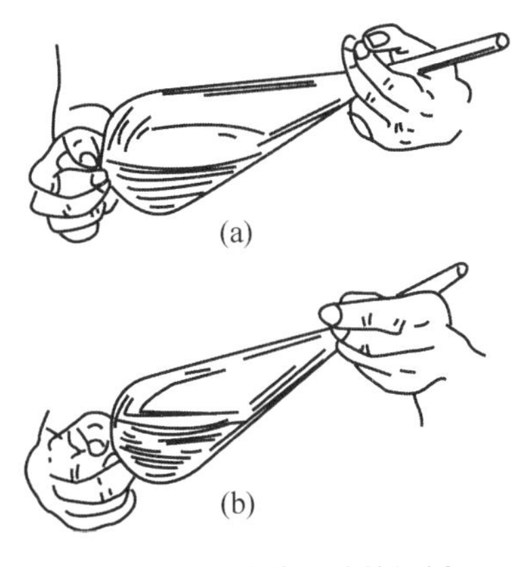

图 5-48 分液漏斗的振摇

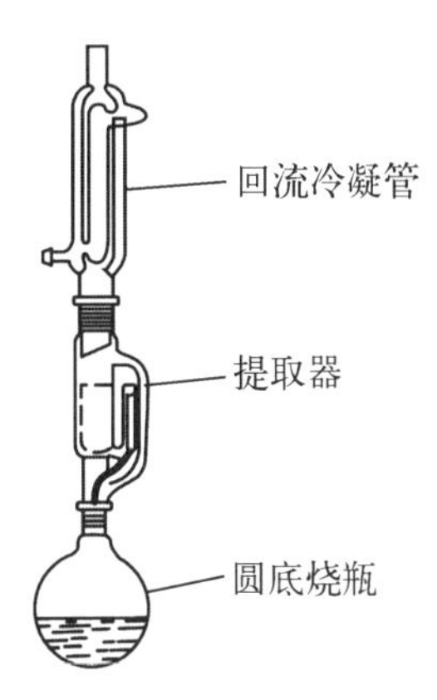

图 5-49 索氏提取器

取剂液面高度超过虹吸管顶部时,会从侧面的虹吸管流回烧瓶。然后重新蒸发、冷凝,变为新鲜的萃取剂,重复上述提取过程。由于固体每次被纯萃取剂所提取,萃取效率高,又节省溶剂。但是,不能提取易受热分解的物质,也不能选用高沸点的溶剂作为萃取剂。

5.7.6 薄层色谱、柱色谱和纸色谱

色谱分析是分离及鉴定结构和物理化学性质相近的一些有机物质的重要方法,它基于分析试样各组分在不混溶并作相对运动的两相(流动相和固定相)中的溶解度的不同,或在固定相上的物理吸附程度的不同,使各组分分离的分析方法。

分析试样可以是液体、固体(溶于合适的溶剂中)或气体。流动相可以是有机溶剂、惰性气体等。固定相则可以是固体吸附剂、水或涂在担体表面的低挥发性有机化合物的液膜,也称固定液。

常用的色谱分析方法有薄层色谱法、柱色谱法、气相色谱法以及高效液相色谱法。

1) 薄层色谱法(TLC)

薄层色谱属固-液吸附色谱。由于混合物中各组分对吸附剂(固定相)的吸附能力不同,当展开剂(流动相)流经吸附剂时发生无数次吸附和解吸过程,吸附力弱的组分随流动相迅速向前移动,吸附力强的组分滞留在后,由于各组分具有不同的移动速度,最终在固定相薄层上分离。

TLC 除了用于分离外,还可以通过与已知结构的化合物比对,鉴定少量有机混合物的组成,它也是寻找柱色谱最佳分离条件的有效手段。

(1) 固定相的选择

氧化铝和硅胶是薄层色谱常用的固定相。氧化铝的吸附性源于铝原子上未成键的电子对,多用于分离碱性或中性有机物;而硅胶的吸附性源于表面的 Si-OH 基,主要用于分离

酸性、中性有机物质。

薄层色谱用的硅胶有 60G、60GF$_{254}$、60H、60HF$_{254}$和 60HF$_{54+366}$等类型，其中 G 表示含有 13%硫酸钙(作为黏合剂)；H 表示不含硫酸钙；F$_{254}$表示含有 2%无机荧光物质，在 254 nm的紫外光照射下发出绿色荧光。与硅胶相似，氧化铝也因含有黏合剂或荧光剂而分为氧化铝 H、氧化铝 G、氧化铝 HF$_{254}$和氧化铝 GF$_{254}$等类型。黏合剂除硫酸钙外，还可用淀粉、羧甲基纤维素(CMC)。通常将薄层板按加黏合剂和不加黏合剂分为 2 种，加黏合剂的薄层板称为硬板，不加黏合剂的薄层板称为软板。

(2) 薄层板的制备

在洗净干燥的平整玻璃板上铺一层均匀的薄层固定剂以制成薄层板。例如，硅胶与水按 1∶2.5(质量比)混合后均匀调成糊状，氧化铝与水则为 1∶1。将调好的糊状物倒在薄层玻璃上，用拇指和食指夹住薄层板的两侧，左右摇晃，使表面均匀光滑。然后，把薄层板放在已校正水平的台面上阴凉至干透。将干透的薄层板置于烘箱中活化，活化时需要慢慢升温。硅胶在约 110℃下活化 30～60 min，可得Ⅳ～Ⅴ级活性的薄层板。氧化铝薄层板在 200℃活化 4 h，可得Ⅱ级活性的薄层板，在 150℃～160℃活化 4 h，可得Ⅲ～Ⅴ级活性的薄层板。薄层板应置于干燥器中保存备用。

(3) 操作方法

① 点样

在薄层板一端约 1 cm 处，用铅笔轻轻划一条作为起点线。样品用易挥发性溶剂溶解后，用毛细管吸取样品溶液，轻轻接触到起点线的某一位置上。如果溶液太稀，可多点几次，但要等第一次样点溶剂挥发后，再点第二次。若为多处点样时，点样的间距为 1 cm 左右。

点好样品后，待溶剂挥发干净，才可以进行下面的展开过程(图 5－50)。

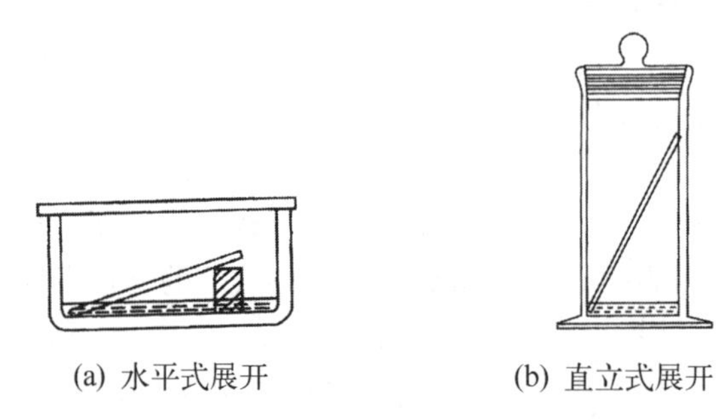

(a) 水平式展开　　(b) 直立式展开

图 5－50　薄层色谱

② 展开剂的选择

选择展开剂，首先应考虑对被分离物有一定的溶解度和解吸能力。由于硅胶和氧化铝都是极性吸附剂，所以展开剂的极性越大，试样在薄板上移动的距离越远，R_f 值(R_f 值是一个化合物在薄层板上上升的高度与展开剂上升的高度的比值)越大。例如，在分离过程中常发现 R_f 值太小，说明展开剂极性不够，需要考虑加入一种极性强的展开剂进行调控。

常用展开剂的洗脱力由小到大的顺序为：石油醚、环己烷、四氯化碳、二氯甲烷、氯仿、乙醚、四氢呋喃、乙酸乙酯、丙酮、正丁醇、乙醇、甲醇、水、冰乙酸、吡啶、有机酸等。

此外，在展开过程中，展开缸内展开剂的蒸气须始终处于饱和状态。一般可用一块方形滤纸贴于缸壁上(下端浸于展开剂中)，盖好密封一段时间。取放薄板应迅速。

③ 显色

展开后,要等溶剂挥发完才能显色。若被分离物是有色组分,展开板上即呈现出有色斑点。若化合物本身无色,则可在紫外灯下观察有无荧光斑点;或用碘蒸气熏的方法来显色。显色后,用铅笔轻轻画出斑点位置,计算 R_f 值。

2) 柱色谱法

柱色谱法是通过色谱柱来实现分离的。色谱柱内装有固定相,如氧化铝或硅胶。液体样品从柱顶加入,在柱的顶部被吸附剂吸附。然后从柱顶部加入有机溶剂(作洗脱剂)。由于吸附剂对各组分的吸附能力不同,各组分以不同的速率下移;被吸附较弱的组分在流动相(洗脱剂)里的含量比被吸附较强的组分要高,以较快的速度下移。

各组分随溶剂按一定顺序从色谱柱下端流出,可用容器分别收集。若各组分为有色物质,则可以直接观察到不同的色谱带,但若为无色物质,则不能直接观察到谱带。有时一些物质在紫外光照射下能发出荧光,则可用紫外光照射。有时可以分段集取一定体积的洗脱液,再分别鉴定。如果有一个或几个组分移动得很慢,可把吸附剂推出柱外,切开不同的谱带,分别用溶剂萃取。

柱色谱常用的洗脱剂按洗脱能力由小到大的次序为:己烷、环己烷、甲苯、二氯甲烷、氯仿、环己烷-乙酸乙酯(80∶20)、二氯甲烷-乙醚(80∶20)、环己烷-乙酸乙酯(20∶80)、乙醚、乙醚-甲醇(99∶1)、乙酸乙酯、四氢呋喃、正丙醇、乙醇、甲醇。

极性溶剂对于洗脱极性化合物是有效的,非极性溶剂对于洗脱非极性化合物是有效的,若分离组分复杂的混合物,通常选用混合溶剂。

装柱要求吸附剂必须均匀填充于柱内,不能有气泡和裂缝,否则将影响洗脱和分离。在装柱时,通常把柱竖直固定好,关闭下端活塞,底部用少量脱脂棉或玻璃棉轻轻塞紧,加入约1 cm厚、干燥洁净的细砂,然后加入溶剂到柱体积的1/4,用一定量的溶剂和吸附剂在烧杯中调成糊状,打开柱下端的旋塞,让溶剂一滴一滴地滴入锥形瓶中,同时把糊状物快速倒入柱中,吸附剂通过溶剂慢慢下沉,进行均匀填充。柱顶部1/4处一般不填充吸附剂,以便使吸附剂上面始终保持一液层。柱填充好后,上面再覆盖1 cm厚的砂层。

图5-51是柱色谱的分离过程示意图。过柱时,首先把试样溶解在最小体积的溶剂中,用滴管将试液加到吸附剂的上面;试液加完并流到吸附剂上端时,立即加入展开剂进行展开,自始至终保持柱内液面高于吸附剂的顶端,否则柱内将出现气泡或裂缝;可用分液漏斗连续不断地加洗脱剂,调节分液漏斗的活塞,使溶剂滴入速率与流出液的流出速率保持同步。试样中极性小的组分很少被吸附,首先被洗脱下来,极性大的组分吸附较强,后被洗脱下来。

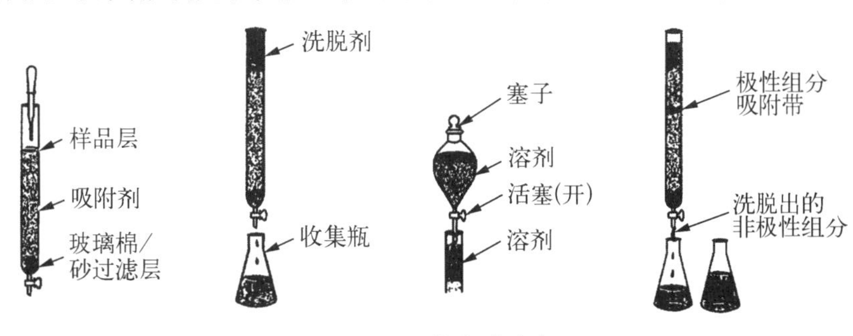

图5-51　柱色谱分离

3）纸色谱

纸色谱（也称纸上层析）属于分配色谱的一种，它利用滤纸为固定相，让样品溶液在纸上展开，以达到分离的目的。

纸色谱的溶剂由有机溶剂和水组成。当有机溶剂和水部分互溶时，产生两相，其中一相是以水饱和的有机相，另一相是以有机溶剂饱和的水相。纸上层析就是用滤纸作为载体，因为纤维和水有较大的亲和力，而对有机溶剂的亲和力较差。水相称静止相，有机相称流动相，也称展开剂。展开时，由于被层析样品的各组分在两相中的分配系数不同而达到分离的目的。所以，纸色谱是液-液分配色谱。

纸色谱的点样、展开及显色与薄层色谱类似。

5.7.7 干燥

干燥是除去固体、液体或气体中所含少量水分或有机溶剂的过程。在化学实验中，许多物质需要进行干燥处理或在干燥条件下保存，如基准试剂的干燥与保存等。一些有机反应需要在绝对无水条件下进行，不但所用的原料、溶剂和玻璃仪器都需要事先干燥，而且在反应过程中还要防止空气中的水分进入反应体系。特别是在目标化合物进行元素分析和波谱表征分析前，都必须经过严格干燥。

1）干燥剂

干燥大致分为物理法和化学法 2 种。物理法有吸附、分馏、离子交换树脂、分子筛等。化学法是以干燥剂来去水。去水作用分为 2 类：①能与水可逆地结合生成水合物，如 $CaCl_2$、$MgSO_4$ 等；②与水发生不可逆的化学反应而生成一种新化合物，如金属钠、P_2O_5 等。目前实验室中应用最广泛的是第一类。常用干燥剂的性能和应用范围见表 5－3。

表 5－3 常用干燥剂的性能和应用范围

干燥剂名称	干燥效能	干燥速度	应用范围	备注
硅胶	强	快	吸收水分。用于大多数物质干燥	于干燥器中使用
CaO	强	较快	适用于中性和碱性气体、胺、醇，不适用于醛、酮和酸性物质	
无水 $CaCl_2$	中等	较快	吸收水和醇，用于烃、醚、卤代烃、酯、腈、中性气体、氯化氢的干燥，不能用于醇、酚、烃、酰胺以及一些醛、酮的干燥	
NaOH 固体	中等	快	吸收水和酸性易挥发溶剂。可用于氨、胺、醚、烃、肼的干燥，不适用于醛、酮及酸性物质	
浓 H_2SO_4	强	较快	吸收水和碱性气体。用于干燥大多数中性和酸性气体，不适用于不饱和烃、醇、酮、酚、碱性物质、硫化氢、碘化氢	于干燥器、洗气瓶中使用
P_2O_5 固体	强	快	吸收水及碱性气体。可用于大多数中性和酸性气体、乙炔、CS_2、烃、卤代烃的干燥，不适用于碱性物质、醇、酮、氯化氢、氟化氢	于干燥器中使用，事先须用其他干燥剂干燥
固体石蜡屑			用于吸收有机溶剂，如乙醚、石油醚等	

（续表）

干燥剂名称	干燥效能	干燥速度	应　用　范　围	备　　注
分子筛	强	快	用于大多数气体、有机溶剂的干燥，不适用于不饱和烃的干燥	
金属钠	强	快	限于干燥醚、烃类中痕量的水分	用时切成小块或压成钠丝
无水硫酸钠、硫酸镁	弱	慢	吸收水分	用于有机液体的干燥

硅胶是硅酸凝胶（组成：$x\mathrm{SiO_2} \cdot y\mathrm{H_2O}$）经烘干除去大部分水后得到的白色多孔固体，具有高度的吸附能力，为便于观察，将硅胶放在钴盐溶液中浸泡，使之呈粉红色，烘干后变为蓝色。因而当干燥器中硅胶变为粉红色时，表示已经失效，应重新在110℃～130℃烘干至蓝色。

分子筛是一种人工合成的水合硅铝酸盐干燥剂，根据硅铝比值（SiO_2/Al_2O_3）的不同，分为不同类型的分子筛，如A型分子筛的硅铝比为2～3，Y型分子筛的硅铝比为3～6。分子筛晶格中留有许多直径固定的均匀孔道，这些孔道只能吸附比它小的水分子，其他较大的分子则不能进入。如4A分子筛的孔径为420 pm，能吸附的分子有水（260 pm）、NH_3（380 pm）、CO_2（280 pm）等。分子筛的吸附属物理吸附，因此使用前需进行活化处理。4A和5A分子筛是最常用的分子筛干燥剂，使用前应在550℃下活化2 h。

2）液体的干燥

液体有机化合物的干燥，通常是将干燥剂直接与之接触，因此，干燥前必须选择合适的干燥剂。

（1）选用干燥剂要求：①不与被干燥的液体发生反应，也不溶解于其中；②还要考虑干燥剂的吸水容量和干燥性能。

（2）干燥剂的用量可根据干燥剂的吸水容量和水在被干燥液体中的溶解度来估算。一般用量为每10 mL液体大约加0.5～1.0 g。应根据具体情况和实际经验，选用适宜的用量。

（3）操作时的注意事项：

①用药匙取适量干燥剂直接放入液体中，在干燥前应将待干燥液体中的水分尽可能分离干净。②干燥剂颗粒大小要适宜，太大因表面积小吸水慢；太小则吸附较多被干燥液体，且难以分离。③对于含水分较多的有机液体，干燥时常出现少量水层，必须将水层分去或用吸管吸去，再加入一些新干燥剂，放置并时常振摇。④将已干燥的液体过滤后进行蒸馏。对于和水反应能生成较稳定产物的干燥剂，有时可不必过滤，直接进行蒸馏。

3）固体的干燥

固体物质的干燥最简单的方法就是在空气中晾干，适合在空气中稳定又不吸潮的固体。其他方法还包括：

（1）烘干：可用普通烘箱或红外干燥箱，适用于熔点高且遇热不分解的固体。若欲使干燥较为迅速、彻底，可选用真空恒温干燥箱。

（2）干燥器干燥：根据被干燥物质的性质，选择合适的干燥剂，在普通干燥器或真空干燥器内干燥。例如易分解或易升华固体可置于干燥器内干燥。干燥器的使用方法见图5-

52、图 5－53 和图 5－54。此外，为防止吸潮，已干燥好的物质也要保存在干燥器内。干燥器内放置的干燥剂（表 5－4）需根据被干燥物质和被除去溶剂的性质来确定，有时在干燥器中同时放置 2 种干燥剂。

图 5－52　开启干燥器

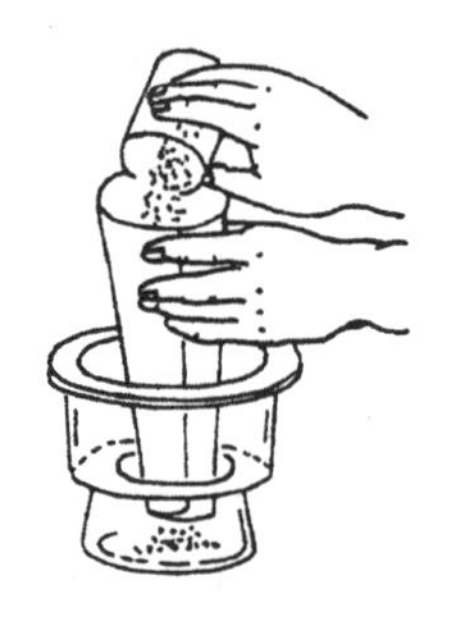

图 5－53　装入干燥剂

图 5－54　搬动干燥器

表 5－4　干燥器内常用的干燥剂及其应用范围

干燥剂	除去的溶剂或其他杂质	干燥剂	除去的溶剂或其他杂质
CaO	水、乙酸、氯化氢	固体 P_2O_5	水、醇
无水 $CaCl_2$	水、乙醇	石蜡片	醇、醚、石油醚、苯、氯仿、CCl_4
NaOH 固体	水、乙醇、氯化氢、醇、酚	硅胶	水
浓 H_2SO_4	水、乙酸、醇		

4）气体的干燥

干燥气体常用仪器有：干燥管、U 形管、干燥塔（装固体干燥剂）、洗气瓶（装液体干燥剂）、冷阱（干燥低沸点气体）等（图 5－55）。干燥气体常用干燥剂见表 5－5。

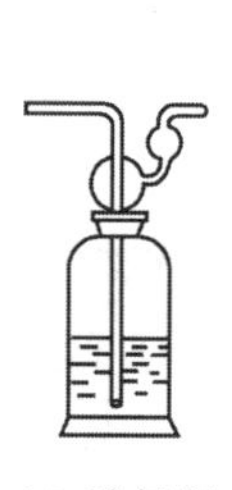

(a) 洗气瓶

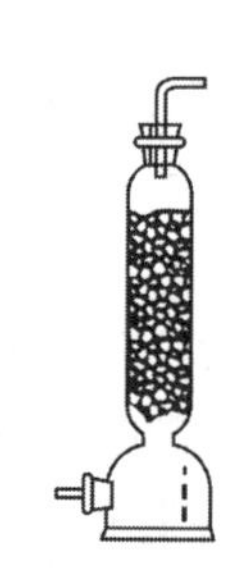

(b) 干燥塔

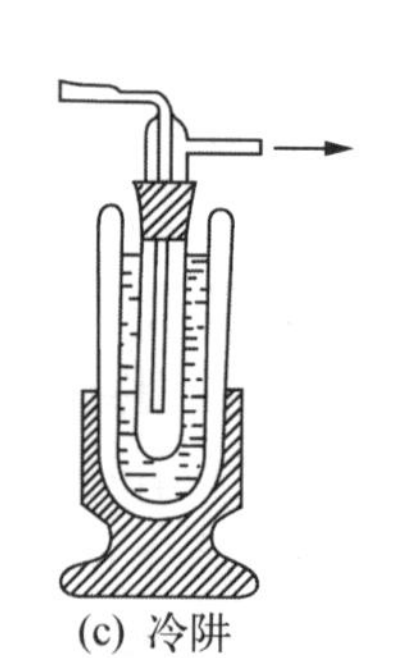

(c) 冷阱

图 5－55　气体的干燥

表 5－5　常用气体干燥剂

干　燥　剂	可干燥气体	干 燥 剂	可干燥气体
CaO、碱石灰、NaOH、KOH	NH_3 类	浓 H_2SO_4	H_2、N_2、CO_2、Cl_2、HCl
无水 $CaCl_2$	H_2、HCl、CO_2、CO、N_2、O_2	$CaBr_2$、$ZnBr_2$	HBr
P_2O_5	H_2、N_2、CO_2、Cl_2、HCl		

6　现代分析测试与表征技术简介

6.1　红外光谱

红外辐射可使分子振动和转动能级发生跃迁，形成分子吸收光谱，由此可以研究分子的结构和化学键，如力常数的测定和分子对称性等。分子中的某些基团或化学键在不同化合物中所对应的谱带波数基本上是固定的或只在小波段范围内变化，许多分子的官能团(如甲基、亚甲基、羰基、氰基、羟基、胺基等)在红外光谱中都有其特征吸收，并会在不同的化学环境中发生微细变化，由此可以判定分子中的官能团和它所处的环境。另外，分子在低波数区的许多简正振动往往涉及分子中全部原子，不同的分子的振动方式彼此不同，形成的红外光谱具有像指纹一样高度的特征性(该区域被称为指纹区)。红外光谱测试样品少、操作简便、速度快且准确。

1) 红外光谱仪

目前使用最广泛的红外光谱仪是基于干涉调频分光的傅里叶变换红外光谱仪，它由光源、动镜、定镜、分束器、检测器和计算机数据处理系统组成，其特点是分辨力极高和扫描速度极快，对弱信号和微小样品的测定具有很大的优越性。

2) 样品制备方法

红外光谱的试样可以是液体、固体或气体，一般要求：

(1) 试样应该是单一组分的纯物质，纯度应大于98%或符合商业规格才便于与纯物质的标准光谱进行对照。图6-1为对茴香醛的红外谱图。多组分试样应在测定前尽量预先用分馏、萃取、重结晶或色谱法进行分离提纯，否则各组分光谱相互重叠，难以判断。

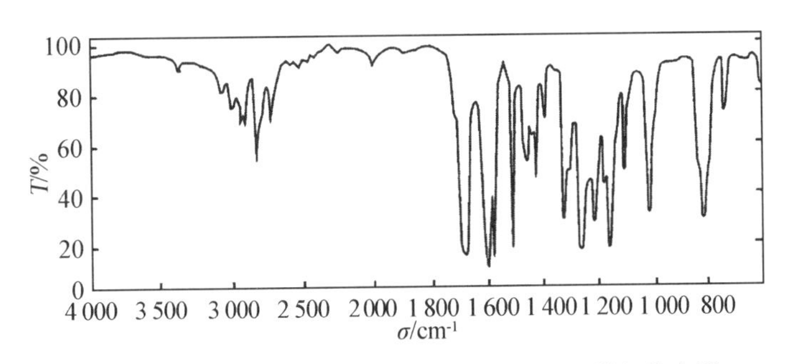

图6-1　对茴香醛(对甲氧基苯甲醛 $C_8H_8O_2$)的红外光谱

(2) 试样中不应含有游离水。水本身有红外吸收，会严重干扰样品谱，而且会侵蚀吸收池的盐窗。

(3) 试样的浓度和测试厚度应选择适当，以使光谱图中的大多数吸收峰的透射比处于10%～80%范围内。

气体样品：气态样品可在玻璃气槽内进行测定，它的两端粘有红外透光的NaCl或KBr窗片。先将气槽抽真空，再将试样注入。

液体和溶液试样：

(1) 液体池法：沸点较低，挥发性较大的试样，可注入封闭液体池中，液层厚度一般为0.01～1 mm。

(2) 液膜法：沸点较高的试样，直接滴在2片盐片之间，形成液膜。

对于一些吸收很强的液体，当用调整厚度的方法仍然得不到满意的谱图时，可用适当的溶剂配成稀溶液进行测定。一些固体也可以溶液的形式进行测定。常用的红外光谱溶剂应在所测光谱区内本身没有强烈的吸收，不侵蚀盐窗，对试样没有强烈的溶剂化效应等。

固体试样：

(1) KBr压片法：1～2 mg试样和200 mg左右光谱纯级KBr经干燥处理后，在玛瑙研钵中研磨至粒径小于2 μm，置于油压机中，在5～10 MPa压力下压成透明薄片，取出KBr压片，放入专用夹具中，即可测定。

(2) 石蜡糊法：将10～20 mg经干燥处理后的试样在玛瑙研钵中研成粒径小于2.5 μm，加2滴液体石蜡或全氟代烃继续研磨2～5 min，调制成糊，夹在盐片中，来回转动使其分布均匀并无气泡，组装到样品池中即可测定。

(3) 薄膜法：主要用于高分子化合物的测定。可将它们直接加热熔融或压制成膜。也可将试样溶解在低沸点的易挥发溶剂中，涂在盐片上，待溶剂挥发后成膜测定。

常见官能团的红外吸收频率汇于表6-1。

表6-1 常见官能团和化学键的特征吸收频率

官能团	υ/cm^{-1}	化合物类型	官能团	υ/cm^{-1}	化合物类型
NH—H	3300～3500(m)	胺、酰胺	C═N—	1660～1650(m)	亚胺
O—H	3100～3700(s)	醇、酚及羧酸	$C—CH_3$	1200～1550(s)	烃
C—H	2853～2962(m～s)	烷烃	C—N	1030～1360(m)	胺、酰胺
≡C—H	3300～3500(s)	炔	C—O—O	1000～1300(m)	醚
═C—H	3010～3095(m)	烯	C—F	1000～1300(s)	氟代物
C≡N	2200～2600(m)	腈	$R—C═CH_2$	985～1000(s)	烯
C═O	1690～1750(s)	醛、酮、酸	═C—H	650～1000(m)	烯
C═C	1620～1680(w)	烯	C—X	650～800(s)	卤代物
(苯环)	1450～1600(m)	芳烃			

6.2 核磁共振光谱(NMR)

NMR是研究处于磁场中的原子核对射频辐射的吸收的一种谱学方法。核磁共振主要是由原子核的自旋运动引起的，质子数或中子数为奇数的原子核具有自旋角动量，当原子核自旋时，相当于核表面的正电荷在运动，运动的电荷即电流会感应产生磁场，因此，每一个自旋的原子核相当于一个磁偶极子，自旋的原子核也称为磁性核。如^{1}H、^{13}C、^{15}N、^{19}F、^{31}P等。在强外磁场中，磁性原子核发生自旋能级分裂，当吸收外来电磁辐射(约 4～900 MHz)等于两能级的能级差时，将发生核自旋能级的跃迁，产生核磁共振信号，在照射扫描中记录发生共振时的信号位置和强度，就得到核磁共振谱(图 6－2)。由于原子核外有电子屏蔽，原子核感受到的是所处环境局域场的磁场强度，随着原子核所处的化学环境变化而变化。因此，在有机化合物中，各种原子核周围的电子云密度不同(结构中不同位置)共振频率有差异，即引起共振吸收峰的位移，这种现象称为化学位移。因此，可以通过化学位移的数值来判断测定有机化合物的结构以及原子的位置、环境、官能团和原子相对数。NMR 现已经成为理论严密、技术先进、结果可靠、独立的物质结构分析方法，被广泛应用于药物有机分子结构确证、蛋白质三维结构研究、物质科学的固体成像，以及临床医学疾病诊断等领域。

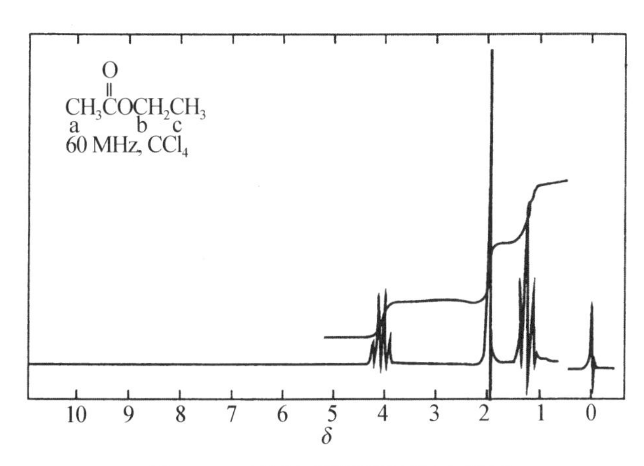

图 6－2　乙酸乙酯的^{1}H NMR 谱图

1) **核磁共振仪**

目前使用最广泛的核磁共振仪是傅里叶变换核磁共振谱仪(FT－NMR)。仪器主要由超导磁体、探头、射频单元、频率合成器、高功率放大器、接收机、谱仪操作控制台、计算机及外部设备、温度控制单元、气动单元和电源等部件组成。其特点与连续波核磁共振仪相比，大大提高了检测灵敏度，缩短测量时间，使研究低自然丰度的核成为现实。

2) **核磁共振谱**

研究最多的核磁共振谱为核磁共振氢谱(^{1}H NMR)和碳谱(^{13}C NMR)，氟谱和磷谱(^{19}F NMR和^{31}P NMR)研究相对较少。

核磁共振法可以测定液体或固体样品。通常采用测定液体样品，固体样品需使用专门固体核磁仪器测定。送检样品纯度一般应大于 95%，无铁屑、灰尘、滤纸毛等杂质。一般有机物须提供的样品量：^{1}H 谱$>$5 mg，^{13}C 谱$>$15 mg，对聚合物所需的样品量应适当增加。由于核磁共振是一种定性分析的方法，所以样品的取样量没有严格的要求，取样原则是：在能达到分析要求的情况下，样品量少一些为好。样品浓度太大，谱图的旋转边带或卫星峰太大，而且，谱图分辨率变差，不利于谱图的分析。

3) **液体样品的配制方法**

测定时样品常常被配成溶液，这是由于液体样品可以得到分辨率较高的图谱。要求选择不产生干扰信号、溶解性能好、稳定的氘代溶剂。常用的氘代试剂有：D_2O、$CDCl_3$、

$(CD_3)_2SO$、$(CD_3)_2CO$、C_6D_6 等。一般氘代试剂中都含有少量的 TMS(三甲基氯硅烷)作为内标物。

配制时一般采用外径为 6 mm 的核磁管,液体体积约为 0.5 mL,溶液的浓度应为 5%~10%。如纯液体黏度大,应用适当溶剂稀释或升温测谱。将样品小心地放入样品管中,用注射器取 0.5 mL $CDCl_3$(氘代氯仿)注入样品管,使样品充分溶解。要求样品与试剂充分混合,溶液澄清、透明、无悬浮物或其他杂质。如果固体样品溶液浑浊,可以吸取上面比较澄清的部分检测或采用稍微过滤,在小玻璃滴管中放些微玻璃绵,过滤滴入核磁管中。

常见官能团质子的化学位移见表 6-2。

表 6-2 常见官能团质子的化学位移

质子的类型	化学位移/$\times 10^{-6}$	质子的类型	化学位移/$\times 10^{-6}$
$R-CH_3$	0.9	$RCH_2—B$	3.5
R_2CH_2	1.3	$RCH_2—I$	3.2
R_3CH	1.5	R—OH	1~5
$C{=}CH_2$	4.5~5.3	$RCH_2—OH$	3.4~4
$C{\equiv}CH$	2~3	$R—OCH_3$	3.5~4
$CR_2{=}CH$(—R)	5.3	R—C(=O)—H	9~10
C_6H_5—CH_3	2.3	R—C(=O)—O—CH_3	3.7~4
C_6H_5—H	7.27	=C—C(=O)—CH_3	2~3
RCH_2-F	4	$R—NH_2$	1~5
RCH_2-Cl	3~4	$R_2CH—COOH$	10~12

6.3 紫外-可见光谱

当入射光的能量同吸光分子中电子能级间的能量差相等时,物质呈现对光的选择性吸收,分子内的价电子发生跃迁。由于电子的能级间隔位于紫外(200~300 nm)至可见(380~780 nm)区域内,在同一电子能级中,存在着不同的能量间隔较小的振动能级,每一个振动能级上还存在着能量间隔更小的转动能级,因此,在电子跃迁时,不可避免地同时产生振动能级和转动能级的跃迁。分子吸收辐射所形成的紫外-可见吸收光谱是一种具有一定频率范围的吸收谱带,一般采用吸收峰波长 λ_{max}、摩尔吸光系数 ε_{max} 和半峰宽 $\Delta\lambda$ 等参数加以描述。

紫外-可见分光光度仪由光源(紫外区使用氢灯或氘灯,可见区使用钨灯或卤素灯)、单色器、样品池、检测器和显示系统组成。紫外可见光谱最重要的手段是用于定量分析,它是痕量分析最常用的实验方法,测定浓度下限一般可达 $10^{-5} \sim 10^{-6}$ mol·L^{-1},相对误差小于1%,几乎所有的无机物和有机物都可以直接或间接地使用吸光度法测量。

朗伯-比尔定律是分子吸收光谱法定量分析的基础。在吸光体系中,若存在多种互不作用的吸光物质,体系在同一波长下的总吸光度等于体系中各组分吸光度之和,即吸光度具有加和性。因此,利用紫外-可见吸收光谱可以进行单组分和多组分的定量分析。单组分定量分析法有吸光系数法和间接法。多组分分析法有解联立方程法和双波长分光光度法。

物质的紫外-可见吸收光谱(图 6-3)可以反映分子内部结构的信息。在紫外-可见光谱的定性分析中,利用分子的最大吸收波长 λ_{max} 和摩尔吸光系数 ε_{max} 的大小可以方便地判断分子的结构信息,确定有机化合物的组成、取代情况和空间结构等。例如,一些含 π 电子不饱和基团的有机分子,其紫外-可见吸收是由 $n \rightarrow \pi^*$ 和 $\pi \rightarrow n^*$ 电子跃迁产生,并随有机分子中共轭体系的拓展,π 电子进一步离域,变得更易于激发,其最大吸收波长 λ_{max} 向长波长方向红移。对于共轭二烯、多烯烃及共轭烯酮类有机化合物,可利用伍德沃德规则计算这些化合物中 $\pi \rightarrow \pi^*$ 的最大吸收波长 λ_{max}。

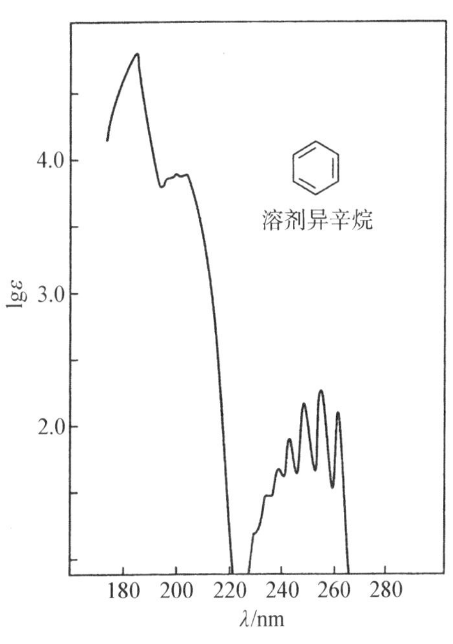

图 6-3　苯的紫外吸收光谱

许多无机配合物都能产生电荷转移光谱,一般而言,无机离子的氧化还原能力愈强,电荷转移所需的能量愈小,其谱带位于长波长区域。除电荷转移光谱外,无机配合物还呈现 $d-d$ 和 $f-f$ 跃迁产生的吸收带(主要位于可见区),这些吸收可以帮助配合物的结构解析。

6.4　色谱

色谱法是利用不同组分在吸附、分配、离子交换、亲合力和分子尺寸等性质的微小差别,在 2 个互不相溶的两相,即固定相和流动相之间相对运动时,组分经两相间连续多次的质量交换,从而使原先性质差异微小的组分获得分离的过程,进而达到分离、分析各组分的目的。色谱法高效、快速、灵敏、样品量少、适用范围广,其最大特点是能在分析过程中分离出纯物质,并可测定该物质的含量。根据流动相的不同,色谱法还可细分为气相色谱(分离和分析低沸点物质)和液相色谱(分离和分析沸点较高、热稳定性较差的物质)。若固定相采用凝胶,称为凝胶色谱,常用于高分子化合物的相对分子量测定。

色谱图(图 6-4)反映了试样组分在色谱柱内的差速迁移以及同一组分在色谱柱内迁移过程中的分子分布离散所形成的浓度分布,从而在色谱图上呈现出组分流出的强度与时间的差异,它是色谱定性定量分析的依据,也是研究色谱过程机理的依据。一般而言,色谱的定性分析能力要差一些,通常需要比对纯物质的保留时间来加以确认。

色谱定量分析的准确度和精密度主要取决于试样制备、色谱条件、检测器的选择、进样量以及合适的定量方法，相对误差一般在0.1%～3%之间。定量分析方法有内标法、外标法和归一化法，还包括峰高、峰面积的测量和定量校正因子的测定。

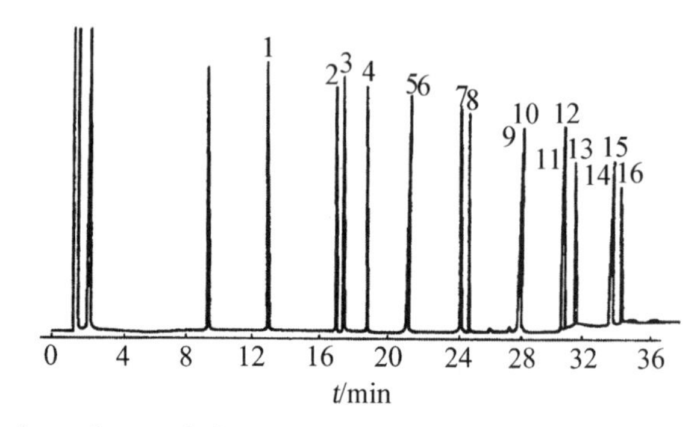

1—萘；2—苊；3—二氢苊；4—芴；5—菲；6—蒽；7—荧蒽；8—芘；9—苯并蒽

图6-4　多环芳烃的气相色谱图

6.5　质谱

质谱分析法主要是通过对样品的离子的质荷比的分析而实现对样品进行定性和定量测定的一种方法。由于电磁场对不同荷质比（m/z）的带正电荷的气体分子离子的作用不同，因此，可实现不同荷质比离子的分离与检出。最终，按其荷质比不同排列成谱。质谱分析法灵敏度高、分析试样少、分析速度快，能同时提供有机化合物的精确相对分子质量、元素组成、碳骨架及官能团结构等信息。

质谱仪由进样系统、离子源、质量分析器、检测器及计算机等组成。应用最广的离子源是电子离子源（又称EI源），主要针对挥发性样品的检测。电喷雾源（又称ESI源）是一种软电离方式，即便是相对分子量大、稳定性差的化合物，也不会在电离过程中发生分解，它适合于分析极性强的大分子有机化合物，如蛋白质、肽、糖等。电喷雾电离源的最大特点是容易形成多电荷离子。

为便于分析复杂混合物体系的组分含量及其化学结构，需要有一种高效分离和高灵敏度检测相结合的技术，因此，质谱仪常与其他分析技术联用，如气相色谱-质谱（GC－MS）技术和高效液相色谱-质谱（HPLC－MS）技术。

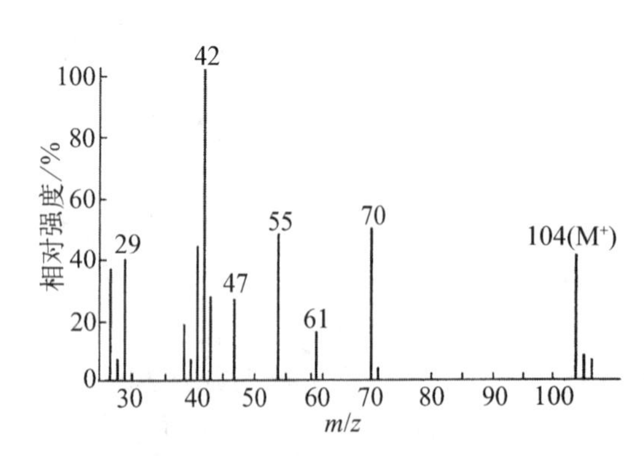

图6-5　3-甲基丁硫醇的质谱图

一张质谱图（图6－5）中，可以看到许多离子峰，大致可分为分子离子峰、同位素离子峰、碎片离子峰、重排离子峰、亚稳离子峰及多电荷离子峰等。在电子轰击下，有机分子失去一个电子所形成的离子叫分子离子，若分子离子出现在质谱图中，通常处于谱图右端，这是确定分子相对质量的重要依据。根据元素及其同位素的天然丰度和谱图中的峰形，可判断化合物中存在某一元素，如^{35}Cl和^{37}Cl的丰度比约为3∶1，而^{79}Br和^{81}Br的丰度比约为1∶1,其分子离子峰处还存在M+2的离子峰,且强度与该元素同位素的丰度相关联。由于离子源能量过高使分子离子处于激发态,分子离子中某些键断裂,形成质量数较低的碎片离子。碎片离子峰出现在谱图左侧,是分析化合物结构的重要信息。有时,分子离子会发生2个或2个以上键的断裂,一些原子或基团从一个位置转移至另一个位置,在质谱图上呈现的峰称为重排离子峰。酮、醛、酸、酯和其他含羰基的有机化合物常会发生这类重排。

6.6　原子吸收光谱

气态待测元素的基态原子吸收其特征共振辐射谱线后,其外层电子跃迁至激发态,在一定条件下,谱线的吸收程度与基态原子浓度成正比,从而实现物质的定量分析。原子吸收光谱位于光谱的紫外区和可见区。原子吸收的测量依据积分吸收和峰值吸收。实际工作中,测量原子吸收值是以光源发射的光(强度为I_0,频率为υ)通过厚度为l的气态原子蒸气层,然后测出吸收后的光强(I_υ),即通过吸光度的测量,便可得到待测元素的含量。原子吸收光谱法具有检出限低(火焰法可达ng·mL^{-1},非火焰法可达10^{-11}～10^{-14}g)、准确度高(火焰法相对误差小于1%,非火焰法约在3%～5%)、选择性好(多数情况下,共存元素不产生干扰)、分析速度快和应用范围广等特点,已成为原子光谱研究和分析物质成分的重要方法。

原子吸收分光光度计由光源、原子化器、单色器和检测器组成。根据原子化器不同的构造,原子吸收光谱法分为火焰法和非火焰法(常称石墨炉法)。与火焰法相比,石墨炉法样品消耗少,特别适用于待分析试样量极少的情况,对悬浮液、乳浊液、有机物、生物材料等样品可直接进样,但是其分析精密度低于火焰法。进行原子吸收分析时,应根据待测元素的种类和含量,选择被测元素的共振线作为分析线,如K应选择766.49 nm,Na应选择589.00 nm,Cu应选择324.75 nm。若待测元素的含量高,应选择灵敏度较低的非共振线。此外,还应根据试样的特点,选择合适的原子化条件、进样量大小、狭缝宽度和空心阴极灯电流等实验参数。

根据原子吸收光谱的定量关系式,在实际分析中常采用标准曲线法、标准加入法和内标法(需使用双通道原子吸收分光光度计)。标准加入法是在若干份相同体积的待测试样中,分别加入不同量的待测元素的标准溶液,并稀释至一定的体积,分别测定其吸光度。以吸光度A为纵坐标,浓度c为横坐标,得一直线,此直线延至横轴上的交点到原点的距离便是原始试样中待测元素的浓度。

6.7　荧光光谱

物质分子吸收紫外及可见区电磁辐射后,其电子能级由基态跃迁至激发态,并以辐射的形式释放能量,激发态分子回到基态,这一现象称为光致发光。当一个分子处于单重激发态的最低能级时,去活化过程以10^{-9}～10^{-7}s时间内发射一个光量子形式回到基态,这一过程称为荧光发射。光致发光涉及吸收辐射和发射辐射2个过程,荧光分子都具有2个光谱特征,即激发光谱和荧光光谱。在溶液中,观察到分子的荧光发射波长总是大于激发光的波长,这称为斯托克斯位移。荧光的产生与分子结构关系紧密,$\pi \rightarrow \pi^*$跃迁有利于发射荧光;具有平面刚性结构、共轭π键的分子也易发射荧光。另外,一些给电子基团如—NH_2 和—OH 会加强荧光发射，而一些吸电子基团如羰基、硝基等会减弱荧光强度。有时，荧光物质分子与溶剂分子或溶质分子相互作用，可导致荧光强度下降，也称荧光猝灭。

荧光的发射强度与荧光物质的浓度成正比，一般采用标准曲线法，可直接测量荧光物质的浓度。荧光分析法的灵敏度和选择性都优于吸光度法，因而更适合于低浓度物质的定量分析。与紫外可见吸收光谱相似，荧光分析也有荧光滴定法、双波长法和导数法等。由于分子的荧光发射要比吸收拥有更多的信息，许多新的荧光技术如同步荧光技术、时间分辨荧光技术和荧光探针技术等应运而生，利用荧光指示剂分子（即荧光探针）可以研究生物大分子中某一确定的位置，因此，它是研究生物活性物质同核酸相互作用以及蛋白质结构与机能的重要手段。

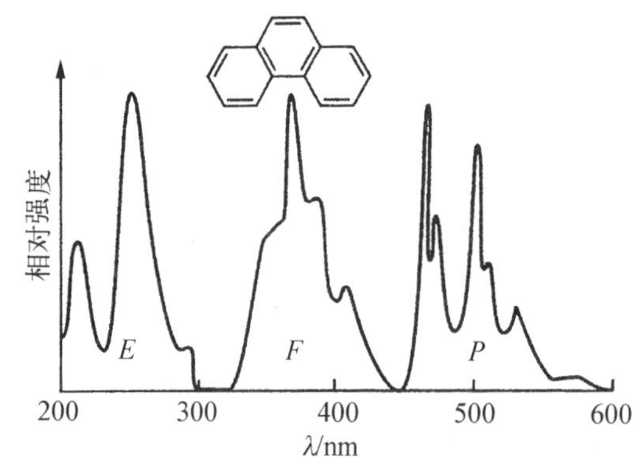

图 6－6　菲的激发光谱(E)、荧光(F)和磷光光谱(P)

荧光分光光度仪由激发光源、选择激发光波长的单色器、试样池、选择荧光发射波长的单色器、荧光检测器和计算机数据处理系统组成。改变激发光波长，在荧光最强的波长处测量荧光强度的变化，便可得到以激发波长 λ_{ex} 为横坐标、荧光强度 I_F 为纵坐标的荧光物质激发光谱。如果保持激发光波长和强度不变，测量不同波长处荧光强度分布，便得到以波长 λ_{em} 为横坐标、荧光强度 I_F 为纵坐标的荧光物质发射光谱(图 6－6)。

6.8　X 射线衍射

晶体是由三维周期排列的原子阵列，根据晶体结构对称性的不同，可分为七大晶系、32 个点群和 230 种空间群。晶胞中每个原子都能散射 X 射线，若单色 X 射线以入射角 α_0 投在周期为 a 的直线原子点阵上，每个点阵原子都可以看成一个新的波源。当相邻 2 个原子散射出来的波之间的光程差 Δ 为波长的整数倍时，就会产生衍射。布拉格公式是 X 射线衍射的基本关系式，它将衍射方向、晶面间距和 X 射线波长联系在一起。例如，因 X 射线入射角的不同，晶面指标为(110)这一组晶面可能出现衍射指标为 110、220、330 的衍射线。不同晶面产生的一系列衍射线构成一个空间，叫做“衍射空间”。晶体的对称性必然与“衍射空间”紧密关联，它们之间的关系可用倒易空间加以阐述。各种 X 射线衍射分析的基本方法和原理均按反射球和倒易点阵的关系设计。

X 射线衍射仪由 X 射线发生器、测角仪和探测记录系统等 3 部分组成。X 射线衍射分析可分为多晶(粉末)衍射和单晶衍射。

多晶衍射法是将粉末样品经一束平行的单色 X 射线垂直照射后，产生一组以入射线为轴的同轴反射圆锥面族，计数管绕样品旋转，依次测量各反射圆锥面 2θ 角(即衍射角，又称布拉格角)位置的衍射线强度，即可获得表征物相的各种衍射数据，计算出有关参数，然后根据所得的晶体点阵的晶面距 d 值、衍射强度 I/I_1、化学组成、样品来源与标准粉末衍射数据进行比较、鉴定，从而进行物相鉴定和晶体结构的研究。X 射线多晶衍射是研究材料及其结构表征的权威方法。对不同的晶体，其多晶衍射的特征谱包含峰位、峰强比、峰形及半峰宽等参数，各个参数同晶体组成与结构关系密切。衍射峰位置及 2θ 分布和峰的强度序列决定于物相的组成，峰位的偏移与材料的微应力相关，峰强比之间的变化反映了物相中各个衍射面的择优取向，峰形和半峰宽的差别涉及晶体的晶粒大小。利用多晶衍射谱对结晶物质进行定性和定量分析时，还能确定类质同相混晶（固溶体）的成分和有限固溶体的固溶极限，区分晶质和非晶质结构的变化，测定晶体的有序-无序结构及其有序度。

单晶结构分析常用四圆衍射仪完成，一般步骤是：①培养和选择单晶，大小一般在 0.1～1 mm，外形完整，不附着杂质或小晶体；②测定晶体学参数，从晶体外形或热电性能等物理性质测定晶体所属的晶系及点群；③X 射线衍射强度的收集与还原；④从衍射线强度消光规律，确定晶体的空间群；⑤根据测试结果，确定晶胞参数、晶胞内的分子数，并计算出晶体和分子的原子坐标；⑥计算原子间的距离、键长、键角，描绘分子结构、分子形状和分子堆积方式。

6.9　热分析

热分析法是在程序升温条件下，测量物质的物理性质如质量、转变温度、相变、热焓、比热容、结晶、熔融、吸附、尺寸、机械性能等随温度变化的函数关系的一种技术。热分析法包括差热分析（DTA）、差示扫描量热分析（DSC）和热失重分析（TG）等。

1）差热分析（DTA）

在程序控温下，物质被不断加热或冷却，物质将按照它固有的变化规律而发生量变或质变，从而产生吸热或放热，因此，测量物质与参比物之间温度差随温度或时间变化便可获得试样的 DTA 图谱。在 DTA 曲线中，放热峰向上，吸热峰向下，出峰位置代表发生热效应的温度，峰面积表示热效应的大小。根据试样吸热或放热的情况，可判断物质性质的变化，如晶型转变、熔化、升华、挥发、还原、分解、脱水或降解等。

差热分析仪由控温炉、温度控制器、温度检测器及数据处理系统组成，辅之以气氛和冷却水通道。

测定时，将试样与参比物（常用 $\alpha-Al_2O_3$）分别放在 2 只坩埚中，置于样品杆的托盘上，然后使加热炉按一定速度升温（如 10℃ • min^{-1}）。如果试样在升温过程中没有热反应（吸热或放热），则其与参比物之间的温差 $\Delta T=0$；如果试样产生相变或气化则吸热，产生分解则放热，从而产生温差 ΔT，以 ΔT 为纵坐标，温度 T 为横坐标，便是差热曲线。各物质因物性不同，因此表现出其特有的差热曲线。

2）差示扫描量热法（DSC）

DSC 是在程序控温下，测量物质与参比物之间能量差随温度变化的一种技术。DSC 原理与 DTA 相似，所不同的是在试样和参比物的容器下面，增加热量补偿器以增加电功率的方式迅速对参比物或试样中温度低的一方给予热量补偿。因此，DSC 与 DTA 相比，测得的热转变温度和热焓等参数更精确，使用也更广泛。

DSC 谱图的纵轴为热流速率 dQ/dt，横轴为温度 T，曲线的吸热峰朝上，放热峰朝下，出峰位置代表发生热效应的温度，峰面积表示热效应的大小。从 DSC 图谱（图 6－7）中，可以获得比热容、熔融温度、结晶温度、转变热、结晶度、相变、玻璃化温度、分解过程、反应动力学、纯度测定等信息。

3）热失重分析法（TG）

TG 是在程序控温下，测量物质的质量随温度变化的一种技术。随温度升高，物质发生

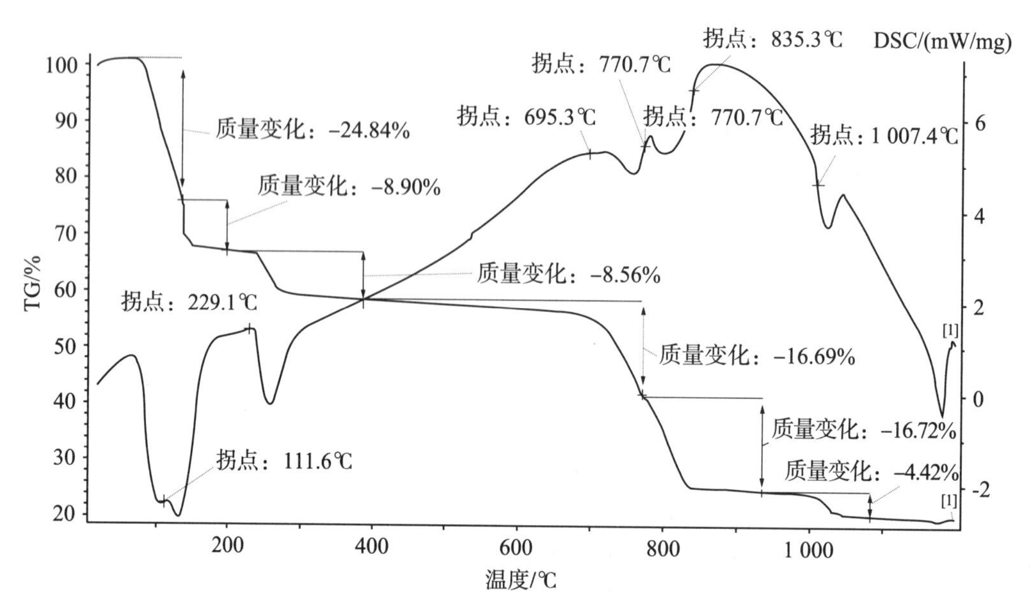

图 6-7　$CuSO_4 \cdot 5H_2O$ 晶体的 TG 和 DSC 谱图

脱溶剂化(脱水)、升华、蒸发与分解等变化,物质质量也随之变化。TG 曲线以质量减少百分率为纵轴,温度为横轴。从 TG 图谱(图 6-7)中,可以获得质量变化、分解温度、脱水、脱羟基、腐蚀/氧化、热稳定性、还原反应、成分分析、反应动力学、纯度测定等信息。

下篇　实验部分

第一部分　基础实验

实验一　氯化钠的提纯

关键词　NaCl　除杂　减压过滤　蒸发浓缩　结晶

实验目的

1. 了解提纯 NaCl 的原理和方法。

2. 学习溶解、沉淀、减压过滤、蒸发浓缩、结晶及干燥等基本操作，掌握煤气灯的使用。

实验原理

粗食盐中除主要成分 NaCl 外，尚含有不溶性杂质(如泥沙等)和可溶性杂质(主要是 Ca^{2+}、Mg^{2+}、K^{+}以及 SO_4^{2-})。

不溶性杂质可用溶解、过滤法除去。

可溶性杂质的去除依下列次序进行：首先在粗食盐溶液中加入稍过量的 $BaCl_2$ 溶液，使 SO_4^{2-} 完全转化成 $BaSO_4$ 沉淀，过滤去除 $BaSO_4$ 沉淀；再加入足量的 NaOH 溶液和 Na_2CO_3 溶液，使食盐溶液中的 Mg^{2+}、Ca^{2+} 和先前加入的过量 Ba^{2+} 完全转化为 $Mg(OH)_2CO_3$、$CaCO_3$ 和 $BaCO_3$ 沉淀，过滤除去这些沉淀。然后用分析纯 HCl 中和，除去过量的 NaOH 和 Na_2CO_3。蒸发浓缩食盐溶液，使 NaCl 结晶。粗盐含有可溶性 K^{+}，因含量小，且 KCl 溶解度比 NaCl 大，当食盐溶液冷却结晶时，大部分 KCl 不会随 NaCl 结晶析出，仍残留在溶液中。最后抽滤，可得纯净的 NaCl 晶体。

仪器与试剂

电子天平，烧杯(150 mL)，布氏漏斗，抽滤瓶，循环水泵，石棉网，蒸发皿，滤纸，玻棒。

粗盐，$BaCl_2$(1 mol・L^{-1})，NaOH(2 mol・L^{-1})，Na_2CO_3(2 mol・L^{-1})，HCl(2 mol・L^{-1})，$(NH_4)_2C_2O_4$(0.5 mol・L^{-1})，镁试剂，pH 试纸。

实验内容

1. 粗食盐的提纯

用电子天平称取 8 g 粗盐，倒入 150 mL 烧杯中，加 30 mL 蒸馏水，加热并搅拌使之溶解。溶液微沸时，在玻棒搅拌下，逐滴加入 1 mol・L^{-1} $BaCl_2$ 溶液(约 2 mL)，至 SO_4^{2-} 沉淀完全[1]。继续加热约 5 min[2]。趁热减压过滤。

滤液中加入 1 mL 2 mol・L^{-1} NaOH 和 3 mL 1 mol・L^{-1} Na_2CO_3 溶液，加热至微沸，至溶液中的可溶性离子(除 K^{+}外)沉淀完全(如何检验沉淀已完全?)。减压过滤。

滤液中逐滴加入 2 mol・L^{-1} HCl 溶液，至溶液的 pH 呈微酸性[3](pH≈6)。将溶液倒入蒸发皿中，于水浴上蒸发浓缩至稀粥状的稠液为止[4]。冷却至室温。减压抽滤，抽滤过程中尽量吸干晶体表面的吸附水。称重，计算 NaCl 的产率。

2. 精制 NaCl 纯度的检验

称取粗盐、精制食盐各 1 g，分别溶于 5 mL 蒸馏水中，然后各分盛于 3 支试管中，进行如下纯度检验：

① SO_4^{2-} 的检验：在第一组溶液中分别加入 2 滴 1 mol·L^{-1} $BaCl_2$ 溶液，观察是否有白色 $BaSO_4$ 沉淀出现。

② Ca^{2+} 的检验：在第二组溶液中分别加入 2 滴 0.5 mol·L^{-1} $(NH_4)_2C_2O_4$ 溶液，观察是否有白色 CaC_2O_4 沉淀出现。

③ Mg^{2+} 的检验：在第三组溶液中分别加入 2～3 滴 2 mol·L^{-1} NaOH 溶液，使溶液呈碱性(用 pH 试纸检验)，再加入 2～3 滴镁试剂[5]，观察是否有天蓝色沉淀(表明有 Mg^{2+})出现。

通过以上对比实验，试对粗食盐、精制食盐的纯度作出评价。

注释

[1] 检验 SO_4^{2-} 沉淀完全的方法是：停止加热，待 $BaSO_4$ 沉淀沉降后，于上层清液中加 1～2 滴 $BaCl_2$ 溶液。观察上层清液是否浑浊。如有浑浊，则表明 SO_4^{2-} 尚未沉淀完全，需继续加入 $BaCl_2$ 溶液；若无浑浊现象出现，则表明 SO_4^{2-} 已沉淀完全。

[2] 此操作称作沉淀熟化，目的是使沉淀颗粒长大，沉淀易沉降，也易于过滤。

[3] 溶液 pH 值的检验方法是：用玻棒蘸取液滴于 pH 试纸上，再与 pH 比色卡比对。

[4] 蒸发浓缩时，切不可将溶液蒸干，否则，大量可溶性的杂质离子(K^+)会随晶体一同析出，影响产品的纯度。

[5] 镁试剂的化学名称是对硝基偶氮间二苯酚。

思考题

1. 本实验是用什么方法除去粗食盐中的 Mg^{2+}、Ca^{2+}、K^+ 和 SO_4^{2-} 等杂质离子的？写出有关离子方程式。

2. 怎样除去过量的沉淀剂 $BaCl_2$、NaOH 和 Na_2CO_3？

3. 提纯后的食盐溶液浓缩时，为什么不能蒸干？

4. 如何检验精制食盐的纯度？

5. 根据晶体学知识，NaCl 属于哪个晶系、晶胞？如何培养高纯氯化钠晶体？如何改变氯化钠晶体的形貌？能否自己设计实验加以完成？

实验二 酸碱标准溶液的配制与标定

关键词 标准溶液 溶液配制 滴定操作 终点判断

实验目的

1. 掌握标准溶液的配制方法。

2. 掌握滴定法定量测定溶液浓度的原理，熟悉滴定管、移液管的准备、使用及滴定操作。

3. 熟悉甲基橙和酚酞指示剂的使用和终点的确定。

实验原理

酸碱滴定法是化学定量分析中最基本的分析方法。一般能与酸或碱直接(或间接)发生酸碱反应的物质大多可用酸碱滴定法测定它们的浓度。

按酸碱反应方程式中的化学计量系数之比，酸与碱完全中和时的 pH 值称为化学计量点，达到化学计量点时，应满足如下基本关系：

$$\frac{c_A V_A}{\upsilon_A}=\frac{c_B V_B}{\upsilon_B}。$$

式中，c_A、V_A、υ_A 分别为酸的“物质的量”浓度、体积、化学计量系数；c_B、V_B、υ_B 分别为碱的“物质的量”浓度、体积、化学计量系数。其中，酸、碱的化学计量系数由酸碱反应方程式决定。

由于酸、碱的强弱程度不同，因此酸碱滴定的化学计量点不一定在 pH=7 处。通常，酸碱溶液为无色，酸碱中和是否完全，需用指示剂的变色来判断。指示剂往往是一些有机弱酸或弱碱，它们在不同 pH 值条件下颜色不同。用作指示剂时，其变色点(在化学计量点附近)的 pH 值称为滴定终点。选用指示剂要注意：①变色点与化学计量点尽量一致；②颜色变化明显；③指示剂用量适当。

酸碱滴定中常用盐酸和氢氧化钠溶液作为标准溶液，但由于浓盐酸容易挥发，NaOH 固体易吸收空气中的 H_2O 和 CO_2，直接配成的溶液其浓度不能达到标准溶液的精度，只能用标定法加以标定。基准物质草酸的分子式确定，化学性质稳定，不易脱水或吸水，可以准确称量，所以，本实验采用草酸($H_2C_2O_4 \cdot 2H_2O$)为基准物质，配成 $H_2C_2O_4$ 标准溶液。以酚酞为指示剂，用 $H_2C_2O_4$ 标准溶液标定 NaOH 溶液；再以甲基橙为指示剂，用标定后的 NaOH 标准溶液滴定 HCl 溶液，从而得到 HCl 标准溶液的浓度。

仪器与试剂

电子天平，酸式滴定管(50 mL)，碱式滴定管(50 mL)，移液管(25 mL)，吸耳球，锥形瓶(250 mL)，试剂瓶，量筒，洗瓶，铁架台，蝴蝶夹，瓷板，烧杯，玻棒，小滴管。

$H_2C_2O_4$ 标准溶液(约 0.05 mol · L^{-1}，由直接法配制[1])，HCl 溶液(0.1 mol · L^{-1})，NaOH 溶液(0.1 mol · L^{-1})，酚酞(1%)，甲基橙(0.1%)。

实验内容

1. 准备

用洗洁精洗涤酸式滴定管、碱式滴定管、移液管，再用自来水冲净，最后用蒸馏水洗涤

2～3 次,备用。用去污粉洗刷锥形瓶、试剂瓶、量筒、小烧杯,依次用自来水、蒸馏水洗净。

2. 0.1 mol · L^{-1} HCl 溶液和 0.1 mol · L^{-1} NaOH 溶液的配制

HCl 溶液配制:用洁净量筒量取浓盐酸 4～4.5 mL,倒入洁净的试剂瓶中,用水稀释至 500 mL,盖上玻璃塞,摇匀,贴上标签备用。

NaOH 溶液配制:通过计算求出配制 1 L NaOH 溶液所需固体 NaOH 质量,在电子天平上用小烧杯称 NaOH,加水溶解,然后将溶液倾入洁净的试剂瓶中,用水稀释至 1 L,以橡皮塞塞紧,摇匀,贴上标签备用。

3. NaOH 标准溶液的浓度标定

先以少量 $H_2C_2O_4$ 标准溶液润洗 25 mL 移液管 2～3 次,再用该移液管吸取 25.00 mL $H_2C_2O_4$ 标准溶液于 250 mL 锥形瓶中,加入 2～3 滴酚酞指示剂[2]。碱式滴定管用少量待标定的 NaOH 溶液润洗 2～3 次后,装满 NaOH 溶液,赶走碱式滴定管的乳胶管内的气泡,使 NaOH 液面处于零刻度或略低于零刻度的位置,记下准确读数。开始滴定,滴液的起始速度以 3～4 滴/s,边滴边摇,至溶液呈浅红色,但经振摇后消失时,滴液速度必须放慢,应一滴一滴地加入 NaOH 溶液。当溶液显浅红色,并在振摇 30 s 后不消失时,即为滴定终点。记下读数。

再平行标定 2 次。实验数据记录于实验表 2-1 中。

计算 3 次滴定所消耗 NaOH 体积的平均值,并计算 NaOH 标准溶液的浓度[3]。

实验表 2-1　NaOH 标准溶液的浓度标定

$H_2C_2O_4$ 标准溶液的浓度/(mol · L^{-1})				
平行滴定次数		1	2	3
$H_2C_2O_4$ 标准溶液的体积/mL		25.00	25.00	25.00
NaOH 溶液的初读数/mL				
NaOH 溶液的终读数/mL				
NaOH 溶液的用量/mL				
NaOH 标准溶液的浓度/(mol · L^{-1})	测定值			
	平均值			

4. HCl 标准溶液的浓度标定

用碱式滴定管准确放取 20.00 mL NaOH 标准溶液于 250 mL 锥形瓶内,加 2～3 滴甲基橙指示剂溶液[4]。以少量 HCl 溶液润洗酸式滴定管 2～3 次,酸式滴定管内装满 HCl 溶液,并赶走气泡,使 HCl 液面处于零刻度或略低于零刻度的位置,记下准确读数。开始滴定,滴液的起始速度为 3～4 滴/s,边滴边摇,至溶液呈橙色,但经振摇后消失,滴液速度必须放慢,应一滴一滴地加入 HCl 溶液。当溶液显橙红色,即为滴定终点。记下读数。

再平行标定 2 次。实验数据记录于实验表 2-2 中。

计算 3 次滴定所消耗 HCl 体积的平均值,并计算 HCl 标准溶液的浓度。

实验表 2-2　HCl 标准溶液的浓度标定

NaOH 标准溶液的浓度/($mol \cdot L^{-1}$)				
平行滴定次数		1	2	3
NaOH 标准溶液的体积/mL		20.00	20.00	20.00
HCl 溶液的初读数/mL				
HCl 溶液的终读数/mL				
HCl 溶液的用量/mL				
HCl 标准溶液的浓度/($mol \cdot L^{-1}$)	测定值			
	平均值			

注释

[1]　标准溶液的浓度可由直接法和标定法获得，参见 5.4.2“溶液的配制”。
[2]　酚酞的变色范围是：pH=8～10。
[3]　标定后，NaOH 标准溶液的浓度值应保留 4 位有效数字。
[4]　甲基橙的变色范围是：pH=3.1～4.4。

思考题

1. 哪些玻璃容器需用所盛溶液润洗？哪些玻璃器皿只需用蒸馏水洗净？为什么？
2. 本实验属化学定量分析实验，为了保证实验结果的准确性，你觉得在操作上需要注意哪些方面？
3. 以酚酞作指示剂时，终点颜色会褪去，而以甲基橙为指示剂时，终点颜色不褪，为什么？
4. 如何正确使用移液管、滴定管？
5. 什么是标准溶液？哪些物质能作为基准物质？
6. 用于滴定分析的化学反应必须符合哪些条件？
7. 下列哪些试剂只能用标定法配制成标准溶液？
HCl，H_2SO_4，KOH，$KMnO_4$，$K_2Cr_2O_7$，$Na_2S_2O_3 \cdot 5H_2O$，ZnO，$FeSO_4$。

实验三　化学反应速率

关键词　化学反应速率　反应级数　活化能　恒温水浴

实验目的

1. 通过实验，掌握浓度、温度和催化剂对化学反应速率的影响。
2. 学习测定$(NH_4)_2S_2O_8$氧化KI反应速率的方法以及实验数据的处理方法。
3. 根据Arrhenius公式，学会使用作图法测定反应活化能。
4. 练习在水浴中保持恒温的操作。

实验原理

在水溶液中，$(NH_4)_2S_2O_8$氧化KI，反应的离子方程式为：

$$S_2O_8^{2-} + 3I^- = 2SO_4^{2-} + I_3^- 。\qquad (实验\ 3-1)$$

其反应速率与反应物浓度的关系可用下式表示：

$$v = \frac{-\Delta[S_2O_8^{2-}]}{\Delta t} = k[S_2O_8^{2-}]^m[I^-]^n 。\qquad (实验\ 3-2)$$

式(实验3-2)中，$\Delta[S_2O_8^{2-}]$为Δt时间内$S_2O_8^{2-}$的浓度变化，$[S_2O_8{}^{2-}]$和$[I^-]$分别为$S_2O_8^{2-}$和I^-的起始浓度，反应速率等于Δt时间内$S_2O_8^{2-}$浓度的减小。因为该反应所产生的I_3^-如遇淀粉会使溶液呈现特有的蓝色，为了测定从反应开始至淀粉变蓝的时间(Δt)内的$S_2O_8^{2-}$的浓度变化，必须引入如下的化学反应：

$$2S_2O_3^{2-} + I_3^- = S_4O_6^{2-} + 3I^- 。\qquad (实验\ 3-3)$$

即在$(NH_4)_2S_2O_8$溶液与KI溶液混合前，预先加入一定体积、已知浓度的$Na_2S_2O_3$溶液和淀粉指示剂溶液。这样，在反应速率较慢的反应式(实验3-1)进行的同时，反应式(实验3-3)也在进行。但反应式(实验3-3)的反应速率很快，几乎瞬间完成，立即将反应式(实验3-1)产生的I_3^-还原为I^-。因此，在反应式(实验3-1)的进行过程中，看不到I_3^-与淀粉作用所显现的蓝色。一旦反应体系中的$Na_2S_2O_3$耗尽，反应式(实验3-1)生成的I_3^-立即与淀粉作用，使溶液变蓝。

由式(实验3-1)、式(实验3-3)可以得到：

$$\Delta[S_2O_8^{2-}] = \frac{\Delta[S_2O_3^{2-}]}{2} 。\qquad (实验\ 3-4)$$

当$Na_2S_2O_3$耗尽，即从反应起始到溶液变蓝的时间(Δt)内，$\Delta[S_2O_3^{2-}]$实际上等于反应体系中$Na_2S_2O_3$的起始浓度。联立式(实验3-2)、式(实验3-4)，可得：

$$v = \frac{-\Delta[S_2O_3^{2-}]}{2\Delta t} = k[S_2O_8^{2-}]^m[I^-]^n 。\qquad (实验\ 3-5)$$

若其他条件相同，改变$S_2O_8^{2-}$和I^-浓度，可以测得一系列反应速率，便可获得反应物浓度对反应速率的影响，并求出反应级数和反应速率常数。

若其他条件相同，改变反应体系的温度，通过测定反应速率，可以了解温度对反应速率的影响，并求算反应的活化能。

若其他条件相同，在反应体系中，加入催化剂，通过测定反应速率，可以观察催化剂对反应速率的影响。

仪器与试剂

锥形瓶(150 mL，5 只)，量筒(100 mL 2 只，25 mL 4 只)，大试管，水浴锅，秒表，温度计。

$(NH_4)_2S_2O_8$(0.20 mol·L^{-1})、KI(0.20 mol·L^{-1})、$Na_2S_2O_3$(0.010 mol·L^{-1})、KNO_3(0.20 mol·L^{-1})、$(NH_4)_2SO_4$(0.20 mol·L^{-1})、$Cu(NO_3)_2$(0.020 mol·L^{-1})、0.2%淀粉溶液、冰块。

实验内容

1. 浓度对反应速率的影响

在室温下，按实验表 3-1 中编号 1～5 所要求的各试剂用量，分别用专用量筒[1]量取所需的溶液，除 $(NH_4)_2S_2O_8$ 外，其余溶液都倒入一个 150 mL 锥形瓶中，摇匀后，将量取的 $(NH_4)_2S_2O_8$ 溶液快速加入锥形瓶中，同时启动秒表，并不时振摇。当溶液刚出现蓝色时，停止计时。将反应时间记入实验表 3-1 中。

实验表 3-1　浓度对反应速率的影响(室温___℃)

试验编号		1	2	3	4	5
试剂用量/mL	0.20 mol·L^{-1} $(NH_4)_2S_2O_8$ 溶液[2]	20.0	10.0	5.0	20.0	20.0
	0.20 mol·L^{-1} KI 溶液[2]	20.0	20.0	20.0	10.0	5.0
	0.010 mol·L^{-1} $Na_2S_2O_3$ 溶液[2]	8.0	8.0	8.0	8.0	8.0
	0.2%淀粉溶液[3]	4.0	4.0	4.0	4.0	4.0
	0.20 mol·L^{-1} KNO_3 溶液[4]	0	0	0	10.0	15.0
	0.20 mol·L^{-1} $(NH_4)_2SO_4$ 溶液[4]	0	10.0	15.0	0	0
反应体系中试剂的起始浓度/(mol·L^{-1})	$(NH_4)_2S_2O_8$					
	KI					
	$Na_2S_2O_3$					
反应时间 Δt/s						
反应速率 v/(mol·L^{-1}·s^{-1})						
反应速率常数 k[5]/(　　)						

2. 温度对反应速率的影响

按照实验表 3-1 中试验编号 4 中各试剂的用量，把 KI、KNO_3、$Na_2S_2O_3$ 和淀粉溶液加到 150 mL 锥形瓶中，摇匀。将所需体积的 $(NH_4)_2S_2O_8$ 溶液加入大试管中，并把它们同时放在冰水浴中。待 2 种试液均达到指定温度时，把 $(NH_4)_2S_2O_8$ 溶液迅速倒入锥形瓶内，并立即开始计时,不断振摇溶液,并保持温度恒定。当溶液刚出现蓝色时,停止计时。将反应温度与时间记入实验表 3-2。

实验表 3-2　温度对反应速率的影响(试剂用量同实验表 3-1 中的试验编号 4)

试验编号	6	4	7	8	9
反应温度/℃	0℃	室温	室温+10℃	室温+20℃	室温+30℃
反应时间 Δt/s					
反应速率 $v/(\mathrm{mol \cdot L^{-1} \cdot s^{-1}})$					
反应速率常数 k[5]/(　　)					

不改变其他条件,在比室温高 10℃、20℃、30℃的条件下,重复以上实验。

3. 催化剂对反应速率的影响

按实验表 3-1 中试验编号 4 的用量量取各试剂,再滴加 2 滴 0.020 mol·L^{-1} $Cu(NO_3)_2$ 溶液,摇匀。然后迅速加入$(NH_4)_2S_2O_8$ 溶液,开始计时,并不时振摇。当溶液刚出现蓝色时,停止计时。在实验表 3-3 中记录反应时间。

实验表 3-3　催化剂对反应速率的影响(试剂用量同实验表 3-1 试验编号 4)

试验编号	4(未加催化剂)	10(加入催化剂)
反应时间 Δt/s		
反应速率 $v/(\mathrm{mol \cdot L^{-1} \cdot s^{-1}})$		
反应速率常数 k[5]/(　　)		

4. 实验结果的处理

(1) 根据试剂用量、反应时间及式(实验 3-5),计算各次试验的反应速率。

(2) 反应级数的计算

有许多方法可以计算反应级数,这里介绍 2 种:

① 较粗略地计算时,可将实验表 3-1 中试验编号 1 和 2(或 1 和 3)的速率代入式(实验 3-5),可得:

$$\frac{v_1}{v_2} = \frac{k[S_2O_8^{2-}]_1^m[I^-]_1^n}{k[S_2O_8^{2-}]_2^m[I^-]_2^n}。$$

由于$[I^-]_1=[I^-]_2$,而 k 为常数,故 $\frac{v_1}{v_2} = \frac{k[S_2O_8^{2-}]_1^m}{k[S_2O_8^{2-}]_2^m}$,这里 v_1、v_2、$[S_2O_8^{2-}]_1$ 和$[S_2O_8^{2-}]_2$ 均为已知数,故可求得反应对 $S_2O_8^{2-}$ 的反应级数 m。同理,由试验编号 1 和 4 可求出反应对 I^- 的级数 n,从而求出总反应级数$(m+n)$。

② 在式(实验 3-5)两边取对数得:

$$\lg v = \lg k + m\lg[S_2O_8^{2-}] + n\lg[I^-]。$$

当$[I^-]$不变(如试验编号 1、2、3)时,上式变为

$$\lg v = 常数 + m\lg[S_2O_8^{2-}]。$$

由 $\lg v$ 对 $\lg[S_2O_8^{2-}]$作图,得一直线,其斜率为 m(亦可用最小二乘法拟合该直线来求 m)。

同理,当$[S_2O_8^{2-}]$不变时,可求得 n,从而求得总反应级数$(m+n)$。

(3) 由式(实验 3-5)及各次试验的结果可求出反应速率常数 k,并求出室温时 k 的平均值。

(4) 活化能的计算

由阿仑尼乌斯公式知:$\lg k = \frac{-E_a}{2.303R} \cdot \frac{1}{T} + \lg A$,其中 A 为常数,R 为气体常数,E_a 为活化能。以不同温度下的 $\lg k$ 对 $1/T$ 作图得到一条直线,其斜率应为 $-\frac{E_a}{2.303R}$,从而可求出 E_a。

(5) 根据实验结果,总结浓度、温度和催化剂是如何影响反应速率的。

注释

[1] 取用每一种试剂时,应选用专用量筒,并贴上相应的标签,以免混用。

[2] 本实验成败的关键之一是所用溶液的浓度要准确,因此,配制好的试剂不宜放置过久,否则 $Na_2S_2O_3$、$(NH_4)_2S_2O_8$ 和 KI 溶液均易发生某些化学变化而改变浓度。

[3] 植物淀粉中含有直链和支链 2 种淀粉,直链淀粉遇 I_2 变蓝必须有 I^-存在,并且 I^-浓度越高,显色的灵敏度也就越高。

[4] 为使每次实验中溶液离子强度和溶液总体积保持不变,减少 KI 或$(NH_4)_2S_2O_8$ 溶液的体积后,应分别用 0.20 mol·L^{-1} KNO_3 溶液和 0.20 mol·L^{-1} $(NH_4)_2SO_4$ 溶液来补充。

[5] 反应级数 $m+n$ 不同,反应速率常数的单位也不同。根据求算的反应级数 $m+n$ 的值,在实验各表中,将反应速率常数的单位填写在 k 后面的括号内。

思考题

1. 本实验用什么方法确定,一定时间内 $S_2O_8^{2-}$ 浓度的变化?

2. 根据本实验 3 个板块的实验结果,说明各种因素(浓度、温度、催化剂)是如何影响化学反应速率的?是否应该增加实验表 3-1 中试验的次数?为什么?

3. 若不用 $S_2O_8^{2-}$,而用 I^-或 I_3^- 的浓度变化来表示反应速度,则反应速率常数 k 是否一样?

4. 实验中,为什么将$(NH_4)_2S_2O_8$ 溶液迅速加到其他几种物质的混合溶液中?

5. 实验中为什么可以由反应溶液出现蓝色的时间长短来计算反应速率?当溶液出现蓝色后,反应是否就停止了?

实验四　弱酸电离度与电离常数的测定

实验 4.1　pH 法测定 HAc 的电离度和电离常数

关键词　HAc　电离常数　pH 值　pH 计

实验目的

1. 掌握弱酸电离度与电离常数的测定方法。
2. 加深对弱电解质电离平衡的理解。
3. 掌握 pH 计(酸度计)的正确使用方法。
4. 进一步熟悉滴定操作。

实验原理

HAc 是一元弱酸,在水溶液中存在着下列电离平衡:

	HAc $\rightleftharpoons$	H^+ +	Ac^-
起始浓度	c	0	0
平衡浓度	$c-c\alpha$	$c\alpha$	$c\alpha$

$$K_a^\ominus=\frac{[H^+][Ac^-]}{[HAc]},\qquad\text{(实验 4-1)}$$

而

$$\alpha=[H^+]/c。\qquad\text{(实验 4-2)}$$

式中,c 为 HAc 溶液原始浓度,α 为 HAc 的电离度,$K_a^\ominus$ 为电离常数。

在一定温度下,用酸度计测定系列 HAc 标准溶液的 pH 值,根据 $pH=-\lg[H^+]$,可计算出$[H^+]$。再由上面的公式,即可得到对应的电离度 α 和电离常数 K_a 的值。

仪器与试剂

PHS-25 型酸度计,电磁搅拌器,酸式滴定管(50 mL),碱式滴定管(50 mL),锥形瓶,烧杯(100 mL),移液管(25 mL)。

HAc 溶液(约 0.1 $mol\cdot L^{-1}$),NaOH 标准溶液(约 0.1 $mol\cdot L^{-1}$,准确浓度已标定),标准缓冲溶液,酚酞溶液(1%)。

实验内容

1. HAc 标准溶液的浓度标定

从酸式滴定管准确放出 3 份 25.00 mL 待标定的 HAc 溶液(浓度约 0.1 $mol\cdot L^{-1}$)于 250 mL 的锥形瓶中,各滴加 2～3 滴酚酞溶液,然后用 NaOH 标准溶液滴定至溶液刚呈现淡粉红色,且在摇动锥形瓶半分钟内,淡粉红色不消失为止。根据滴定所消耗的 NaOH 标准溶液体积,计算 HAc 标准溶液的浓度,记录于实验表 4-1 中。

2. 系列 HAc 标准溶液的配制及 pH 值的测定

取 5 只清洁干燥的 100 mL 烧杯编成 1～5 号。根据实验表 4-2,用合适的滴定管分别加入相应体积的 HAc 标准溶液和去离子水,混合均匀,从而配成一系列不同浓度的 HAc 标准溶液。

实验表 4-1 HAc 标准溶液的浓度标定

NaOH 标准溶液的浓度/(mol·L^{-1})				
平行滴定次数		1	2	3
HAc 标准溶液的体积/mL		25.00	25.00	25.00
NaOH 标准溶液的初读数/mL				
NaOH 标准溶液的终读数/mL				
NaOH 标准溶液的用量/mL				
HAc 标准溶液的浓度/(mol·L^{-1})	测定值			
	平均值			

实验表 4-2 系列 HAc 标准溶液的配制及 pH 值测定

烧杯编号	HAc 标准溶液的体积/mL	去离子水的体积/mL	c_{HAc}/(mol·L^{-1})	pH 值	[c_{H^+}]/(mol·L^{-1})	α/%	电离常数 K_a	
							测定值	平均值
1	48.00	0.00						
2	24.00	24.00						
3	12.00	36.00						
4	6.00	42.00						
5	3.00	45.00						

按从稀到浓的顺序，用 PHS-25 型酸度计[1]依次测定系列 HAc 标准溶液的 pH 值[2]，记录于实验表 4-2 中。

pH 值测定结束后，洗净复合 pH 电极[3]，小心套上复合 pH 电极的电极帽，关闭电源开关。

3. 计算各 HAc 标准溶液的电离度和电度常数。分析电离度和电离常数与溶液浓度各有什么关系。

注释

[1] 测量不同浓度 HAc 标准溶液的 pH 之前，先要用标准缓冲溶液定位 pH 计。具体操作参见 4.3.2。本实验用 0.05 mol·L^{-1}邻苯二甲酸氢钾标准缓冲溶液定位。下面将该标准缓冲溶液在不同温度下的 pH 值列出(实验表 4-3)，供使用时参考。

实验表 4-3　不同温度下邻苯二甲酸氢钾溶液的 pH 值

温度/℃	0	10	20	25	30	35	40	50	60
0.05 $mol \cdot L^{-1}$ 邻苯二甲酸氢钾溶液 pH 值	4.01	4.00	4.00	4.01	4.01	4.02	4.03	4.06	4.10

[2]　在烧杯中配制好待测定的 HAc 标准溶液后，应按由稀到浓的顺序，在同一台 pH 计上测定 pH 值。测定的时间间隔不宜太长，以防止由于电压波动对 pH 值读数产生影响。

[3]　pH 计也可使用玻璃电极和饱和甘汞电极作为工作电极测定溶液的 pH 值。

思考题

1. 本实验测定 HAc 电离常数的原理是什么？
2. 实验中如何保护 pH 电极？
3. 测定 pH 值时，为何要按从稀到浓的顺序进行？
4. 若所用的 HAc 溶液浓度极稀，是否能用式子 $K_a \approx [H^+]^2/c$ 求电离常数？
5. 根据实验结果，总结电离度、电离常数和 HAc 溶液浓度的关系。

实验 4.2　电导率法测定 HAc 电离度和电离常数

关键词　HAc　电离常数　摩尔电导　电导率仪

实验目的

1. 了解电导率法测定 HAc 电离度和电离常数的原理。
2. 了解电导率仪的使用方法。
3. 加深对弱电解质电离平衡的理解。

实验原理

HAc 是一元弱酸，在水溶液中存在着下列电离平衡：$HAc \rightleftharpoons H^+ + Ac^-$。

$$电离常数\ K_a = \frac{c\alpha^2}{1-\alpha}。$$

式中，c 为 HAc 原始溶液浓度，α 为 HAc 的电离度。而电离度也可通过测定溶液的电导率来求出，进而可计算出电离常数。

电解质溶液导电能力的大小可用溶液的电导 G 来表示，它是电阻的倒数，单位为西门子(S)。一定温度下，两平行板电极之间溶液的电导 G 与电极面积成正比，而与两电极间的距离成反比，即

$$G = k\frac{A}{l}。\qquad (实验\ 4-3)$$

其中，k 为电导率(单位为 $S \cdot m^{-1}$)，表示在相距 1 m、面积为 1 m^2 的 2 个电极之间的溶液的电导。由于在电导池中所用的电极的距离和面积是一定的，故对某一电极来说，l/A 是个常数，称为电极常数或电导池常数。

在一定温度下，相距 1 m 的两平行电极间所容纳的含有 1 mol 电解质的溶液的电导称为摩尔电导，用 Λ 来表示，单位为 $S \cdot m^2 \cdot mol^{-1}$，它与电导率 k 的关系为

$$\Lambda = kV = k/c。 \quad （实验 4-4）$$

式中，V 为含有 1 mol 电解质的溶液体积（m^3），c 为溶液的物质的量浓度（$mol \cdot m^{-3}$）。

在一定温度下，对于弱电解质来说，Λ 只与电离度 α 有关，当其溶液无限稀释时，可看作完全电离，此时溶液的摩尔电导称为极限摩尔电导（Λ_∞）。在一定温度下，弱电解质的极限摩尔电导是一定的，其数值见实验表 4-4。

实验表 4-4　不同温度下 HAc 溶液的极限摩尔电导

温度/℃	0	18	25	30
$\Lambda_\infty/(S \cdot m^2 \cdot mol^{-1})$	24.5	34.9	39.07	42.18

弱电解质某浓度时的电离度等于该浓度时的摩尔电导与极限摩尔电导之比，即

$$\alpha = \Lambda/\Lambda_\infty。 \quad （实验 4-5）$$

这样，先用电导率仪测出某浓度的 HAc 溶液的电导率 k，便可由式（实验 4-4）、式（实验 4-5）和式（实验 4-1）求出电离度和电离常数。

仪器与试剂

电导率仪（DDS-11A 型），酸式滴定管（50 mL），烧杯（25 mL），玻棒。

HAc 标准溶液（其浓度标定参见实验 4.1）。

实验内容

1. 系列 HAc 标准溶液的配制及电导率的测定

取 5 只清洁干燥的 100 mL 烧杯编成 1～5 号。根据实验表 4-5，用合适的滴定管分别加入相应体积的 HAc 标准溶液和去离子水，混合均匀，从而配成一系列不同浓度的 HAc 标准溶液。

按从稀到浓的顺序，用电导率仪[1]（DDS-11A 型）依次测定所配的各种浓度的 HAc 标准溶液的电导率，记录于实验表 4-5 中。

实验表 4-5　系列 HAc 标准溶液电导率的测定

电极常数：　　　　HAc 标准溶液的浓度：　　$mol \cdot L^{-1}$
室温：　　℃　　此温度下 HAc 溶液的极限摩尔电导率 Λ_∞ = 　　$S \cdot m^2 \cdot mol^{-1}$

烧杯编号	1	2	3	4	5
HAc 标准溶液的体积/mL	48.00	24.00	12.00	6.00	3.00
去离子水的体积/mL	0	24.00	36.00	42.00	45.00
稀释的 HAc 标准溶液的浓度/($mol \cdot L^{-1}$)					
电导率 $k/(S \cdot m^{-1})$					
摩尔电导率 $\Lambda_\infty/(S \cdot m^2 \cdot mol^{-1})$					
电离度 α/%					
电离常数 K_a					

2. 计算各溶液中 HAc 的电离度和电离常数。分析电离度和电离常数与溶液浓度的关系。

注释

[1] 电导率仪的使用参见 4.3.3 节。

思考题

1. 什么是电导、电导率和摩尔电导?
2. 弱电解质溶液的电离度与溶液的导电性有什么关系?
3. 为什么要按溶液浓度从稀到浓的次序来测定溶液的电导率?

实验五 化学平衡及其移动

关键词 电离平衡 沉淀溶解平衡 氧化还原平衡 配合平衡 平衡移动 缓冲溶液

实验目的

1. 通过实验,加深对有关电离平衡、沉淀溶解平衡、氧化还原平衡、配合平衡及其移动理论的认识。

2. 掌握缓冲溶液的配制及性质。

3. 培养根据所学理论在给定条件下,自行设计实验步骤,从而得出正确结论的能力。

实验原理

电离平衡、沉淀溶解平衡、氧化还原平衡和配合平衡是几种不同的化学平衡,它们都具有化学平衡的一般特征,但又各有特点。它们都遵循化学平衡移动的一般规律,有各自的平衡常数。而当平衡条件(如温度、压力、浓度)发生了改变,平衡就会相应发生移动直至达到新的平衡状态。

当多个平衡同时存在时,如其中某个平衡开始移动,则与它相关的其他平衡也会相应发生移动,直至它们都达到新的平衡状态为止。

根据电离平衡的特点及移动规律,由弱酸及其盐(如 HAc 和 NaAc)或弱碱及其盐(如 $NH_3 \cdot H_2O$ 和 NH_4Cl)组成的混合溶液对外来的少量酸、碱或水有缓冲作用,可以在一定范围内保持溶液的 pH 值基本不变。这种溶液称作缓冲溶液。

仪器与试剂

试管,离心试管,离心机,量筒(10 mL),pH 试纸,烧杯(100 mL),点滴板。

NH_4Cl(固),NaAc(固),HCl($0.1\ mol \cdot L^{-1}$,$2\ mol \cdot L^{-1}$,$6\ mol \cdot L^{-1}$),HAc($0.1\ mol \cdot L^{-1}$,$1\ mol \cdot L^{-1}$),H_2SO_4($2\ mol \cdot L^{-1}$),NaOH($0.1\ mol \cdot L^{-1}$,$2\ mol \cdot L^{-1}$),$NH_3 \cdot H_2O$($0.1\ mol \cdot L^{-1}$,$2\ mol \cdot L^{-1}$,$6\ mol \cdot L^{-1}$),NaF($0.1\ mol \cdot L^{-1}$),K_2CrO_4($0.1\ mol \cdot L^{-1}$),$Pb(NO_3)_2$($0.001\ mol \cdot L^{-1}$,$0.1\ mol \cdot L^{-1}$,$1\ mol \cdot L^{-1}$),$MgSO_4$($0.1\ mol \cdot L^{-1}$),Na_2S($0.1\ mol \cdot L^{-1}$,$0.5\ mol \cdot L^{-1}$),$AgNO_3$($0.1\ mol \cdot L^{-1}$),$CuSO_4$($0.1\ mol \cdot L^{-1}$),Na_2CO_3($0.1\ mol \cdot L^{-1}$),KBr($0.1\ mol \cdot L^{-1}$),KI($0.001\ mol \cdot L^{-1}$,$0.1\ mol \cdot L^{-1}$),KSCN($0.1\ mol \cdot L^{-1}$),$FeCl_3$($0.1\ mol \cdot L^{-1}$),NaCl($1\ mol \cdot L^{-1}$),$PbCl_2$(饱和),NaAc($1\ mol \cdot L^{-1}$),$Na_2S_2O_3$($1\ mol \cdot L^{-1}$),$Na_2C_2O_4$(饱和),Na_2SiO_3($d = 1.06\ g \cdot mL^{-1}$),甲基橙(0.1%),酚酞(1%),铜丝。

实验内容

1. 同离子效应与解离平衡

(1) 同离子效应对弱电解质电离平衡的影响

① 取 2 mL $0.1\ mol \cdot L^{-1}$ HAc 溶液,加 1 滴甲基橙,观察溶液颜色。再加入少量固体 NaAc,摇动试管使其溶解,观察溶液颜色有何变化?说明其原因。

② 参考上述实验方法,证实同离子效应使氨水中的 OH^- 浓度降低。选择合适的指示剂,记录实验现象并说明原因。

(2) 同离子效应对难溶电解质溶解度的影响

请设计实验,证明 Cl^- 使 $PbCl_2$ 溶解度减小[1]。

可选试剂：$PbCl_2$(饱和)，HCl(2 mol·L^{-1}，6 mol·L^{-1})，NaCl(2 mol·L^{-1})。

(3) 缓冲溶液

① 向2支试管中各加3 mL蒸馏水，用pH试纸测定其pH值，再分别加入5滴0.1 mol·L^{-1} HCl溶液或0.1 mol·L^{-1} NaOH溶液，再测其pH值。

② 向一只小烧杯中加入1 mol·L^{-1} HAc溶液和1 mol·L^{-1} NaAc溶液各5 mL[2]，用玻棒搅拌均匀，配制成HAc-NaAc缓冲溶液，测定其pH值，并与计算值比较。

③ 取3支试管，各加入此缓冲溶液3 mL，然后向第一支试管中加入5滴0.1 mol·L^{-1} HCl溶液，第二支试管加入5滴0.1 mol·L^{-1} NaOH溶液，第三支试管加入5滴蒸馏水，分别测定其pH值，并与原缓冲溶液的pH值比较。

比较①、②、③实验测得的pH值，并总结缓冲溶液的特性。

2. 沉淀生成、溶解和转化

(1) 沉淀生成

向第一支试管中加入2滴0.1 mol·L^{-1} $Pb(NO_3)_2$溶液，再加入2滴0.1 mol·L^{-1} KI溶液；向第二支试管中加入2滴0.001 mol·L^{-1} $Pb(NO_3)_2$溶液，再加入2滴0.001 mol·L^{-1} KI溶液[3]，观察实验现象。根据PbI_2溶度积常数，计算上述2种情况下有无PbI_2沉淀生成。

(2) 分步沉淀

在10 mL离心试管中加入2滴0.1 mol·L^{-1} Na_2S溶液和5滴0.1 mol·L^{-1} K_2CrO_4溶液，稀释至5 mL，再加入2滴0.1 mol·L^{-1} $Pb(NO_3)_2$溶液，观察首先生成的沉淀是黑色还是黄色？离心沉降后，再向清液中滴加2滴0.1 mol·L^{-1} $Pb(NO_3)_2$溶液，会出现什么颜色的沉淀？根据附录中有关难溶电解质的溶度积常数加以解释。

(3) 沉淀的溶解

在试管中加入10滴0.1 mol·L^{-1} $MgSO_4$溶液，逐滴加入6 mol·L^{-1} $NH_3 \cdot H_2O$溶液[4]，观察沉淀的生成，再向此溶液中加入少量固体NH_4Cl振荡，观察原有沉淀是否溶解？用离子平衡移动观点解释上述现象。

(4) 沉淀的转化

请根据思考题3，设计并完成AgCl与Ag_2CrO_4转化的实验。

可选试剂：0.1 mol·L^{-1} $AgNO_3$，0.1 mol·L^{-1} K_2CrO_4[5]，0.1 mol·L^{-1} NaCl。

3. 配离子的解离平衡及其移动

(1) 向1支试管中加入0.5 mL 0.1 mol·L^{-1} $CuSO_4$溶液，逐滴加入2 mol·L^{-1} $NH_3 \cdot H_2O$溶液，观察现象。继续加入$NH_3 \cdot H_2O$溶液至最初生成的沉淀刚好全部溶解为止，观察现象，写出反应方程式。

把上述溶液分装在3支试管中，向第一支试管中加入1～2滴0.1 mol·L^{-1} Na_2S溶液；向第二支试管中加入1～2滴0.1 mol·L^{-1} NaOH溶液；向第三支试管中逐滴加入2 mol·L^{-1} H_2SO_4溶液。观察现象，写出反应方程式并简单解释之。

(2) 配离子的形成与转化

向一支试管中加入2滴0.1 mol·L^{-1} $FeCl_3$溶液，加水稀释至无色，加入1～2滴0.1 mol·L^{-1} KSCN溶液，观察现象，再逐滴加入0.1 mol·L^{-1} NaF溶液，观察现象，写出反应方程式并简单解释之。

(3) 溶解平衡与配合平衡的移动

向一支试管中加入 5 滴 0.1 mol·L^{-1} $AgNO_3$ 溶液，然后按如下步骤进行实验[6]，记录每一步的现象，写出各步的反应方程式，并简单说明以下各步反应进行的原理。

① 向试管逐滴滴加 0.1 mol·L^{-1} Na_2CO_3 溶液至生成沉淀；

② 向试管逐滴滴加 2 mol·L^{-1} $NH_3 \cdot H_2O$ 溶液至沉淀溶解；

③ 向试管逐滴滴加 0.1 mol·L^{-1} NaCl 溶液至生成沉淀；

④ 向试管逐滴滴加 6 mol·L^{-1} $NH_3 \cdot H_2O$ 溶液至沉淀溶解；

⑤ 向试管逐滴滴加 0.1 mol·L^{-1} KBr 溶液至生成沉淀；

⑥ 向试管逐滴滴加 1 mol·L^{-1} $Na_2S_2O_3$ 溶液，边滴边振荡试管至沉淀刚好溶解；

⑦ 向试管逐滴滴加 0.1 mol·L^{-1} KI 溶液至生成沉淀；

⑧ 向试管逐滴滴加 1 mol·L^{-1} $Na_2S_2O_3$ 溶液至沉淀刚好溶解；

⑨ 向试管逐滴滴加 0.1 mol·L^{-1} Na_2S 溶液至生成沉淀。

4. 氧化还原平衡及其移动

(1) 向一支试管中加入 5 滴 0.1 mol·L^{-1} KI 溶液，再加入 5 滴 0.1 mol·L^{-1} $FeCl_3$ 溶液，振摇试管，观察现象，写出反应方程式。再向该溶液逐滴加入饱和 $Na_2C_2O_4$ 溶液，溶液颜色有什么变化。

(2) 取一只小烧杯，加入 1 mol·L^{-1} HAc 溶液 5 mL 及 d=1.06 g·mL^{-1} 的 Na_2SiO_3 溶液 5 mL，振荡摇匀。将其分成 2 等份，在一支试管中加入 5 滴 1 mol·L^{-1} $Pb(NO_3)_2$ 溶液，将这支试管先放进水浴中成胶，制成含铅盐硅胶[7]，待成胶牢固后插入铜丝(应先用砂纸擦去表面氧化层)。再将另一支试管中溶液倒入已成胶的试管中，继续放入水浴中成胶，制成不含铅盐的硅胶。硅胶冷却后，沿铜丝加入数滴新配制的 0.5 mol·L^{-1} Na_2S 溶液。30 min 后观察下部铅树生长情况，并加以解释。

注释

[1] 首先，应试验多种方案，如 HCl 溶液和 NaCl 溶液中均有 Cl^-，应分别试验 HCl、NaCl 对 $PbCl_2$ 溶解度的影响；其次，注意观察加入 Cl^- 的浓度不同时对 $PbCl_2$ 沉淀析出的影响，根据对比所产生的实验现象，推断结论。

[2] 用量筒准确量取。为什么?

[3] PbI_2 的溶度积常数参见附录。

[4] 需逐滴加入，不可过量，为什么?

[5] 若给定试剂为 $K_2Cr_2O_7$，如何将 $K_2Cr_2O_7$ 转化为 K_2CrO_4?

[6] 进行本实验时，凡是生成沉淀的步骤，沉淀量宜少，以刚生成沉淀为宜。凡使沉淀溶解的步骤，加入溶液的量越少越好，即让沉淀刚溶解为宜。因此，溶液必须逐滴加入，且边滴加，边振摇试管。若试管中溶液量太多，可在生成沉淀后，将上层清液吸去，再继续实验。

[7] $Pb(Ac)_2$ 硅胶的制备：在 $Pb(NO_3)_2$ 溶液中加入 HAc 溶液，摇匀后缓慢加入 Na_2SiO_3 溶液，并充分振荡摇匀。用蓝色石蕊试纸检验混合溶液至呈酸性。在 90℃水浴中加热，制成硅胶(水浴温度不宜超过 90℃，否则成胶后，易产生气泡，造成孔隙)。

思考题

1. 同离子效应对弱电解质的电离度及难溶电解质的溶解度各有什么影响？

2. 如何配制缓冲溶液，并检验其缓冲性质？

3. (1) 计算反应 $Ag_2CrO_4(s) + 2Cl^- \rightleftharpoons 2AgCl(s) + CrO_4^{2-}$ 的平衡常数。

(2) 根据上述平衡常数，估计 AgCl 转化为 Ag_2CrO_4 容易，还是 Ag_2CrO_4 转化为 AgCl 容易？能否实现反向转化？

(3) "一般情况下，由溶度积大的沉淀转化为溶度积小的沉淀"这一说法是否正确？为什么？

4. 本实验中哪些因素能使配离子的平衡发生移动？试举例说明。

实验六 氧化还原与电化学

关键词 氧化还原反应 电极电位 电化学腐蚀

实验目的

1. 掌握电极电位、介质、反应物浓度以及催化剂对氧化还原反应的影响。
2. 掌握原电池的原理和装置。
3. 掌握电化学腐蚀及防腐的原理。

实验原理

1. 氧化还原反应进行的方向

氧化剂与还原剂电极电位代数值的相对大小，是判断氧化还原反应进行方向、程度和次序的依据。当氧化剂所在电对的电极电位大于作为还原剂所在的电对的电极电位时，该氧化还原反应能够正向自发进行。若溶液中同时存在多种氧化剂(或还原剂)，且都能与所加入的还原剂(或氧化剂)发生氧化还原反应，氧化还原反应则应首先发生在电极电位差值较大的2个电对所对应的氧化剂和还原剂之间，当然，也可以比较不同氧化剂(或还原剂)的氧化(或还原)能力。

2. 浓度、介质对氧化还原反应的影响

根据Nernst方程，氧化剂、还原剂以及相关介质(如H^+，OH^-)的浓度都会影响电对的电极电位的高低，因而对氧化还原反应的发生均有影响。例如，含氧酸盐的氧化能力受介质酸碱性的影响非常显著，介质的酸碱性的变化可能会引起还原产物的不同，甚至能使反应方向发生改变。

3. 原电池

原电池是利用氧化还原反应将化学能转变为电能的装置。2个电极电位不同的电对可构成一个原电池。若组成原电池的2个电极都是金属电极，则较活泼的金属为负极，较不活泼的金属作正极。

4. 金属的电化学腐蚀及其防护

金属在电解质溶液中可形成腐蚀电池，并发生电化学过程而产生金属的腐蚀。在腐蚀电池中，较活泼的金属作为阳极而被氧化腐蚀，阴极仅起传递电子作用，本身不被腐蚀。

常用的防止金属腐蚀的方法有缓蚀剂法、阴极保护法等。

仪器与试剂

试管，量筒，烧杯，盐桥，微安表，PHS-25型酸度计，铁电极，砂纸。

$H_2C_2O_4$(2 mol·L^{-1})，H_2SO_4(2 mol·L^{-1}，3 mol·L^{-1})，HCl(0.2 mol·L^{-1}，2 mol·L^{-1})，浓HCl，NaOH(6 mol·L^{-1})，NaCl(1 mol·L^{-1})，$CuSO_4$(0.5 mol·L^{-1})，$ZnSO_4$(0.5 mol·L^{-1})，$KMnO_4$(0.01 mol·L^{-1})，$FeSO_4$(0.1 mol·L^{-1})，$MnSO_4$(0.1 mol·L^{-1})，$K_3[Fe(CN)_6]$(0.01 mol·L^{-1})，Na_2SO_3(0.25 mol·L^{-1})，$FeCl_3$(0.1 mol·L^{-1})，KBr(0.1 mol·L^{-1})，KI(0.1 mol·L^{-1})，Na_2S(0.1 mol·L^{-1})，$Pb(NO_3)_2$(0.1 mol·L^{-1})。

溴水，碘水，酚酞(1%)，H_2O_2(3%)，腐蚀液，淀粉溶液，乌洛托品(20%)，MnO_2(固体)，锌条，锌粒(粗，纯)，四氯化碳，淀粉-KI试纸，铁钉，锌片，铜片，铜丝，滤纸，砂纸。

实验内容

1. 氧化还原反应与电极电位

(1) 将 0.5 mL 0.1 mol・L^{-1}KI 溶液和 2 滴 0.1 mol・$L^{-1}$$FeCl_3$ 溶液在试管中混匀后，加入 0.5 mL CCl_4，充分震荡，观察 CCl_4 层的颜色有何变化？写出反应式。

(2) 用 0.1 mol・L^{-1}KBr 溶液代替 0.1 mol・L^{-1}KI 溶液，进行同样的实验和观察。

(3) 分别用碘水和溴水[1]同 0.1 mol・$L^{-1}$$FeSO_4$ 溶液作用，再观察现象，写出反应式。

根据以上 3 个实验的结果，定性比较 Br_2/Br^-，I_2/I^-，Fe^{3+}/Fe^{2+} 这 3 个电对的电极电位相对高低(或代数值相对大小)，并指出电对中哪个氧化型物质是最强的氧化剂，电对中哪个还原型物质是最强的还原剂，并以此说明电对的电极电位高低与氧化还原反应方向的关系。

(4) 根据有关电极电位的高低，自己设计方案，用实验证实 H_2O_2 既可作氧化剂，又可作还原剂。

可选试剂：3% H_2O_2 溶液，H_2SO_4(2 mol・L^{-1})，KI(0.1 mol・L^{-1})，$KMnO_4$(0.01 mol・L^{-1})，淀粉溶液。

2. 浓度、介质酸碱性对电极电位和氧化还原反应的影响

(1) 在 2 支试管中，各加入 1 匙 MnO_2 固体，然后在一支试管中加入 1 mL 浓 HCl[2]，而另一支试管中加入 1 mL 2 mol・L^{-1}HCl 溶液(必要时用水浴加热)，观察现象。在发生反应的试管口用淀粉- KI 试纸[3]检验氯气的发生，写出反应方程式，并从浓度对电极电位的影响解释实验现象。

(2) 往 3 支试管中，分别加入数滴 0.01 mol・$L^{-1}$$KMnO_4$ 溶液，然后往第一支试管中加入数滴 3 mol・$L^{-1}$$H_2SO_4$ 溶液使溶液酸化；往第二支试管中加入数滴蒸馏水；往第三支试管中加入数滴 6 mol・L^{-1}NaOH 使溶液碱化[4]。然后各滴入 0.25 mol・$L^{-1}$$Na_2SO_3$ 溶液[5]，并观察各试管中的现象，写出有关反应方程式。

3. 催化剂对氧化还原反应的影响

在 2 只试管中各加 1 mL 2 mol・$L^{-1}$$H_2C_2O_4$ 溶液及数滴 3 mol・$L^{-1}$$H_2SO_4$ 溶液，然后往第一支试管中滴加 2 滴 0.1 mol・$L^{-1}$$MnSO_4$，再向 2 支试管中各加入 2 滴 0.01 mol・$L^{-1}$$KMnO_4$ 溶液，振荡试管[6]，观察试管中红色褪去的快慢，并进行比较，写出反应方程式。

4. 原电池

取 2 只 100 mL 烧杯，向一只烧杯中加入约 50 mL 0.5 mol・$L^{-1}$$ZnSO_4$ 溶液，插入连有铜导线的锌片，向另一只烧杯中加入约 50 mL 0.5 mol・$L^{-1}$$CuSO_4$ 溶液，插入连有铜导线的铜片，用盐桥[7]把 2 只烧杯中的溶液连通，即组成了原电池。判断该原电池的正、负极，将正、负极接到 PHS-25 型酸度计[8]上，测其电位差。

5. 电化学腐蚀及其防止

(1) 宏观电池腐蚀

① 取 2 支试管，各加入 2 mL 0.2 mol・L^{-1}HCl 溶液，然后分别加入 1 粒大小相仿的纯锌或粗锌，观察气泡产生的情况。

再取 1 根粗铜丝，插入上述盛有纯锌粒的试管中，观察粗铜丝与锌粒未接触时以及接触时现象有何不同？简单解释之。

② 在表面皿中加入 1 滴腐蚀液[9]，再加入少量蒸馏水，搅匀。然后取 2 枚小铁钉，在一枚铁钉上紧绕 1 根铜丝，另一枚铁钉上紧裹 1 根薄的锌条，相距一定距离放置于表面皿中，并浸没在腐蚀液中。经一段时间后观察有何现象产生？简单解释之[10]。

(2) 差异充气腐蚀

按实验图 6－1 接好装置，把要充气一端的电极连在 μA 计的正极上，向烧杯中的溶液打入空气，观察 μA 计指针摆动的方向，指出腐蚀电池的正、负极，并写出电极反应式。

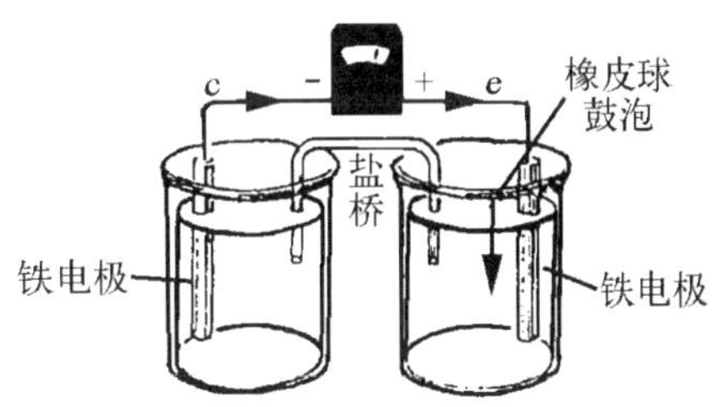

实验图 6－1 差异充气腐蚀图

(3) 金属防腐

① 缓蚀剂法：往 2 支试管中，各放入 1 枚无锈或已经去锈的铁钉，并往 1 支试管中再加数滴 20%乌洛托品[11]。然后分别加入约 2 mL 0.2 $mol \cdot L^{-1}$ HCl 溶液和 1 滴 0.01 $mol \cdot L^{-1}$ $K_3[Fe(CN)_6]$溶液，对比观察 2 支试管中出现颜色的深浅。

② 阴极保护法：将 1 条滤纸碎片放置于表面皿上，并用腐蚀液润湿之。将 2 枚铁钉隔开一段距离放置于已润湿的滤纸片上，并分别与铜锌电池[12]的正、负极相连。静置一段时间后，观察有何现象并解释之。

注释

[1] 溴水有腐蚀性，应在通风橱内进行实验。

[2] 浓 HCl 对呼吸系统有刺激作用，应在通风橱内进行实验。

[3] 向滤纸条滴上 1 滴 KI 溶液和淀粉溶液，晾干后即为淀粉- KI 试纸。

[4] 在碱性介质中，进行 $KMnO_4$ 的氧化还原反应实验时，$KMnO_4$ 溶液用量要尽量少，同时介质必须呈强碱性，因此 NaOH 溶液用量不宜过少。

[5] Na_2SO_3 溶液易被氧化，宜新鲜配制。

[6] 必要时可用小火加热。

[7] 盐桥是一支装有琼胶和 KCl 饱和溶液的 U 形管。为保证其导电性，U 形管内应无气泡。使用完毕，应将其浸在 KCl 饱和溶液中。

[8] PHS－25 型酸度计可用作电位计(其使用方法详见 4.3.2 节 1)。

[9] 腐蚀液的配制：在试管中加入 1 mL 1 $mol \cdot L^{-1}$ NaCl 溶液、1～2 滴 0.1 $mol \cdot L^{-1}$ $K_3[Fe(CN)_6]$溶液和 1%酚酞溶液。

[10] Zn^{2+}与 $K_3[Fe(CN)_6]$可发生反应：$3Zn^{2+} + 2[Fe(CN)_6]^{3-} = Zn_3[Fe(CN)_6]_2 \downarrow$(淡黄色)。

[11] 乌洛托品是六次甲基四胺的俗名。

[12] 铜锌电池由本实验 4 构建。

思考题

1. 如何证实过氧化氢既有氧化性，又有还原性?

2. 在碱性介质中，进行 $KMnO_4$ 的氧化还原反应实验时，为什么 $KMnO_4$ 溶液用量要尽量少? 同时，NaOH 溶液用量不宜过少?

3. 介质的酸碱性对本实验中哪一个化学物质的氧化还原反应有影响? 如何影响?

4. 使用盐桥需注意些什么?

5. 阴极保护法为何能起到防腐作用?

实验七　硫酸亚铁铵的制备

关键词　无机制备　热过滤　减压过滤　蒸发浓缩　结晶　比色

实验目的

1. 了解复盐的一般特征及制备方法。
2. 掌握减压过滤、蒸发、结晶等基本操作。
3. 学习目测比色法评定产品质量的方法。

实验原理

硫酸亚铁铵[$(NH_4)_2SO_4 \cdot FeSO_4 \cdot 6H_2O$]又名摩尔盐，是 $FeSO_4$ 与$(NH_4)_2SO_4$ 组成的复盐。它是一种浅绿色单斜晶体，可溶于水而不溶于乙醇，在空气中比一般亚铁盐稳定，不易被空气中的 O_2 氧化，在分析化学上常用作基准试剂来标定 $K_2Cr_2O_7$、$KMnO_4$ 等溶液。

本实验采用的制备方法是：先由 Fe 与稀 H_2SO_4 反应得到 $FeSO_4$ 溶液，再在溶液中加入等“物质的量”的$(NH_4)_2SO_4$，形成 $FeSO_4$ 与$(NH_4)_2SO_4$ 的混合溶液。由于复盐在水中的溶解度比组成该复盐的各个组分的溶解度都要小，因此蒸发浓缩上述混合溶液便可使浅绿色的硫酸亚铁铵晶体析出。

仪器与试剂

锥形瓶(150 mL)，电子天平，布氏漏斗，抽滤瓶，蒸发皿，比色管(25 mL)。

HCl($2\ mol \cdot L^{-1}$)，H_2SO_4($3\ mol \cdot L^{-1}$)，NaOH($2\ mol \cdot L^{-1}$)，Na_2CO_3(10%)，$BaCl_2$($1\ mol \cdot L^{-1}$)，KCNS($1\ mol \cdot L^{-1}$)，铁屑，$(NH_4)_2SO_4$(固)，Fe^{3+}标准溶液，乙醇(95%)。

实验内容

1. 铁屑的净化(去油污)

取 2～3 g 铁屑放入锥形瓶中，加入 15 mL 10% Na_2CO_3 溶液，小火加热约 10 min。将铁屑上面的碱性溶液倾去，用水把铁屑冲洗干净，烘干(若铁屑清洁，此步骤可略)。

2. $FeSO_4$ 的制备

用电子天平称取 2.0 g 清洁铁屑[1]放入干净的锥形瓶中，加入 15 mL $3\ mol \cdot L^{-1}$ H_2SO_4 溶液。将锥形瓶放在水浴中加热[2]，并经常振摇锥形瓶，以加速铁屑与硫酸的反应。待反应基本完成[3]后，趁热抽滤，快速将滤液倒在洁净的蒸发皿中。

3. 硫酸亚铁铵的制备

根据 $FeSO_4$ 的理论产量计算所需$(NH_4)_2SO_4$ 固体的质量。用电子天平称取所需的固体$(NH_4)_2SO_4$ 的质量，加入到制得的 $FeSO_4$ 溶液中，搅拌使之溶解(可水浴加热)后[4]，在水浴上蒸发、浓缩至溶液表面刚出现薄层的结晶为止。冷却，使硫酸亚铁铵晶体析出。减压过滤，并用少许乙醇洗去晶体表面附着的水分。

观察并记录硫酸亚铁铵晶体的外观和颜色。称量产品质量，计算理论产量和产率。

4. 产品检验

(1) 自己设计方案，用实验证明产品中含有 NH_4^+、Fe^{2+} 和 SO_4^{2-}。

(2) Fe^{3+}的限量分析：称取 1 g 产品置于 25 mL 比色管中，用无氧的蒸馏水溶解，加入 2 mL $2\ mol \cdot L^{-1}$ HCl 溶液和 1 mL $1\ mol \cdot L^{-1}$ KCNS 溶液，再加无氧的蒸馏水至 25 mL 刻度，摇匀。用目测的方法将所配溶液的颜色与 Fe^{3+}标准溶液系列的红色比较[5]。如产品溶液的颜色淡于某一级的标准溶液的颜色，则表明产品中所含 Fe^{3+} 杂质低于该级标准溶液，即产品质量符合该级的规格。

注释

[1] 本实验中，也可使用化学纯还原铁粉制备 $FeSO_4$。

[2] 为防止白色的一水硫酸亚铁（$FeSO_4 \cdot H_2O$）（它在 90℃～100℃的溶解度较小）晶体析出，在铁屑与硫酸的反应过程中，加热温度不宜过高。

[3] 以几乎不产生氢气气泡作为判断依据。

[4] 若实验制得的 $FeSO_4$ 溶液的 pH 值过高，可用 3 $mol \cdot L^{-1}$ H_2SO_4 溶液调节 pH 值到 1～2。

[5] Fe^{3+} 标准溶液系列的配制（由实验室准备）：

先配制 0.01 $mg \cdot mL^{-1}$ 的 Fe^{3+} 标准溶液，然后用吸量管分别吸取该标准溶液 5.00 mL、10.00 mL、20.00 mL 放入 3 支比色管中，再往比色管中各加入 2 mL 2 $mol \cdot L^{-1}$ HCl 溶液和 1 mL 1 $mol \cdot L^{-1}$ KCNS 溶液，最后加入无氧蒸馏水至 25 mL 刻度，摇匀即得到比色用的标准溶液系列。这 3 支比色管中各含 Fe^{3+} 0.05 mg、0.10 mg、0.20 mg，分别为Ⅰ级，Ⅱ级，Ⅲ级。Ⅲ级试剂中 Fe^{3+} 的含量最高。

思考题

1. 在铁屑与硫酸反应时要注意哪些问题？
2. 制备过程中为什么要保持溶液有较强的酸性？
3. 进行减压过滤时需注意哪些事项？
4. 实验中，有时制得的硫酸亚铁铵产品的颜色呈白色，为什么？如何避免？
5. 根据标准溶液的配制方法，如何配制 Fe^{3+} 的标准溶液？

实验八　氯、溴、碘

关键词　氯　溴　碘　元素性质　分离鉴定

实验目的

1. 比较卤化氢的还原性。
2. 了解氯的含氧酸及其盐的性质。
3. 了解卤素离子的鉴定方法。

实验原理

氯、溴、碘是周期系ⅦA族元素，它们的原子的价电子层构型为 ns^2np^5，它们都容易得到一个电子成为稳定的−1价离子，因此卤素都是很强的氧化剂。它们的氧化能力顺序为 $F_2>Cl_2>Br_2>I_2$。除氟外，在一定的条件下，也可生成氧化数为+1、+3、+5、+7的化合物。

1. 卤化氢

无水卤化氢很不活泼，室温下不能侵蚀干燥的金属，液态时也不导电。但其溶于水生成氢卤酸后，性质就大不相同。除氢氟酸外，其余几种氢卤酸都是强酸。在HX中，由于卤素离子处于最低的氧化态，除 F^- 外，其他离子都有一定的还原性。还原能力的顺序是：$I^->Br^->Cl^->F^-$。例如，HI和HBr可分别将 H_2SO_4 还原到 H_2S 和 SO_2，而HCl与 H_2SO_4 就不发生氧化还原反应。

2. 卤素的含氧酸及其盐的性质

在这类化合物中，卤素原子与氧原子以共用电子对形成化学键，卤素的氧化数（除氟外）为正值。因此，氧化性是其最主要的性质。

次卤酸均不稳定，以次氯酸为例，当其水溶液浓度较高时或光照条件下，就易分解。

$$2HClO \xlongequal{} 2HCl+O_2\uparrow。$$

卤素在碱性溶液中，各电对的电极电位如下：

$$E_B^{\ominus}/V\quad ClO_3^- \xrightarrow{0.49} ClO^- \xrightarrow{0.52} Cl_2 \xrightarrow{1.36} Cl^-\quad (ClO^- \to Cl^-:\ 0.94)$$

$$BrO_3^- \xrightarrow{0.54} BrO^- \xrightarrow{0.45} Br_2 \xrightarrow{1.07} Br^-\quad (BrO^- \to Br^-:\ 0.76)$$

$$IO_3^- \xrightarrow{0.14} IO^- \xrightarrow{0.45} I_2 \xrightarrow{0.54} I^-\quad (IO^- \to I^-:\ 0.49)$$

从电位图可知，卤素在碱性溶液中歧化倾向很大，不仅卤素歧化生成次卤酸盐，而且次卤酸盐还能继续歧化而生成卤酸盐及卤离子。

对 ClO^-，室温时歧化速度慢，而当室温升至75℃左右时，其歧化速度显著加快。对于 BrO^- 和 IO^-，歧化反应速度在室温（IO^-，甚至在0℃）时已相当快。因此，与碱溶液的反应在低温下生成 BrO^-：

$$Br_2+2OH^- = Br^- +BrO^- +2H_2O。$$

随着温度升高，生成 BrO_3^- 的反应为主要反应：

$$2Br_2+6OH^- = 5Br^- +BO_3^- +3H_2O。$$

I_2 与碱溶液几乎不生成次碘酸盐，而全部歧化成为 IO_3^-：

$$3I_2+6OH^- = 5I^- +IO_3^- +3H_2O。$$

因而，溴和碘在碱溶液里的歧化最终产物是它们的卤酸盐。

若改变溶液的酸碱性，便能实现上述反应的逆反应。例如，将含有 BrO_3^- 和 Br^- 的溶液酸化时，便有游离态溴析出：

$$5Br^- +BrO_3^- +6H^+ = 3Br_2+3H_2O。$$

3. Cl^-、Br^-、I^- 混合物的分离和鉴定

Cl^-、Br^-、I^- 能和 Ag^+ 分别生成难溶于水的 AgCl(白色)、AgBr(淡黄色)、AgI(黄色)沉淀，它们都不溶于稀硝酸中。AgCl 在氨水溶液中，因生成 $[Ag(NH_3)_2]^+$ 而溶解，AgBr 和 AgI 则不溶，其反应为：

$$AgCl+2NH_3 = [Ag(NH_3)_2]^+ + Cl^-。$$

利用这个性质，可以将 AgCl 和 AgBr、AgI 分离。在分离 AgBr、AgI 后的溶液中，再加入硝酸酸化后，则 AgCl 又重新沉淀，其反应为：

$$[Ag(NH_3)_2]^+Cl^- +2H^+ = AgCl\downarrow +2NH_4^+。$$

Br^- 和 I^- 可以用 Cl_2 氧化为 Br_2 和 I_2 后，再加以鉴定。

仪器与试剂

离心机。

H_2SO_4(浓，1 mol·L⁻¹，2 mol·L⁻¹，6 mol·L⁻¹)，HCl(浓，2 mol·L⁻¹)，HNO_3(2 mol·L⁻¹，6 mol·L⁻¹)，NaOH(2 mol·L⁻¹)，氨水(浓，6 mol·L⁻¹)，NaCl(固，0.1 mol·L⁻¹)，KI(固，0.1 mol·L⁻¹)，KBr(固，0.1 mol·L⁻¹)，$AgNO_3$(0.1 mol·L⁻¹)，$FeCl_3$(0.1 mol·L⁻¹)，$Pb(Ac)_2$(0.1 mol·L⁻¹)，$(NH_4)_2CO_3$(12%)，氯水，CCl_4，淀粉溶液，品红溶液，锌粉，$KClO_3$(饱和)。

实验内容

1. 卤化氢还原性的比较

(1) 向盛有少量 NaCl 晶体的试管中加入 1 mL 浓 H_2SO_4，微热。观察试管中颜色变化，并用蘸上 1 滴浓氨水的玻璃棒移近试管口，检验产生的气体[1]。

(2) 取 2 支试管分别加入少量 KBr、KI 晶体，再加入 1 mL 浓 H_2SO_4，微热。观察各试管中颜色的变化，并分别用自制的 KI-淀粉试纸、$Pb(Ac)_2$ 试纸检验各试管中产生的气体[2]。

(3) 分别用 $0.1\ mol\cdot L^{-1}$ KBr 溶液和 $0.1\ mol\cdot L^{-1}$ KI 溶液与 $0.1\ mol\cdot L^{-1}$ $FeCl_3$ 溶液作用，设法检验 Br_2 和 I_2 是否生成。

根据以上实验结果比较 HCl、HBr、HI 还原性的强弱。

2. 卤素含氧酸及其盐的性质

(1) 次氯酸盐的氧化性

取 2 mL 氯水,用 2 mol·L^{-1} NaOH 溶液碱化(pH 值 8～9),再将其分装于 3 支试管中。其一,加入数滴 2 mol·L^{-1} HCl,检验 Cl_2 产生;其二,加入 0.1 mol·L^{-1} KI 溶液数滴,检验 I_2 产生;其三,加入数滴品红溶液,观察颜色改变。根据以上实验,说明 ClO^- 的性质。

(2) 氯酸盐的氧化性

① 用下列药品检验氯酸盐在酸碱性介质中的氧化能力的强弱。

可选试剂:饱和 $KClO_3$ 溶液、2 mol·L^{-1} NaOH 溶液、0.1 mol·L^{-1} NaCl 溶液、KI-淀粉试纸、HCl(浓)。

② 用实验证实,在酸性介质中 ClO_3^- 能将 I^- 氧化成 I_2 和 IO_3^-(无色)。

可选试剂:0.1 mol·L^{-1} KI 溶液、6 mol·L^{-1} H_2SO_4、饱和 $KClO_3$ 溶液。

3. 卤素离子的鉴定

(1) Cl^- 的鉴定

取 2 滴 0.1 mol·L^{-1} NaCl 溶液于试管中,加入 1 滴 2 mol·L^{-1} HNO_3 和 2 滴 0.1 mol·L^{-1} $AgNO_3$ 溶液,观察沉淀颜色。离心弃去清液[3],于沉淀上加入数滴 6 mol·L^{-1} 氨水,观察沉淀是否溶解? 然后再用 6 mol·L^{-1} HNO_3 酸化,沉淀是否重新出现?

(2) Br^- 的鉴定

取 2 滴 0.1 mol·L^{-1} KBr 溶液,加入 1 滴 2 mol·L^{-1} H_2SO_4 和 6 滴 CCl_4,然后逐滴加入氯水,振荡,观察 CCl_4 层的颜色。

(3) I^- 的鉴定

参考上述实验方法,鉴定 I^- 的存在。

(4) Cl^-、Br^-、I^- 混合离子的分离鉴定

各取 2 滴 0.1 mol·L^{-1} NaCl 溶液、0.1 mol·L^{-1} KBr 溶液和 0.1 mol·L^{-1} KI 溶液混合,请设计实验进行分离鉴定。

注释

[1] HCl 气体、浓氨水有刺激性,应在通风橱内进行实验。

[2] 有刺激性气体逸出,应在通风橱内进行实验。

[3] 操作详见 5.7.1 节“固液分离”中的“离心分离法”。

思考题

1. I_2 在水、KI 溶液和 CCl_4 中的溶解情况和颜色如何? Br_2 在水和 CCl_4 中的溶解情况和颜色又如何?

2. 总结 Cl_2、Br_2、Fe^{3+} 和 I_2 的氧化性强弱顺序。

3. 氯酸盐在什么条件下有明显的氧化性? 能否选用 HNO_3 或 HCl 来酸化它?

实验九　氧　和　硫

关键词　氧　硫　元素性质　分离鉴定

实验目的

1. 了解 H_2O_2 的性质。

2. 了解 H_2S、硫化物、亚硫酸盐及硫代硫酸盐的性质。

3. 了解 S^{2-}、SO_3^{2-}、$S_2O_3^{2-}$ 的鉴定和分离方法。

实验原理

氧和硫均是周期系ⅥA 族元素，其原子的价电子构型为 ns^2np^4，氧一般形成 -2 价的化合物，而硫能形成氧化数为 -2、$+4$ 和 $+6$ 等的化合物。

1. H_2O_2 的性质

过氧化氢（H_2O_2）俗称双氧水。市售商品通常是 30%的 H_2O_2 水溶液，它是一种无色透明的液体。H_2O_2 的主要性质有：氧化还原性、不稳定性、弱酸性等。

在 H_2O_2 分子中的氧按其氧化数来说是 -1，处于 O_2（氧化数为 0）和 O^{2-}（氧化数为 -2）之间。因此它既可以在一定条件下作为氧化剂，又可以在另一种条件下作为还原剂。当它作为氧化剂时，其还原产物为 H_2O 或 OH^-；当它做还原剂时，其氧化产物为 O_2。

H_2O_2 是一种弱酸（$K_1^\circ = 2.24\times10^{-12}$），其酸性比 H_2O 稍强。H_2O_2 遇光，受热或当有 MnO_2 及其他重金属存在的情况下可加速其分解。

2. H_2S 及硫化物的性质

在酸性条件下水解硫代乙酰胺（CH_3CSNH_2）可获得饱和 H_2S 溶液：

$$CH_3CSNH_2 + 2H_2O + H^+ \xlongequal{\triangle} CH_3COOH + NH_4^+ + H_2S\uparrow。$$

H_2S 中硫的氧化数是 -2，它是强的还原剂。H_2S 可与多种金属离子生成不同颜色的难溶的硫化物（难溶硫化物的 K_{sp}° 及颜色见附录）。由于硫化物的溶解度差别相当大，一般利用硫化物的溶解度不同及颜色的差异，通过控制溶液的 pH 值来进行金属离子的分离与鉴定。

S^{2-} 能与稀酸反应产生 H_2S 气体。可以根据其特有的腐蛋臭味，或能使 $Pb(Ac)_2$ 试纸变黑（由于生成 PbS）的现象来检验出 S^{2-}。另外在弱碱性条件下，它能与 $Na_2[Fe(CN)_5NO]$ 反应生成红紫色配合物，这也是鉴定 S^{2-} 的一个特征反应：

$$S^{2-} + [Fe(CN)_5NO]^{2-} = [Fe(CN)_5NOS]^{4-}。$$

Na_2S 和 $(NH_4)_2S$ 溶液可以溶解单质硫，在溶液中形成多硫化物：

$$Na_2S + (x-1)S = Na_2S_x，$$
$$(NH_4)_2S + (x-1)S = (NH_4)_2S_x。$$

多硫化物一般显黄色，随着溶解硫的增多，颜色加深，可深至红色。当在多硫化物溶液中加入酸时，可生成多硫化氢 H_2S_x。H_2S_x 不稳定，在空气中逐渐分解成 H_2S 并析出 S。

3. 亚硫酸及亚硫酸盐的性质

SO_2溶于水中，部分与水作用生成亚硫酸。在 SO_2、H_2SO_3 及 SO_3^{2-} 中，S 的氧化数都是

+4，它们在酸、碱介质中 E° 如下：

$$E_A^\circ \quad SO_4^{2-}+4H^++2e^- \rightleftharpoons H_2SO_3+H_2O, E_A^\circ=0.17\ V;$$

$$H_2SO_3+4H^++4e^- \rightleftharpoons S+3H_2O, E_A^\circ=0.45\ V;$$

$$E_B^\circ \quad SO_4^{2-}+H_2O+2e^- \rightleftharpoons SO_3^{2-}+2OH^-, E_B^\circ=-0.93\ V。$$

SO_2 及 H_2SO_3 既可作氧化剂，又可作还原剂，还原性强于氧化性。亚硫酸盐具有较强还原性，空气中的氧就可以使它氧化为硫酸盐。因此，使用亚硫酸盐溶液时，应现配现用。

$$2Na_2SO_3+O_2 = 2Na_2SO_4。$$

SO_2 或 H_2SO_3 作为氧化剂的典型反应如下：

$$2H_2S+H_2SO_3 = 3S\downarrow+3H_2O。$$

SO_2 能和某些有色的有机物生成无色加成物，所以具有漂白性，但这种加成物受热易分解。

SO_3^{2-} 的鉴定：SO_3^{2-} 能与 $Na_2[Fe(CN)_5NO]$ 反应生成红色化合物，再加硫酸锌溶液和 $K_4[Fe(CN)_6]$ 溶液，可使红色显著加深。

4. 硫代硫酸盐的性质

$Na_2S_2O_3$ 是硫代硫酸的盐。$H_2S_2O_3$ 极不稳定，因此，自由的 $H_2S_2O_3$ 实际上并不存在，而是以硫代硫酸盐的形式存在：

$$S_2O_3^{2-}+2H^+ = S\downarrow+SO_2\uparrow+H_2O。$$

$Na_2S_2O_3$ 具有还原性，是一种中等强度的还原剂：

$$S_4O_6^{2-}+2e^- \rightleftharpoons 2S_2O_3^{2-}, E_A^\circ=0.08\ V。$$

I_2 可将 $Na_2S_2O_3$ 氧化成连四硫酸钠：

$$2Na_2S_2O_3+I_2 = Na_2S_4O_6+2NaI。$$

此反应在分析化学中常用来定量测定碘。

$S_2O_3^{2-}$ 可与 Ag^+ 反应生成白色 $Ag_2S_2O_3$ 沉淀，而 $Ag_2S_2O_3$ 是不稳定的，能迅速分解为 H_2SO_4 和 Ag_2S，所以颜色将从白⟶黄⟶棕⟶黑：

$$Ag_2S_2O_3+H_2O = H_2SO_4+Ag_2S\downarrow(黑)。$$

此反应可以鉴定 $S_2O_3^{2-}$ 的存在。

如果溶液中同时存在 S^{2-}、SO_3^{2-} 和 $S_2O_3^{2-}$，需要逐一加以鉴定时，必须先将 S^{2-} 除去，因 S^{2-} 的存在妨碍 SO_3^{2-} 的鉴定。除去 S^{2-} 的方法是在含有 S^{2-}、SO_3^{2-} 的混合溶液中，加入 $PbCO_3$ 固体，使 S^- 转化为溶度积更小的 PbS 沉淀，离心分离后，在清液中再分别鉴定 SO_3^{2-} 和 $S_2O_3^{2-}$。

仪器与试剂

离心机。

$PbCO_3$(固)，MnO_2(固)，HCl(浓，2 mol·L^{-1}，6 mol·L^{-1})，H_2SO_4(1 mol·L^{-1})，HNO_3(浓)，3%H_2O_2，40%NaOH，$KMnO_4$(0.01 mol·L^{-1})，$FeCl_3$(0.1 mol·L^{-1})，NaCl

(0.1 mol・L^{-1})，$Na_2S_2O_3$(0.1 mol・L^{-1})，Na_2S(0.1 mol・L^{-1})，$Pb(Ac)_2$(0.1 mol・L^{-1})，$CdSO_4$(0.1 mol・L^{-1})，$CuSO_4$(0.1 mol・L^{-1})，$Hg(NO_3)_2$(0.1 mol・L^{-1})，$AgNO_3$(0.1 mol・L^{-1})，KI(0.1 mol・L^{-1})，$K_4[Fe(CN)_6]$(0.1 mol・L^{-1})，$Na_2[Fe(CN)_5NO]$(1%)，硫粉，氨水(6 mol・L^{-1})，碘水，SO_2 饱和溶液，硫代乙酰胺(5%)，品红溶液(0.1%)，淀粉溶液，无水乙醇，$ZnSO_4$(饱和，0.1 mol・L^{-1})。

pH 试纸，滤纸条，木条。

实验内容

1. H_2O_2 及过氧化物

(1) H_2O_2 的酸碱性及过氧化物

取 10 滴 3%的 H_2O_2，测其 pH 值；然后加入 5 滴 40%NaOH 溶液和 10 滴无水乙醇[1]，并混合均匀，观察生成的 $Na_2O_2 \cdot 8H_2O$ 颜色[2]。

(2) H_2O_2 的氧化性还原性

用实验证实 H_2O_2 既可作氧化剂，又可作还原剂。

可选试剂：3% H_2O_2，1 mol・L^{-1} H_2SO_4，0.1 mol・L^{-1} KI 溶液，0.01 mol・L^{-1} $KMnO_4$ 溶液，淀粉溶液。

记录实验现象，并写出有关的反应方程式。

(3) H_2O_2 的不稳定性

向盛有 2 mL 3%H_2O_2 溶液的试管中加入少量 MnO_2 固体，观察反应情况，并在管口用余烬的木条检验气体产物，写出反应方程式。

2. H_2S

(1) 制取

取 5%硫代乙酰胺溶液 10 滴，用稀 H_2SO_4 酸化，加热，以 $Pb(Ac)_2$ 试纸检验试管中放出的 H_2S 气体[3]。

(2) 还原性

① 取少量 $KMnO_4$ 溶液，用稀 H_2SO_4 酸化，再加数滴 5%硫代乙酰胺溶液，观察现象。

② 分别以 $FeCl_3$、溴水为氧化剂，证明 H_2S 的还原性。

3. 硫化物的溶解性

(1) 在 5 支试管中，分别加入 0.1 mol・L^{-1} NaCl、0.1 mol・L^{-1} $ZnSO_4$、0.1 mol・L^{-1} $CdSO_4$、0.1 mol・L^{-1} $CuSO_4$、0.1 mol・L^{-1} $Hg(NO_3)_2$ 溶液各 5 滴，然后再加入 10 滴硫代乙酰胺溶液[4]，水浴加热。观察是否都有沉淀生成。记录各种沉淀的颜色。离心沉降，吸取上层清液，保留沉淀以做下一步实验用。

(2) 在上面的沉淀中分别加入数滴 2 mol・L^{-1} HCl，观察沉淀是否溶解。将不溶于 2 mol・L^{-1} HCl 的沉淀离心分离[5]后，用数滴 6 mol・L^{-1} HCl 处理沉淀，观察沉淀是否溶解。

将不溶于 6 mol・L^{-1} HCl 的沉淀离心分离，用少量蒸馏水洗涤沉淀(为什么?)，再用数滴浓 HNO_3 处理沉淀，微热，观察沉淀是否溶解。

在仍不溶解的沉淀中，再加入王水[6]，微热，观察沉淀是否溶解。

试从实验结果对金属硫化物的溶解性做出比较。

4. 多硫化物

在试管中加入少量硫磺粉，再加入 2 mL 0.1 mol・L^{-1} Na_2S 溶液，将溶液煮沸，注意观察颜色的变化。离心分离，弃去未反应的硫磺，吸取清液于另一试管中，加入 6 mol·L^{-1} HCl，用 $Pb(Ac)_2$ 试纸检验逸出的气体，并观察溶液的变化，写出有关的方程式。

5. H_2SO_3 的性质

试用下列试剂证明 H_2SO_3 的酸性、氧化性、还原性以及漂白性。

可选试剂：SO_2 饱和溶液，蓝色石蕊试纸，0.01 mol·L^{-1} $KMnO_4$ 溶液，1 mol·L^{-1} H_2SO_4，5%硫代乙酰胺溶液，品红溶液。

6. 硫代硫酸盐的性质

(1) $H_2S_2O_3$ 的不稳定性

取少量 0.1 mol·L^{-1} $Na_2S_2O_3$ 溶液加入 2 mol·L^{-1} HCl，片刻后观察溶液是否浑浊，并用品红试纸检验放出的气体，写出反应方程式。

(2) 硫代硫酸盐的还原性

在 10 滴碘水中，逐滴加入 0.1 mol·L^{-1} $Na_2S_2O_3$ 溶液，观察现象，写出反应方程式。

7. S^{2-}、SO_3^{2-} 和 $S_2O_3^{2-}$ 的鉴定

(1) S^{2-} 的鉴定

① 取少量 0.1 mol·L^{-1} Na_2S 溶液，加入数滴 6 mol·L^{-1} HCl，微热，用 $Pb(Ac)_2$ 试纸检验所产生的 H_2S 气体，试纸变黑，表示有 S^{2-} 存在。

② 在点滴板上，加 1 滴 0.1 mol·L^{-1} Na_2S 溶液、1 滴新配的 1% $Na_2[Fe(CN)_5NO]$ 溶液，出现紫红色，表示有 S^{2-} 存在。

(2) SO_3^{2-} 的鉴定

在点滴板上，加 2 滴饱和 $ZnSO_4$ 溶液、1 滴新配的 $K_4[Fe(CN)_6]$ 溶液和 1 滴新配的 1% $Na_2[Fe(CN)_5NO]$ 溶液，再滴入 1 滴含 SO_3^{2-} 的溶液，搅动，出现红色沉淀，表示有 SO_3^{2-} 存在[7]。

(3) $S_2O_3^{2-}$ 的鉴定

在试管中，加入 2 滴 0.1 mol·L^{-1} $Na_2S_2O_3$ 溶液，逐滴滴加 0.1 mol·L^{-1} $AgNO_3$ 溶液，直至产生白色沉淀，观察沉淀颜色的变化（白⟶黄⟶棕⟶黑）。利用 $Ag_2S_2O_3$ 分解时颜色的变化以鉴定 $S_2O_3^{2-}$ 的存在。

8. S^{2-}、SO_3^{2-} 和 $S_2O_3^{2-}$ 混合离子的分离和鉴定

取 1 份 S^{2-}、SO_3^{2-} 和 $S_2O_3^{2-}$ 的混合溶液，鉴定 S^{2-} 的存在。另取 1 份混合溶液，在其中加入少量 $PbCO_3$ 固体，充分搅动，离心分离，并检验 S^{2-} 是否沉淀完全，如不完全，清液重复用 $PbCO_3$ 处理，直至 S^{2-} 完全被除去。清液分成 2 份，分别鉴定 SO_3^{2-} 和 $S_2O_3^{2-}$。

注释

[1] H_2O_2 酸性极弱，用浓碱有助于平衡向过氧化物生成的方向移动。向过氧化物的水溶液中加入无水乙醇，可降低过氧化物的溶解度。

[2] 必要时，可用冰浴冷却，使 Na_2O_2 晶体析出。

[3] 用水浴加热，在通风橱内进行实验。

[4] 加入适量的酸，可加快沉淀生成。

[5] 离心分离后，用滴管吸尽溶液，然后作进一步处理。

[6] 王水是一种混合酸，由浓 HNO_3 和浓 HCl 混合而成，其体积比为 1∶3。

[7] 酸性介质中，红色沉淀不会出现，因此，检验 SO_3^{2-} 的酸性溶液需滴加 2 mol · L^{-1} 氨水，使介质呈碱性。

思考题

1. 金属硫化物的溶解情况可以分为几类？试根据本实验内容加以分类。
2. $Na_2S_2O_3$ 和 I_2 反应时，能否加酸，为什么？
3. 在 S^{2-}、SO_3^{2-} 和 $S_2O_3^{2-}$ 混合溶液中，怎样检验 S^{2-} 是否沉淀完全？

实验十 氮 和 磷

关键词 氮 磷 元素性质 离子鉴定

实验目的

1. 了解 HNO_3 和硝酸盐的氧化性；
2. 了解 HNO_2 和亚硝酸盐的性质；
3. 了解磷酸的各种钙盐的溶解性；
4. 了解 NH_4^+、NO_2^-、NO_3^- 和 PO_4^{3-} 的鉴定方法。

实验原理

氮和磷是周期系ⅤA族元素，它们的原子的价电子层构型为 ns^2np^3，所以它们的氧化数最高为+5，最低为−3。

1. HNO_3 和硝酸盐

HNO_3 对热或光极不稳定，会发生下述分解：

$$4HNO_3 = 2H_2O + 4NO_2\uparrow + O_2\uparrow。$$

所以，久置的浓 HNO_3 会慢慢变为红棕色。

HNO_3 是强酸，亦是强氧化剂。除了铂、金和某些稀有金属外，它几乎与所有的金属都能起作用。它还能把许多非金属(如C、P、S等)氧化为相应的氧化物和含氧酸。

HNO_3 作为氧化剂，还原产物并不是单一的，许多情况下，它是多种还原产物的混合物。但书写 HNO_3 的氧化还原方程式时，只须注明它的主要产物。例如，HNO_3 与金属反应时，HNO_3 的还原产物取决于硝酸的浓度和金属的活泼性。其主要产物如下：浓 HNO_3 一般被还原为 NO_2；稀 HNO_3 通常被还原为 NO；当它与较活泼的金属反应时，主要被还原为 N_2O；若 HNO_3 很稀，则主要还原为 NH_3，然后再与未反应的酸作用，生成铵盐。

浓 HNO_3 与非金属或还原性化合物反应时，一般被还原为 NO：

$$2HNO_3(浓) + S \xlongequal{\triangle} H_2SO_4 + 2NO\uparrow。$$

硝酸盐在加热时可发生热分解。一般说来，碱金属和碱土金属的硝酸盐加热分解产生亚硝酸盐和氧气：

$$2NaNO_3 \xlongequal{\triangle} 2NaNO_2 + O_2\uparrow。$$

电位序位于镁和铜之间的金属元素(包括镁和铜)的硝酸盐分解得到的是相应金属的氧化物。如：

$$2Pb(NO_3)_2 \xlongequal{\triangle} 2PbO + 4NO_2\uparrow + O_2\uparrow。$$

电位序在铜以后的硝酸盐分解将生成金属单质，如：

$$2AgNO_3 \xlongequal{\triangle} 2Ag + 2NO_2\uparrow + O_2\uparrow。$$

NO_3^- 可用棕色环法鉴定，其反应如下：

$$3Fe^{2+} + NO_3^- + 4H^+ = 3Fe^{3+} + NO + 2H_2O,$$

$$[Fe(H_2O)_6]^{2+} + NO = [Fe(NO)(H_2O)_5]^{2+}(\text{棕色}) + H_2O。$$

由于 NO_2^- 也具有上述反应，当有 NO_2^- 存在时，应先将 NO_2^- 除去。通常在待检溶液中加入 NH_4Cl，加热以去除 NO_2^-：

$$NH_4^+ + NO_2^- = N_2\uparrow + 2H_2O。$$

2. HNO_2 及亚硝酸盐

将 NO_2 和 NO 混合物溶解在冰水中时，便生成了 HNO_2 的水溶液，或者在亚硝酸盐的溶液中加入酸也可以得到 HNO_2 溶液：

$$NO_2 + NO + H_2O \xrightleftharpoons{\text{冷水}} 2HNO_2,$$

$$NaNO_2 + HCl \rightleftharpoons NaCl + HNO_2。$$

HNO_2 很不稳定，会分解成 NO_2 和 NO：

$$2HNO_2 \xrightleftharpoons[\text{冷}]{\text{热}} H_2O + \underset{(\text{浅蓝})}{N_2O_3} \xrightleftharpoons[\text{冷}]{\text{热}} NO + NO_2 + H_2O。$$

而且也会发生歧化分解：

$$3HNO_2 = HNO_3 + 2NO\uparrow + H_2O。$$

大多数亚硝酸盐是稳定的，它们一般易溶于水（$AgNO_2$ 除外）。在 HNO_2 和亚硝酸盐中，N 的氧化态为+3，处于中间氧化态，因而它们既具有氧化性，又具有还原性。在酸性溶液中，HNO_2 及其盐有较强的氧化性[$E_A^\ominus(HNO_2/NO) = +1.0\ V$]。例如，$NO_2^-$ 离子可分别将 I^-、Fe^{2+} 氧化成 I_2、Fe^{3+}，而 NO_2^- 被还原为 NO：

$$2HNO_2 + 2HI = I_2 + 2NO\uparrow + 2H_2O,$$

$$Fe^{2+} + NO_2^- + 2H^+ = Fe^{3+} + NO\uparrow + H_2O。$$

另外，亚硝酸盐在酸性条件下能被强氧化剂氧化，如：

$$2MnO_4^- + 5NO_2^- + 6H^+ = 2Mn^{2+} + 5NO_3^- + 3H_2O。$$

氨基苯磺酸和 α-萘胺与 NO_2^- 反应可生成红色的偶氮染料，这一反应可鉴定 NO_2^-：

$$\underset{\text{氨基苯磺酸}}{H_2N-C_6H_4-SO_3H} + \underset{\alpha\text{-萘胺}}{C_{10}H_7NH_2} + NO_2^- + H^+ \longrightarrow \underset{\text{红色}}{H_2N-C_{10}H_6-N{=}N-C_6H_4-SO_3H} + 2H_2O。$$

3. NH_4^+ 的鉴定

NH_4^+ 常用 2 种方法鉴定：①用 NaOH 和 NH_4^+ 反应生成 NH_3，使湿润红色石蕊试纸变蓝；②用萘斯勒试剂（H_2HgI_4 的碱性溶液）与 NH_4^+ 反应产生红棕色沉淀，其反应为：

$$NH_4^+ + 2[HgI_4]^{2-} + 4OH^- = \left[\begin{array}{c} Hg \\ O \quad\quad NH_2 \\ Hg \end{array} \right] I\downarrow + 3H_2O + 7I^-。$$

4. 磷酸盐的溶解性及 PO_4^{3-} 的鉴定

磷酸的各种钙盐在水中的溶解度是不同的，$Ca_3(PO_4)_2$ 和 $CaHPO_4$ 难溶于水，而 $Ca(H_2PO_4)_2$ 则易溶于水。

PO_4^{3-} 能和钼酸作用生成黄色难溶的晶体，故可用钼酸铵来鉴定。其反应如下：

$$PO_4^{3-} + 3NH_4^+ + 12MoO_4^{2-} + 24H^+ = (NH_4)_3PO_4 \cdot 12MoO_3 \cdot 6H_2O\downarrow + 6H_2O。$$

仪器与试剂

硫磺粉，铜粉，锌粉，KNO_3（固），$FeSO_4 \cdot 7H_2O$（固），$NaNO_3$（固），$NaNO_2$（固），HNO_3（2 mol·L^{-1}，浓），H_2SO_4（1∶1，1 mol·L^{-1}，6 mol·L^{-1}），HCl（1 mol·L^{-1}），$NH_3 \cdot H_2O$（1 mol·L^{-1}），NH_4Cl（0.1 mol·L^{-1}），$NaNO_2$（0.1 mol·L^{-1}，1 mol·L^{-1}），$AgNO_3$（0.1 mol·L^{-1}），KI（0.1 mol·L^{-1}），$KMnO_4$（0.01 mol·L^{-1}），KNO_3（0.1 mol·L^{-1}），$BaCl_2$（1 mol·L^{-1}），Na_3PO_4（0.5 mol·L^{-1}），$NaHPO_4$（0.5 mol·L^{-1}），NaH_2PO_4（0.5 mol·L^{-1}），$CaCl_2$（0.1 mol·L^{-1}），NaOH（2 mol·L^{-1}），$(NH_4)_2MoO_4$（0.1 mol·L^{-1}），氨基苯磺酸，α-萘胺溶液，萘斯勒试剂，红色石蕊试纸，广泛 pH 试纸，滤纸条。

实验内容

1. NH_4^+ 的鉴定

用下列药品和材料鉴定 NH_4^+。

可选试剂及材料：0.1 mol·L^{-1} NH_4Cl，2 mol·L^{-1} NaOH 溶液，红色石蕊试纸。注意实验条件及检验气体的方法。

2. HNO_3 与硝酸盐的性质

(1) HNO_3 的氧化性

用稀 HNO_3 和浓 HNO_3 分别与 S、Cu、Zn 反应[1]，观察并记录现象。

(2) 硝酸盐的热分解

在干燥试管中加入少量 KNO_3 晶体，加热熔化，将带余烬的火柴投入试管中，火柴又燃烧起来，解释这种现象，写出有关方程式。

(3) NO_3^- 的鉴定

取 1 mL 0.1 mol·L^{-1} KNO_3 溶液于试管中，加入少量 $FeSO_4$ 晶体，振荡，溶解后，将试管斜持，沿试管壁慢慢滴加 1 mL 浓 H_2SO_4。观察浓 H_2SO_4 和溶液的 2 个液层交界处有无棕色环出现。

3. HNO_2 和亚硝酸盐的性质

(1) 在试管中加入 10 滴 1 mol·L^{-1} $NaNO_2$ 溶液[2]，然后滴入 1∶1 的 H_2SO_4。观察溶液的颜色和液面上气体的颜色。解释这种现象，并写出反应方程式。

(2) 亚硝酸盐的氧化性和还原性

证明亚硝酸盐既有氧化性又有还原性。

可选试剂：0.1 mol·L^{-1} $NaNO_2$ 溶液，0.1 mol·L^{-1} KI 溶液，0.01 mol·L^{-1} $KMnO_4$

溶液,1 mol・L^{-1} H_2SO_4。

(3) NO_2^- 的鉴定

取2滴0.1 mol・L^{-1} $NaNO_2$ 溶液于试管中,加入2滴2 mol・L^{-1} HAc溶液酸化。再加入氨基苯磺酸和α-萘胺各4滴,红色出现,证明有 NO_2^- 存在[3]。

4. 磷酸盐的性质

(1) 磷酸盐溶液的酸碱性

在点滴板上用pH试纸分别测定0.5 mol・L^{-1} Na_3PO_4 溶液、0.5 mol・L^{-1} Na_2HPO_4 溶液、0.5 mol・L^{-1} NaH_2PO_4 溶液的pH值。溶液保留供下面试验用。

(2) Ag盐的水溶解性

于上述3支试管中各加入10滴0.1 mol・L^{-1} $AgNO_3$ 溶液,观察并记录现象。然后再测出各支试管中溶液的pH值,与上述pH值对比,说明pH值变化的原因。

(3) Ca盐的水溶解性

用0.1 mol・L^{-1} $CaCl_2$ 溶液代替 $AgNO_3$ 溶液,按上述操作及要求再试验。然后各加入少量1 mol・L^{-1} NH_3・H_2O,有何变化?再各加入1 mol・L^{-1} HCl,又有何变化?

(4) PO_4^{3-} 的鉴定

在5滴0.1 mol・L^{-1} Na_3PO_4 溶液中,加入10滴浓 HNO_3,再加入20滴0.1 mol・L^{-1} 钼酸铵试剂,微热至40℃～50℃,观察黄色沉淀的产生。

5. 自行设计检验某固体是 $NaNO_3$ 还是 $NaNO_2$。

注释

[1] 在通风橱中操作。

[2] 如果溶液温度较高,可放在冰水中冷却。

[3] NO_2^- 浓度过大会生成黄色溶液或析出褐色沉淀。

思考题

1. 实验中怎样试验硝酸和硝酸盐的性质?
2. 怎样制备亚硝酸?亚硝酸是否稳定?怎样试验亚硝酸盐的氧化性和还原性?
3. 为什么一般不用稀硝酸作为酸性反应的介质?
4. 磷酸的各种钙盐的溶解性有什么不同?

实验十一 锡、铅、锑、铋

关键词 锡 铅 锑 铋 元素性质 离子鉴定

实验目的

1. 了解锡、铅、锑、铋的化合物的性质。

2. 了解锡、铅、锑、铋的鉴定。

实验原理

1. 锡和铅

锡、铅是周期系ⅣA族元素，它们的原子的价电子层构型为ns^2np^2。它们都能形成氧化数为+2及+4的化合物。

Sn(Ⅱ)和Pb(Ⅱ)的氢氧化物都呈两性，氢氧化物溶解于碱的反应是：

$$Sn(OH)_2+2OH^- = [Sn(OH)_4]^{2-},$$
$$Pb(OH)_2+2OH^- = [Pb(OH)_3]^-。$$

$SnCl_2$是一种常用的中等强度还原剂。酸性溶液中Sn^{2+}可被空气中的O_2氧化，配制$SnCl_2$溶液时，应加入锡粒以防止氧化。

Pb(Ⅳ)和Sn(Ⅳ)均具有氧化性，但氧化性为：Pb(Ⅳ)>Sn(Ⅳ)，氧化性是Pb(Ⅳ)的化合物的特性，所以PbO_2常用作氧化剂。例如，尽管MnO_4^-是一种强氧化剂，但PbO_2能将近似无色的Mn^{2+}氧化为紫色的MnO_4^-：

$$2Mn^{2+}+5PbO_2+4H^+ = 2MnO_4^-+5Pb^{2+}+2H_2O。$$

锡和铅都能生成有色硫化物：SnS为棕色，SnS_2为黄色，PbS为黑色。它们都不溶于水和稀酸；SnS_2能溶于$(NH_4)_2S$或Na_2S并生成硫代锡酸盐，SnS和PbS则不溶解。SnS与Na_2S_x作用，生成硫代锡酸盐。

铅能生成许多难溶的化合物。Pb^{2+}能生成难溶的黄色$PbCrO_4$沉淀。在分析上常利用这个反应来鉴定Pb^{2+}。

2. 锑和铋

锑和铋是周期系ⅤA族元素，它们的原子的价电子层构型为ns^2np^3。它们都能形成氧化数为+3及+5的化合物。Sb(Ⅲ)的氧化物和氢氧化物都呈两性，而Bi(Ⅲ)的氧化物和氢氧化物只呈现碱性。

Bi(Ⅲ)要在强碱性条件下，才能被强氧化剂(Na_2O_2，Cl_2等)氧化：

$$Bi_2O_3+2Na_2O_2 = 2NaBiO_3+Na_2O。$$

相反，Bi(Ⅴ)为强氧化剂，在酸性介质中能与Mn^{2+}等还原剂发生反应。

Sb(Ⅲ)，Bi(Ⅲ)的硫化物都是有颜色的，Sb_2S_3为橙色，Bi_2S_3为黑色。Sb、Bi硫化物的溶解度都很小，如Bi_2S_3的溶度积为10^{-53}。由于溶液中S^{2-}浓度极小，需要较大的$[H^+]$才可能溶解这些硫化物。

它们的硫化物和氧化物相似，碱性硫化物能与酸反应，酸性硫化物能与碱反应，但与氧化物相比，硫化物的酸碱性均较弱。由于Sb_2S_3显两性，故它既能溶于酸又能溶于碱，也能溶解于碱性金属硫化物 Na_2S、$(NH_4)_2S$ 中，其反应式如下：

$$Sb_2S_3 + 6NaOH = Na_3SbO_3 + Na_3SbS_3 + 3H_2O,$$
$$3Na_2S + SbS_3 = 2Na_3SbS_3。$$

生成的硫代酸盐，遇酸又会分解成相应的硫化物和硫化氢：

$$2Na_2SbS_3 + 6HCl = Sb_2S_3\downarrow + 3H_2S\uparrow + 6NaCl。$$

Bi_2S_3 不呈酸性，所以它不溶于碱及碱金属硫化物。

Sb^{3+} 遇锡片可以被还原为金属锑，使锡片表面呈现黑色，利用这个反应可以鉴定 Sb^{3+}：

$$2Sb^{3+} + 3Sn = 2Sb + 3Sn^{2+}。$$

Bi^{3+} 在碱性溶液中可被亚锡酸钠还原为黑色的金属铋。利用这个反应可以鉴定 Bi^{3+}：

$$2Bi(OH)_3 + 3SnO_2^{2-} = 2Bi\downarrow + 3SnO_3^{2-} + 3H_2O。$$

仪器与试剂

离心机。

PbO_2（固），锡片，HCl（2 mol・L^{-1}，6 mol・L^{-1}，浓），H_2SO_4（1 mol・L^{-1}），HNO_3（6 mol・L^{-1}），NaOH（2 mol・L^{-1}，6 mol・L^{-1}，浓），氨水（2 mol・L^{-1}，6 mol・L^{-1}），$SnCl_2$（0.1 mol・L^{-1}），$SnCl_4$（0.1 mol・L^{-1}），$Pb(NO_3)_2$（0.1 mol・L^{-1}），$SbCl_3$（0.1 mol・L^{-1}），$BiCl_3$（0.1 mol・L^{-1}），$HgCl_2$（0.1 mol・L^{-1}）。$MnSO_4$（0.1 mol・L^{-1}），KI（0.1 mol・L^{-1}），K_2CrO_4（0.1 mol・L^{-1}），Na_2S（0.5 mol・L^{-1}），Na_2S_x（0.1 mol・L^{-1}），$FeCl_3$（0.1 mol・L^{-1}），硫代乙酰胺（5%）。

实验内容

1. 锡和铅

(1) Sn(Ⅱ)和 Pb(Ⅱ)的氢氧化物的酸碱性

① 用 0.1 mol・L^{-1} $SnCl_2$ 溶液制备 $Sn(OH)_2$，将得到的白色沉淀[1]分装在 2 支试管中，分别加入 2 mol・L^{-1} NaOH 和 6 mol・L^{-1} HCl，振荡试管，观察沉淀是否溶解。说明 $Sn(OH)_2$ 的酸碱性。写出反应方程式。

② 由 0.1 mol・L^{-1} $Pb(NO_3)_2$ 溶液制备 $Pb(OH)_2$，用实验证明它的酸碱性。写出反应方程式。

(2) Sn(Ⅱ)的还原性和 Pb(Ⅳ)的氧化性

① $SnCl_2$ 的还原性

自行设计实验证明 $SnCl_2$ 的还原性。写出实验步骤、记录发生的现象和反应方程式。

可选试剂：0.1 mol・L^{-1} $HgCl_2$、0.1 mol・L^{-1} $SnCl_2$、0.1 mol・L^{-1} $FeCl_3$。

② PbO_2 的氧化性

自行设计实验证明 PbO_2 的氧化性。写出实验步骤、记录发生的现象和反应方程式。

可选试剂：PbO_2(s)，0.1 mol・L^{-1} $MnSO_4$，6 mol・L^{-1} HNO_3。

(3) 铅的难溶盐的制备

用 0.1 mol・L^{-1} $Pb(NO_3)_2$ 溶液分别与 2 mol・L^{-1} HCl、2 mol・L^{-1} H_2SO_4、0.1 mol・L^{-1} KI、0.1 mol・L^{-1} K_2CrO_4、0.5 mol・L^{-1} Na_2S 等溶液反应，观察沉淀的生成，并记录各

种沉淀的颜色。写出反应方程式，并说明鉴定 Pb^{2+} 的方法。

(4) 锡的硫化物

① 在试管中加入 10 滴 0.1 mol·L^{-1} $SnCl_2$ 溶液及 5～6 滴 0.5 mol·L^{-1} Na_2S 溶液，观察沉淀的颜色，静置片刻或离心沉降，吸净上层清液，沉淀经蒸馏水洗涤后分为 3 份，分别逐滴加入 2 mol·L^{-1} HCl、0.5 mol·L^{-1} Na_2S 溶液及 0.1 mol·L^{-1} Na_2S_x 溶液，观察沉淀是否溶解？写出反应方程式。

② 在试管中加入 10 滴 0.1 mol·L^{-1} $SnCl_4$ 溶液。用上述方法，试验 SnS_2 在稀 HCl，浓 HCl 及 Na_2S 溶液中的溶解情况。并试验生成的 Na_2SnS_3 在稀 HCl 溶液中的变化。比较 SnS 与 SnS_2 的性质。

2. 锑和铋

(1) Sb(Ⅲ)和 Bi(Ⅲ)的氢氧化物的酸碱性

用 0.1 mol·L^{-1} $SbCl_3$ 溶液和 0.1 mol·L^{-1} $BiCl_3$ 溶液分别制备 $Sb(OH)_3$ 和 $Bi(OH)_3$，观察沉淀的颜色，并试验其酸碱性。写出有关反应方程式。

(2) Sb(Ⅲ)和 Bi(Ⅲ)的硫化物

① 在试管中加入 5 滴 0.1 mol·L^{-1} $SbCl_3$ 溶液，再加入约 10 滴 5%硫代乙酰胺溶液，水浴加热，观察沉淀的颜色，静置片刻或离心沉降，吸去上层清液，用少量蒸馏水冲洗沉淀，离心分离，将沉淀分成 2 份，分别逐滴加入 2 mol·L^{-1} HCl 和 0.5 mol·L^{-1} Na_2S 溶液，振荡，观察沉淀是否溶解？在加入 Na_2S 溶液的试管中，再逐滴加入 2 mol·L^{-1} HCl，观察是否又有沉淀产生？解释观察到的现象，写出反应方程式。

② 在试管中加入 5 滴 0.1 mol·L^{-1} $BiCl_3$ 溶液，用上面相同的方法，试验 Bi_2S_3 在 2 mol·L^{-1} HCl 和 0.5 mol·L^{-1} Na_2S 溶液中的溶解情况。并和 Sb_2S_3 比较有什么区别？

(3) Sb^{3+}、Bi^{3+}、Sn^{2+} 的鉴定

① 在一小片光亮的锡片或锡箔上滴加 1 滴 0.1 mol·L^{-1} $SbCl_3$ 溶液，观察现象，证明有 Sb^{3+} 存在。

② 在亚锡酸钠溶液(自制)[2]中，加入 1 滴 0.1 mol·L^{-1} $BiCl_3$ 溶液，观察现象，证明有 Bi^{3+} 存在。

③ 鉴定 Sn^{2+}，通常利用 Sn(Ⅱ)的还原性，学生可自己设计实验以检验 Sn^{2+} 的存在。

注释

[1] 可让沉淀自然沉降或离心分离沉淀。吸净清液后，加少量蒸馏水，使沉淀悬浮，将悬浊液 2 等分。

[2] 锡盐呈两性。$SnCl_2$ 溶于过量 NaOH 溶液，即为亚锡酸钠溶液。

思考题

1. 在证明 $Pb(OH)_2$ 具有碱性时，应该用什么酸？
2. 在证明 PbO_2 的氧化性实验时，$MnSO_4$ 的量是否可多加？为什么？请用实验证明。
3. 请设计实验分离混合溶液中的 Sn^{2+} 与 Pb^{2+} 以及混合溶液中的 Sb^{3+} 与 Bi^{3+}。

实验十二　铁、钴、镍

关键词　铁　钴　镍　元素性质　离子鉴定

实验目的

1. 了解铁、钴、镍不同氧化数的氢氧化物的制备和性质。
2. 了解铁(Ⅱ)的还原性和铁(Ⅲ)盐的氧化性。
3. 了解铁(Ⅱ)、铁(Ⅲ)、钴(Ⅱ)和镍(Ⅱ)的鉴定方法。
4. 了解铁、钴、镍硫化物的生成和性质。
5. 了解铁、钴、镍的配合物的生成。

实验原理

铁、钴、镍是周期表第Ⅷ族中第一个三元素组，它们的原子最外层电子数都是 2 个，次外层 d 电子尚未充满，因此显示可变的氧化数；其性质彼此较为相似。

1. 铁、钴、镍的氢氧化物

实验表 12 - 1　铁、钴、镍的氢氧化物的性质

	$Fe(OH)_2$	$Co(OH)_2$	$Ni(OH)_2$	$Fe(OH)_3$	$Co(OH)_3$	$Ni(OH)_3$
颜色	白色	粉红色	浅绿色	棕红色	棕色	褐色
在水中溶解情况	难溶	难溶	难溶	难溶	难溶	难溶
在碱性溶液中的还原性	←					
在酸性溶液中的氧化性				→		

$$Fe(OH)_3 + e^- \rightleftharpoons Fe(OH)_2 + OH^-, E^\ominus_B(Fe(OH)_3/Fe(OH)_2) = -0.56\ V;$$
$$Co(OH)_3 + e^- \rightleftharpoons Co(OH)_2 + OH^-, E^\ominus_B(Co(OH)_3/Co(OH)_2) = 0.20\ V;$$
$$Ni(OH)_3 + e^- \rightleftharpoons Ni(OH)_2 + OH^-, E^\ominus_B(Ni(OH)_3/Ni(OH)_2) = 0.49\ V。$$

在铁、钴、镍二价盐的水溶液中加碱，就可得到体积蓬松的氢氧化物：$Fe(OH)_2$、$Co(OH)_2$、$Ni(OH)_2$(实验表 12 - 1)。但是 $Fe(OH)_2$ 从溶液中析出时，往往迅速变色。因为 $Fe(OH)_2$ 强烈地吸收空气中的 O_2，使其成为 $Fe(OH)_2$ 和 $Fe(OH)_3$ 的混合物，颜色变成土绿色到暗红色，最终全部被氧化为棕色，反应式如下：

$$4Fe(OH)_2 + O_2 + 2H_2O = 4Fe(OH)_3\downarrow。$$

$Co(OH)_2$ 则比较慢地被空气氧化为 $Co(OH)_3$，而 $Ni(OH)_2$ 和 O_2 不起作用。

在 Fe(Ⅲ)的盐中加入强碱，得到棕红色胶状的 $Fe(OH)_3$ 沉淀。$Co(OH)_3$ 和 $Ni(OH)_3$ 只能由二价氢氧化物与强氧化剂作用来制备(如用氯、溴作氧化剂)。例如：

$$2Co(OH)_2 + Cl_2 + 2OH^- = 2Co(OH)_3\downarrow + 2Cl^-,$$
$$2Ni(OH)_2 + Br_2 + 2OH^- = 2Ni(OH)_3\downarrow + 2Br^-。$$

$Fe(OH)_3$、$Co(OH)_3$ 和 $Ni(OH)_3$ 与酸的作用，表现不同的性质。例如 $Fe(OH)_3$ 与盐

酸作用仅发生中和反应：

$$Fe(OH)_3+3HCl \xlongequal{} FeCl_3+3H_2O。$$

$Co(OH)_3$ 和 $Ni(OH)_3$ 与盐酸作用时，不能生成相应的+3 氧化数的盐，因为它们的盐极不稳定，而能把 Cl^- 氧化为氯气：

$$2Co(OH)_3+6HCl \xlongequal{} 2CoCl_2+Cl_2\uparrow+6H_2O。$$

2. 铁、钴、镍的盐类

氧化数为+2 的铁、钴、镍的盐和硫化物都是难溶于水的。其硫化物均为黑色，它们易溶于稀酸，但 CoS 和 NiS 一旦自溶液中析出，放置一段时间后，结构会发生改变，便难溶于稀酸。

Fe(Ⅲ)、Co(Ⅲ)、Ni(Ⅲ)的盐以铁盐居多，而 Co(Ⅲ)和 Ni(Ⅲ)的盐都不稳定。这是由它们的氧化性造成的：

$$Fe^{3+}+e^- \rightleftharpoons Fe^{2+}, E_A^\ominus(Fe^{3+}/Fe^{2+})=0.771\ V;$$
$$Co^{3+}+e^- \rightleftharpoons Co^{2+}, E_A^\ominus(Co^{3+}/Co^{2+})=1.84\ V;$$
$$NiO_2+2e+4H^+ \rightleftharpoons Ni^{2+}+2H_2O, E_A^\ominus(NiO_2/Ni^{2+})=1.68\ V。$$

+3 价化合物的氧化性按照 Fe(Ⅲ)⟶Co(Ⅲ)⟶Ni(Ⅲ)的顺序增强。铁、钴、镍的强酸盐溶液都会发生显著的水解，水解后溶液呈酸性。

铁(Ⅱ)、铁(Ⅲ)盐在水溶液中，在一定条件下可以发生 2 种氧化态的相互转化。一般来说，Fe^{2+} 在酸性溶液中稳定，H^+ 浓度越大，它的氧化反应就越不容易进行。因此长期保存 $FeSO_4$ 溶液时，应加入足够浓度的硫酸，必要时加入几颗铁钉来防止氧化。

在强氧化剂如 Cl_2、Br_2、$KMnO_4$ 等存在下，Fe^{2+} 会被氧化成 Fe^{3+}，因此亚铁盐在分析化学中是常用的还原剂：

$$5Fe^{2+}+8H^++MnO_4^- \xlongequal{} 5Fe^{3+}+Mn^{2+}+4H_2O。$$

在酸性溶液中，Fe^{3+} 是一个中强氧化剂，它可以将 HI 氧化成单质碘；将 H_2S 氧化成单质硫；将 H_2SO_3 氧化成 H_2SO_4；将 Sn^{2+} 氧化成 Sn^{4+}，而本身被还原成 Fe^{2+}，例如：

$$2FeCl_3+SnCl_2 \xlongequal{} 2FeCl_2+SnCl_4。$$

3. 铁、钴、镍的配合物

(1) 氨的配合物

将过量的氨水加入到 Co^{2+} 和 Ni^{2+} 的水溶液中，可生成可溶性的氨合配离子 $[Co(NH_3)_6]^{2+}$、$[Ni(NH_3)_4]^{2+}$ 和 $[Ni(NH_3)_6]^{2+}$。由于 $[Co(NH_3)_6]^{3+}+e^- \rightleftharpoons [Co(NH_3)_6]^{2+}$ 的 $E^\ominus([Co(NH_3)_6]^{3+}/[Co(NH_3)_6]^{2+})=0.1\ V$，所以空气中的 O_2 就能把 $[Co(NH_3)_6]^{2+}$ 离子氧化成 $[Co(NH_3)_6]^{3+}$ 离子。

(2) 氰的配合物

CN^- 与 Fe^{2+}、Co^{2+}、Fe^{3+}、Co^{3+} 都能形成配位数为 6 的配合物。

向 Fe^{3+} 溶液中加入亚铁氰化钾 $K_4[Fe(CN)_6]$(黄血盐)溶液，出现深蓝色沉淀，为普鲁士蓝沉淀；向 Fe^{2+} 溶液中加入铁氰化钾 $K_3[Fe(CN)_6]$(赤血盐)溶液，出现深蓝色沉淀，为腾氏蓝沉淀。反应方程式如下：

$$Fe^{3+} + [Fe(CN)_6]^{4-} + K^+ = K[FeFe(CN)_6] \downarrow ,$$

$$Fe^{2+} + [Fe(CN)_6]^{3-} + K^+ = K[FeFe(CN)_6] \downarrow 。$$

(3) 硫氰配合物

向 Fe^{3+} 溶液中加入硫氰化钾 KSCN，溶液即出现血红色：

$$Fe^{3+} + nSCN^- = [Fe(SCN)_n]^{3-n} \qquad (n=1 \sim 6),$$

这是鉴定 Fe^{3+} 的灵敏反应之一。Fe^{2+}、Co^{2+}、Ni^{2+} 与 SCN^- 形成的配合物有配位数 4 和 6 两种，它们在水溶液中都不稳定，但蓝色配合物 $[Co(SCN)_4]^{2-}$ 能稳定地存在于丙酮溶液中。

(4) Ni^{2+} 在弱碱性条件下与丁二肟（二乙酰二肟）生成红色螯合物沉淀，反应式如下：

$$Ni^{2+} + 2\ (CH_3)_2C_2(=NOH)_2 \longrightarrow Ni[(CH_3)_2C_2(=NO)_2H]_2 + 2H^+ 。$$

仪器与试剂

离心机。

$FeSO_4 \cdot 7H_2O$(固)，KSCN(6 mol·L^{-1})，NH_4F(固)，HCl(浓，2 mol·L^{-1})，H_2SO_4(2 mol·L^{-1})，HAc(2 mol·L^{-1})，NaOH(2 mol·L^{-1})，氨水(2 mol·L^{-1}，6 mol·L^{-1})，$K_4[Fe(CN)_6]$(0.1 mol·L^{-1})，$K_3[Fe(CN)_6]$(0.1 mol·L^{-1})，$CoCl_2$(0.1 mol·L^{-1}，0.5 mol·L^{-1})，$NiSO_4$(0.1 mol·L^{-1}，0.5 mol·L^{-1})，$FeCl_3$(0.1 mol·L^{-1})，KI(0.1 mol·L^{-1})，NH_4Cl(1 mol·L^{-1})，NH_4SCN(0.1 mol·L^{-1})，$KMnO_4$(0.01 mol·L^{-1})，溴水，淀粉溶液，二乙酰二肟(1%酒精溶液)，丙酮，硫代乙酰胺溶液(5%)，pH 试纸。

实验内容

1. 铁、钴、镍的氢氧化物制备和性质

(1) Fe(Ⅱ)、Co(Ⅱ)、Ni(Ⅱ)的氢氧化物的制备和性质

① $Fe(OH)_2$ 的制备和性质

于试管中加入 1 mL 蒸馏水和 2 滴 2 mol·L^{-1} H_2SO_4，煮沸以驱尽溶液中的氧气，冷却后加入少量 $FeSO_4 \cdot 7H_2O$ 固体，振荡溶解；与此同时，另取一支试管，加入 1 mL 6 mol·L^{-1} NaOH 溶液，也煮沸驱尽氧气，冷却后用滴管吸取 0.5 mL NaOH 溶液，将此滴管插入第一支试管底部，慢慢滴入 NaOH 溶液，观察 $Fe(OH)_2$ 的颜色及溶解性情况，并迅速试验其酸碱性。

按上法制取少量 $Fe(OH)_2$ 沉淀，摇动，静置片刻，观察沉淀颜色的变化，并写出反应方程式。

② 取少量 0.1 mol·L^{-1} $CoCl_2$ 溶液，煮沸，滴加 2 mol·L^{-1} NaOH 溶液观察现象，将试管微热，观察沉淀颜色的变化。

将沉淀分成3份，用2份试验 $Co(OH)_2$ 的酸碱性；另一份静置片刻，观察沉淀颜色的变化，写出反应方程式。

③ 取少量 0.1 $mol \cdot L^{-1}$ $NiSO_4$ 溶液滴加 2 $mol \cdot L^{-1}$ NaOH 溶液，观察现象，试验 $Ni(OH)_2$ 的酸碱性，并观察 $Ni(OH)_2$ 在空气中放置时颜色是否发生变化。

根据以上实验结果，给出 Fe(Ⅱ)、Co(Ⅱ)、Ni(Ⅱ)的氢氧化物的还原性和酸碱性的结论。

(2) Fe(Ⅲ)、Co(Ⅲ)、Ni(Ⅲ)的氢氧化物的制备和性质

① $Fe(OH)_3$ 的制备

用 0.1 $mol \cdot L^{-1}$ $FeCl_3$ 溶液制备 $Fe(OH)_3$，观察沉淀的颜色和形状，写出反应方程式。

② $Co(OH)_3$ 的制备和性质

在 0.1 $mol \cdot L^{-1}$ $CoCl_2$ 溶液中加入几滴溴水，然后加入数滴 2 $mol \cdot L^{-1}$ NaOH 溶液，观察沉淀的颜色。将溶液加热至沸腾，静置。吸去上面的清液，在沉淀上滴加几滴浓 HCl，加热，用湿润的淀粉-KI 试纸检验逸出的气体，观察现象并解释之，写出反应方程式。

③ $Ni(OH)_3$ 的制备和性质

用上面制备 $Co(OH)_3$ 相同的方法，用 $NiSO_4$ 溶液制备 $Ni(OH)_3$。检验 $Ni(OH)_3$ 和浓 HCl 作用时是否产生 Cl_2。写出反应方程式。

根据以上实验结果，试对 Fe(Ⅲ)、Co(Ⅲ)、Ni(Ⅲ)的氢氧化物的氧化性作出结论。

2. 铁盐的性质

(1) Fe(Ⅱ)盐的水解

取几粒 $FeSO_4 \cdot 7H_2O$ 晶体，加水溶解，用 pH 试纸测定溶液的 pH 值，写出水解反应方程式(保留溶液供下面的实验用)。

(2) Fe(Ⅱ)盐的还原性

将以上2(1)保留的 $FeSO_4$ 溶液用 2 $mol \cdot L^{-1}$ H_2SO_4 酸化，然后加入少量 0.01 $mol \cdot L^{-1}$ $KMnO_4$ 溶液。观察现象并解释之。写出反应方程式。

(3) Fe(Ⅲ)盐的氧化性

利用下列试剂，用实验证实+3价铁盐的氧化性。写出实验步骤、试剂用量、实验现象及反应式。

可选试剂：0.1 $mol \cdot L^{-1}$ $FeCl_3$，0.1 $mol \cdot L^{-1}$ KI，淀粉溶液，0.1 $mol \cdot L^{-1}$ $K_3[Fe(CN)_6]$。

3. 铁、钴、镍的硫化物

在3支试管中，分别加入 $FeSO_4$ 溶液(由本实验内容2(1)制得)、0.1 $mol \cdot L^{-1}$ $CoCl_2$ 溶液和 0.1 $mol \cdot L^{-1}$ $NiSO_4$ 溶液，并各加入数滴 2 $mol \cdot L^{-1}$ HCl 酸化，再加入10滴硫代乙酰胺溶液，微热，有无沉淀产生？然后再向这3支试管中加入数滴 2 $mol \cdot L^{-1}$ 氨水有无沉淀？在各沉淀中加入稀盐酸，沉淀是否都溶解？写出反应方程式，并加以解释。

4. 铁、钴、镍的配合物

(1) 铁的配合物

① 取少量 $FeSO_4$ 溶液，加入2滴 0.1 $mol \cdot L^{-1}$ $K_3[Fe(CN)_6]$溶液，观察现象，写出反应方程式[1]。

② 取少量 0.1 $mol \cdot L^{-1}$ $FeCl_3$ 溶液，加入1滴 0.1 $mol \cdot L^{-1}$ $K_4[Fe(CN)_6]$溶液，观察现象，写出反应方程式[2]。

③ 取少量 $FeCl_3$ 溶液，加入1滴 0.1 $mol \cdot L^{-1}$ NH_4SCN 溶液，观察现象。然后加入少

量 NH_4F 固体,观察溶液颜色的变化,写出反应方程式。

(2) 钴的配合物

① 在 0.5 mol・L^{-1} $CoCl_2$ 溶液中,加入数滴 1 mol・L^{-1} NH_4Cl 溶液和过量的 6 mol・L^{-1} 氨水,观察 $[Co(NH_3)_6]Cl_2$ 溶液的颜色。静置片刻,观察颜色的改变。加以解释,并写出反应方程式。

② 在试管中加入 5 滴 0.1 mol・L^{-1} $CoCl_2$ 溶液,加入少量 KSCN 固体,再加数滴丙酮,由于生成的配离子 $[Co(SCN)_4]^{2-}$ 溶于丙酮而呈现蓝色[3]。

(3) 镍的配合物

① 在 0.5 mol・L^{-1} $NiSO_4$ 溶液中加入数滴 2 mol・L^{-1} 氨水,微热,观察绿色碱式盐沉淀的生成。然后再加入数滴 2 mol・L^{-1} 氨水和数滴 1 mol・L^{-1} NH_4Cl 溶液,观察碱式盐沉淀溶解后溶液的颜色,并写出反应方程式。

② 在 5 滴 0.1 mol・L^{-1} $NiSO_4$ 溶液中,加入 5 滴 2 mol・L^{-1} 氨水,再加入 1 滴 1%二乙酰二肟溶液,由于 Ni^{2+} 离子与二乙酰二肟生成稳定的螯合物而产生红色沉淀[4]。

注释

[1] 该反应可以用来鉴定 Fe^{2+}。

[2] 该反应可以用来鉴定 Fe^{3+}。

[3] 该反应可以用来鉴定 Co^{2+}。

[4] 该反应可以用来鉴定 Ni^{2+}。

思考题

1. 为什么制取 $Fe(OH)_2$ 所用的蒸馏水和 NaOH 溶液,都要煮沸以驱尽空气?

2. 制取 $Co(OH)_2$ 时,为什么须在加 NaOH 溶液前就加热?能否先加 NaOH 再加热?为什么?

3. 铁、钴、镍是否都能生成氧化数为+2 和+3 的配合物?

实验十三　铜、锌、银、镉、汞

关键词　铜　银　锌　镉　汞　元素性质　离子鉴定

实验目的

1. 了解铜、锌、银、镉和汞的(氢)氧化物的性质。
2. 了解铜、锌、银、镉和汞的配位化合物的形成和性质。
3. 了解铜、锌、银、镉和汞的分离和鉴定。

实验原理

铜、银属于ⅠB族元素，锌、镉和汞属于ⅡB族元素。

因铜的化合物与锌的化合物性质相似，锌、镉和汞的化合物的性质相近，故按性质相近的元素进行分组讨论：

1. 铜、锌

(1) 氧化物和氢氧化物

CuO(黑色)、Cu_2O(红色)和 ZnO(白色)都难溶于水，而易溶于酸，生成相应的铜盐和锌盐。

$Cu(OH)_2$、$Zn(OH)_2$都是两性氢氧化物，其中 $Zn(OH)_2$的两性更突出，它们都溶于强碱溶液中，反应生成配合物：

$$Cu(OH)_2+2OH^- = [Cu(OH)_4]^{2-} \quad (深蓝色),$$
$$Zn(OH)_2+2OH^- = [Zn(OH)_4]^{2-} \quad (无\quad色)。$$

它们受热后都能脱水，分别生成 CuO 和 ZnO(其中，$Cu(OH)_2$ 在 80℃～90℃便有黑色沉淀物生成)。

(2) Cu^{2+} 和 Cu^+ 的转化

铜的元素电位图是：

$$E_A^\ominus/V \quad Cu^{2+} \xrightarrow{0.167} Cu^+ \xrightarrow{0.522} Cu$$

可见，Cu^+ 在溶液中极不稳定，容易按下式发生歧化反应：

$$2Cu^+ = Cu^{2+}+Cu, K^\ominus=1.04\times10^6。$$

从平衡常数可见，溶液中绝大部分 Cu^+ 都转化为 Cu^{2+}。

在水溶液中，欲使 Cu^{2+} 转化为 Cu^+，即使反应向着反歧化方向进行，可采取：①在还原剂存在下；②使 Cu^+ 形成沉淀或配合物，以降低溶液中 Cu^+ 浓度。例如：将 Cu^{2+} 盐溶液与铜屑混合，在高浓度的 Cl^- 存在下，加热可得到无色配离子$[CuCl_2]^-$溶液，将这种溶液稀释，可生成白色 CuCl 沉淀：

$$Cu^{2+}+Cu+4Cl^- \xlongequal{\triangle} 2[CuCl_2]^-,$$
$$[CuCl_2]^- \xlongequal{加水稀释} CuCl\downarrow+Cl^-。$$

又如，在含有 Cu^{2+} 的溶液中加入 KI 时，Cu^{2+} 被 I^- 还原得到白色的碘化亚铜 CuI 沉淀：

$$2Cu^{2+} + 4I^- = 2CuI\downarrow + I_2。$$

该反应在分析上用来测定 Cu^{2+} 的含量。

2. 银、镉和汞

(1) 氧化物和氢氧化物

Ag_2O、HgO、Hg_2O(不稳定立即分解为 HgO 和 Hg，故为黑色)和 CdO 都难溶于水和碱，而可溶于硝酸(HgO 和 CdO 也可溶于盐酸)。

AgOH、$Hg(OH)_2$、$Hg_2(OH)_2$、$Cd(OH)_2$ 可分别用强碱作用于它们的可溶性盐溶液而生成，它们都是碱性占优势的氢氧化物。AgOH、$Hg_2(OH)_2$、$Hg(OH)_2$ 很不稳定，从溶液中析出后，立即分解为相应的氧化物：

$$2Ag^+ + 2OH^- = 2AgOH = Ag_2O\downarrow + H_2O,$$
$$Hg^{2+} + 2OH^- = Hg(OH)_2 = HgO\downarrow + H_2O,$$
$$2Hg_2^{2+} + 4OH^- = 2Hg_2(OH)_2 = Hg_2O\downarrow + H_2O + 2Hg。$$

$Cd(OH)_2$ 是较稳定的化合物。

(2) Hg^{2+} 与 Hg^+ 的转化

汞的元素电位图是：

$$E_A^\ominus/V \qquad Hg^{2+} \xrightarrow{0.92} Hg_2^{2+} \xrightarrow{0.79} Hg。$$

从电位图可见，在可溶性的 Hg^{2+} 盐溶液中，加入适量金属汞，在溶液中即有 Hg_2^{2+} 生成，其平衡为：

$$Hg^{2+} + Hg \rightleftharpoons Hg_2^{2+}, \quad K^\ominus = 166。$$

由于 Hg^{2+} 的反歧化反应的平衡常数不太大($K^\ominus = 166$)，故采取适当措施，亦可使平衡向 Hg_2^{2+} 歧化反应方向移动，实现向 Hg^{2+} 的转化，如生成的高汞 Hg(Ⅱ)沉淀更难溶，或者形成的高汞配合物更为稳定，则 Hg_2^{2+} 的歧化反应显著进行。例如，用氨水处理甘汞(Hg_2Cl_2)，此 Hg_2^{2+} 迅速歧化为溶度积很小的 $HgNH_2Cl$(氨基氯化汞)白色沉淀和金属汞黑色沉淀(详见本实验配合物部分)。由于 $HgNH_2Cl$ 溶度积很小，使溶液中的 Hg^{2+} 浓度大大降低，从而使 Hg_2^{2+} 歧化平衡向左移动。因为有 Hg 析出，故显黑色，这一反应可以用来鉴定 Hg_2^{2+}。

同样，黄绿色的 Hg_2I_2 在过量的 KI 溶液中也可发生歧化反应，生成$[HgI_4]^{2-}$和 Hg。

Hg^{2+} 盐还可被还原剂(如 $SnCl_2$)还原而制得 Hg_2^{2+} 盐。

例如，$HgCl_2$ 与 $SnCl_2$ 反应生成白色沉淀，在过量的 $SnCl_2$ 存在下，可进一步还原为：

$$2HgCl_2 + SnCl_2 = SnCl_4 + Hg_2Cl_2\downarrow,$$
$$Hg_2Cl_2 + SnCl_2 = SnCl_4 + 2Hg\downarrow。$$

(3) 银、镉和汞的配合物

Ag^+ 能与 Cl^-、Br^-、I^- 等形成配位数为 2 或 4 的配合物，Hg^{2+} 也能与它们形成 $[HgX_4]^{2-}$ 型的稳定配合物。

难溶于水的卤化银，可通过形成配合物而使之溶解。难溶于水的汞盐也有这种相似的性质。例如：

$$AgBr + 2S_2O_3^{2-} = [Ag(S_2O_3)_2]^{3-} + Br^-,$$
$$HgI_2 + 2I^- = [HgI_4]^{2-},$$
$$Hg_2I_2 + 2I^- = [HgI_4]^{2-} + Hg。$$

Ag^+ 和 Cd^{2+} 可与过量的氨水作用，分别生成$[Ag(NH_3)_2]^+$和 $[Cd(NH_3)_4]^{2+}$，但 Hg^{2+} 和 Hg_2^{2+} 与过量氨水作用时，在无大量 NH_4^+ 存在的条件下，只能形成上面所述的氨基氯化汞，而并不生成氨合配离子。其反应式如下：

$$HgCl_2 + 2NH_3 = \underset{(白色)}{HgNH_2Cl}\downarrow + NH_4Cl,$$
$$Hg_2Cl_2 + 2NH_3 = \underset{(白色)}{HgNH_2Cl} + \underset{(黑色)}{Hg}\downarrow + NH_4Cl,$$
$$2Hg(NO_3)_2 + 4NH_3 + H_2O = HgO \cdot HgNH_2NO_3\downarrow + 2NH_4NO_3,$$
$$2Hg_2(NO_3)_2 + 4NH_3 + H_2O = HgO \cdot HgNH_2NO_3\downarrow + 2Hg\downarrow + 3NH_4NO_3。$$

银氨配合物可被甲醛或葡萄糖等还原性物质还原为金属银：

$$2[Ag(NH_3)_2]^+ + C_6H_{12}O_6 + 2OH^- = 2Ag\downarrow + 4NH_3 + H_2O + C_6H_{12}O_7。$$

这是玻璃上镀银的化学原理。

3. 铜族和锌族元素的离子鉴定

(1) Cu^{2+} 的鉴定

Cu^{2+} 与黄血盐 $K_4[Fe(CN)_6]$生成红褐色 $Cu_2K_4[Fe(CN)_6]$沉淀，表示 Cu^{2+} 存在。但在 Fe^{3+} 存在时，Fe^{3+} 能与 $K_4[Fe(CN)_6$ 作用，生成蓝色沉淀，干扰 Cu^{2+} 的鉴定。因此，必须预先除去 Fe^{3+}。一般先加入氨水和 NH_4Cl 溶液，使 Fe^{3+} 生成 $Fe(OH)_3$ 沉淀，而 Cu^{2+} 则与氨水生成可溶性的配合物留在溶液中。

(2) Zn^{2+} 的鉴定

Zn^{2+} 可与无色的二苯硫腙生成粉红色螯合物沉淀：

$$Zn^{2+} + \begin{matrix} & S & & & \\ & \| & & H & \\ N= & C & -NH- & N- & C_6H_5 \\ \| & & & & \\ N-C_6H_5 & & & & \end{matrix} \longrightarrow \underset{(粉红色)}{\begin{matrix} & S & \rightarrow & Zn \\ & \| & & \uparrow \\ N= & C & -NH- & N-C_6H_5 \\ \| & & & \\ N-C_6H_5 & & & \end{matrix}} + H^+。$$

(3) Ag^+ 的鉴定

Ag^+ 与 Cl^- 可生成 AgCl 白色沉淀，此沉淀易溶于氨水生成$[Ag(NH_3)_2]^+$，利用此反应可与其他阳离子氯化物沉淀分离。在所得到的溶液中加入 KI 溶液，则生成 AgI 黄色沉淀。

(4) Cd^{2+} 的鉴定

Cd^{2+} 与 S^{2-} 可生成 CdS 黄色的沉淀，这是最简单而又灵敏的 Cd^{2+} 鉴定反应。

(5) Hg^{2+} 的鉴定

Hg^{2+} 可被 $SnCl_2$ 逐步还原，最后还原为金属汞。沉淀由白色(Hg_2Cl_2)变为灰色或灰黑色(Hg)。

仪器与试剂

离心机。

HNO_3(6 mol·L^{-1}),HCl(浓,2 mol·L^{-1},6 mol·L^{-1}),H_2SO_4(2 mol·L^{-1}),NaOH(2 mol·L^{-1},6 mol·L^{-1}),$CuSO_4$(0.1 mol·L^{-1}),$ZnSO_4$(0.1 mol·L^{-1}),$K_4[Fe(CN)_6]$(0.1 mol·L^{-1}),$CuCl_2$(1 mol·L^{-1}),$AgNO_3$(0.1 mol·L^{-1}),$Cd(NO_3)_2$(0.1 mol·L^{-1}),$Hg(NO_3)_2$(0.1 mol·L^{-1}),$Hg_2(NO_3)_2$(0.1 mol·L^{-1}),$CdSO_4$(0.1 mol·L^{-1}),$HgCl_2$(0.1 mol·L^{-1}),KCl(0.1 mol·L^{-1}),KBr(0.1 mol·L^{-1}),$SnCl_2$(0.1 mol·L^{-1}),$Na_2S_2O_3$(0.1 mol·L^{-1},0.5 mol·L^{-1}),Na_2S(0.1 mol·L^{-1}),氨水(6 mol·L^{-1}),KI(0.1 mol·L^{-1},饱和),KCNS(饱和),NaCl(s),铜屑,二苯硫腙溶液,淀粉溶液。

实验内容

1. 铜、锌、银、镉和汞(氢)氧化物的生成和性质

(1) 在少量0.1 mol·L^{-1} $CuSO_4$ 溶液中加入2 mol·L^{-1} NaOH溶液,观察生成沉淀的颜色。将沉淀分装于3支试管中,在其中2支分别加入2 mol·L^{-1} HCl和过量的6 mol·L^{-1} NaOH溶液,将另一支试管加热,观察各试管中产生的现象。写出反应方程式。

(2) 取少量0.1 mol·L^{-1} $AgNO_3$ 溶液,加入2 mol·L^{-1} NaOH溶液,观察生成沉淀的颜色,写出反应方程式。

(3) 自行设计制备 $Cd(OH)_2$ 检测其酸碱性,写出反应方程式。

(4) 自行设计制备 $Zn(OH)_2$ 检测其酸碱性,写出反应方程式。

(5) 取少量0.1 mol·L^{-1} $Hg(NO_3)_2$ 溶液,加入2 mol·L^{-1} NaOH溶液,观察生成沉淀的颜色。

说明各(氢)氧化物的稳定性。

2. 铜、锌、银、镉和汞配位化合物的形成和性质

(1) 银的配位化合物

在试管中滴加5滴0.1 mol·L^{-1} $AgNO_3$ 溶液,再滴加3滴0.1 mol·L^{-1} KCl溶液,观察有何现象?然后滴加6 mol·L^{-1}氨水直至沉淀消失。再在此溶液中滴加5滴0.1 mol·L^{-1} KBr溶液,观察有何现象?最后滴加0.5 mol·L^{-1} $Na_2S_2O_3$ 溶液,直至沉淀消失。根据以上现象,写出相应的反应方程式。并通过实验比较 $[Ag(NH_3)_2]^+$ 和 $[Ag(S_2O_3)_2]^{3-}$ 稳定性大小。

(2) 铜、锌、镉和汞的配位化合物

① 分别取10滴浓度均为0.1 mol·L^{-1}的 $CuSO_4$、$ZnSO_4$、$CdSO_4$、$Hg(NO_3)_2$ 及 $Hg_2(NO_3)_2$ 溶液,各分别滴加6 mol·L^{-1}氨水,记录产生沉淀的颜色并试验沉淀是否溶于过量的氨水;若沉淀溶解,再加入2滴2 mol·L^{-1} NaOH,观察是否有沉淀产生。

② 分别取5滴浓度均为0.1 mol·L^{-1}的 $CuSO_4$、$ZnSO_4$、$CdSO_4$、$Hg(NO_3)_2$ 及 $Hg_2(NO_3)_2$ 溶液,分别加入10滴0.1 mol·L^{-1} KI溶液。若有沉淀,离心分离后取出清液,检验是否有 I_2 产生;于沉淀上再加入饱和的KI,又有何现象?

3. 氯化亚铜的生成

在试管中加入6 mol·L^{-1} HCl与1 mol·L^{-1} $CuCl_2$ 溶液各3 mL,再加入1 g固体NaCl,混合均匀后,溶液呈黄绿色。再加入0.5 g Cu粉,摇动试管,直至溶液颜色消失,停止摇动。用滴管吸取少量这种溶液,滴入盛有半杯水的小烧杯中[1],观察现象。解释现象并写

出反应方程式。

4. 铜、锌、银、镉和汞的鉴定

(1) Cu^{2+}的鉴定

取2滴0.1 mol·L^{-1} Cu^{2+}溶液,加入2滴$K_4[Fe(CN)_6]$溶液,出现红棕色沉淀,表示有Cu^{2+}存在。

(2) Zn^{2+}的鉴定

在2滴0.1 mol·L^{-1} $ZnSO_4$溶液中,加入5滴6 mol·L^{-1} NaOH溶液,再加入10滴二苯硫腙,搅拌,出现粉红色沉淀,表示有Zn^{2+}存在。

(3) Ag^+的鉴定

在试管中加入5滴0.1 mol·L^{-1} $AgNO_3$溶液,滴加2 mol·L^{-1} HCl至沉淀完全,离心沉降,弃去清液,沉淀用蒸馏水洗涤一次,弃去清液。然后在沉淀中加入过量6 mol·L^{-1}氨水,待沉淀溶解后,加入2滴0.1 mol·L^{-1} KI溶液,有淡黄色AgI沉淀生成,表示有Ag^+存在,写出反应方程式。

(4) Cd^{2+}的鉴定

在10滴0.1 mol·L^{-1} $Cd(NO_3)_2$溶液中加入数滴0.1 mol·L^{-1} Na_2S溶液,若有黄色CdS沉淀生成,表示溶液中有Cd^{2+}存在。

(5) Hg^{2+}的鉴定

在2滴0.1 mol·L^{-1} $HgCl_2$溶液中,滴加0.1 mol·L^{-1} $SnCl_2$溶液,片刻后若有白色Hg_2Cl_2沉淀产生,继而转变为灰黑色的Hg沉淀,表示有Hg^{2+}存在。写出反应方程式。

注释

[1] 破坏$[CuCl_2]^-$,使CuCl沉淀生成。

思考题

1. 将KI加至$CuSO_4$溶液中是否会得到CuI_2沉淀?
2. 黄铜是铜和锌的合金,怎样用实验鉴定?
3. 在银盐、镉盐和汞盐的溶液中,加入NaOH溶液,是否都能得到相应的氢氧化物?
4. 将过量的KI溶液分别加入到Hg(Ⅱ)盐和Hg(Ⅰ)盐溶液中,将得到什么物质?

实验十四　铬　和　锰

关键词　铬　锰　元素性质　离子鉴定

实验目的

1. 了解铬和锰的各种重要氧化数的化合物的生成和性质。
2. 了解铬和锰各种氧化数的化合物之间的转化。
3. 了解铬和锰化合物的氧化还原性以及介质对氧化还原反应的影响。

实验原理

铬和锰分别是周期系ⅥB、ⅦB族元素，它们都有可变的氧化数。

1. 铬的化合物

在铬的化合物中，铬的氧化数有+2、+3、+6等，其中以+3、+6最为常见。氧化数为+2的化合物不稳定，通常可以用还原剂(如Zn)将Cr(Ⅵ)或Cr(Ⅲ)还原制得。

(1) Cr(Ⅲ)的化合物

在Cr(Ⅲ)盐溶液中加碱，生成灰蓝色的$Cr(OH)_3$沉淀，呈两性，在溶液中有如下的酸碱平衡：

$$Cr^{3+}+3OH^- \rightleftharpoons Cr(OH)_3 \rightleftharpoons H_2O+HCrO_2 \rightleftharpoons H_2O+H^++CrO_2^-。$$

若在溶液中加酸时反应向生成Cr^{3+}方向进行；若在溶液中加碱时反应向生成CrO_2^-方向进行。

在水溶液中把Cr(Ⅲ)氧化为Cr(Ⅵ)的化合物，其难易程度随溶液的酸碱性不同而不同。在碱性介质中，Cr(Ⅲ)比较容易被氧化；相反，在酸性介质中就困难得多。这可以从它们的电极电位看出：

$$CrO_4^{2-}+2H_2O+3e^- \rightleftharpoons CrO_2^-+OH^-,E_B^\circ(CrO_4^{2-}/CrO_2^-)=-0.12\ V;$$
$$Cr_2O_7^{2-}+14H^++6e^- \rightleftharpoons 2Cr^{3+}+7H_2O,E_A^\circ(Cr_2O_7^{2-}/Cr^{3+})=1.33\ V。$$

在碱性介质中Cr^{3+}可被H_2O_2、Na_2O_2及溴水等物质氧化，溶液由绿色变为黄色。在酸性介质中，用强氧化剂如$K_2S_2O_8$才能使Cr^{3+}氧化：

$$2OH^-+\underset{(绿色)}{2Cr(OH)_4^-}+3H_2O_2 = \underset{(黄色)}{2CrO_4^{2-}}+8H_2O,$$
$$\underset{(紫色)}{2Cr^{3+}}+3S_2O_8^{2-}+7H_2O \xrightarrow{Ag^+催化} \underset{(橙色)}{Cr_2O_7^{2-}}+6SO_4^{2-}+14H^+。$$

(2) Cr(Ⅵ)的化合物——铬酸盐和重铬酸盐

铬酸盐和重铬酸盐在水溶液中存在下列平衡：

$$2CrO_4^{2-}+2H^+ \rightleftharpoons Cr_2O_7^{2-}+H_2O。$$

在酸性介质中，平衡向右移动，以$Cr_2O_7^{2-}$形式存在；在碱性介质中，平衡向左移动，以CrO_4^{2-}形式存在。

铬酸盐和重铬酸盐在酸性溶液中，例如在冷溶液中，$K_2Cr_2O_7$可以氧化H_2S、H_2SO_3、Fe^{2+}和HI，在加热时可以氧化HBr和浓HCl，在这些反应中，Cr(Ⅵ)还原产物都是Cr(Ⅲ)盐。

饱和 $K_2Cr_2O_7$ 溶液和浓硫酸的混合物叫做铬酸洗液，利用它的强氧化性，在实验中用于洗涤化学玻璃器皿。

$Cr_2O_7^{2-}$ 在酸性介质中与 H_2O_2 有如下反应：

$$Cr_2O_7^{2-}+4H_2O_2+2H^+ = 2CrO_5+5H_2O。$$

CrO_5 的结构为 （O—O 过氧键两对连接于 Cr，上方 Cr→O）。CrO_5 很不稳定，很快分解为 Cr^{3+} 并放出氧，但它在乙醚或戊醇中比较稳定。此反应可用于鉴定铬的化合物。

一些铬酸盐的溶解度要比重铬酸盐小，当向铬酸盐溶液中加入 Ba^{2+}、Pb^{2+}、Ag^+ 时，可形成难溶于水的 $BaCrO_4$（黄色）、$PbCrO_4$（黄色）、Ag_2CrO_4（砖红色）沉淀。

所有 Cr(Ⅵ)的化合物均有毒。国家规定，可排放水中铬含量必须低于 $0.5\ mg \cdot L^{-1}$。所以，若工业废水的铬含量超标，则必须进行处理，防止环境污染。

2. 锰的化合物

锰的氧化数有+2、+3、+4、+5、+6、+7，其中以氧化数为+2、+4、+7 的化合物最常见。氧化数为+3、+5、+6 的化合物不稳定。在碱性溶液中，Mn(Ⅱ)的氢氧化物很容易被空气氧化，逐渐变成棕色的 MnO_2 水化物[$MnO(OH)_2$]：

$$2Mn(OH)_2+O_2 = 2MnO(OH)_2。$$

(1) Mn(Ⅱ)盐

在酸性溶液中，Mn^{2+} 可被氧化成 MnO_4^-，$E_A^{\ominus}(MnO_4^-/Mn^{2+})=1.51\ V$。$Mn^{2+}$ 在酸性溶液中是稳定的。只有在高酸度的热溶液中，遇强氧化剂如 $NaBiO_3$ 等反应，才能将 Mn^{2+} 氧化成 MnO_4^-：

$$2Mn^{2+}+5NaBiO_3+14H^+ = 2MnO_4^-+5Bi^{3+}+5Na^++7H_2O。$$

由于 MnO_4^- 呈紫色，此反应可用于鉴定 Mn^{2+}。

(2) Mn(Ⅳ)的化合物——二氧化锰(MnO_2)

MnO_2 中锰处于中间价态，因此它既有氧化性又有还原性，但以氧化性为主。在酸性溶液中，MnO_2 是一种强氧化剂，如它与浓 HCl 作用放出 Cl_2，而本身被还原为 Mn^{2+}：

$$MnO_2+4HCl(浓) = MnCl_2+Cl_2\uparrow+2H_2O。$$

(3) Mn(Ⅵ)的化合物——锰酸盐

实验室可用 40% KOH 与 $KMnO_4$、MnO_2 共热制取 K_2MnO_4：

$$2KMnO_4+MnO_2+4KOH \xlongequal{\triangle} 3K_2MnO_4+2H_2O。$$

锰酸盐的水溶液只有在强碱性(pH>13.5)介质中才能稳定存在，当溶液是中性或弱碱性时，绿色的 MnO_4^{2-} 将发生歧化反应，生成紫色的 MnO_4^- 和棕色的 MnO_2 沉淀：

$$3MnO_4^{2-}+2H_2O = MnO_2\downarrow+MnO_4^-+4OH^-。$$

如果在溶液中加入 NaOH，上述平衡向左移动，紫色消失，绿色形成。在酸性溶液中，

MnO_4^{2-} 的歧化反应进行得很完全：

$$MnO_4^{2-}+4H^+ = 2MnO_4^-+MnO_2\downarrow+2H_2O。$$

(4) Mn(Ⅶ)的化合物——高锰酸钾

Mn(Ⅶ)的化合物中最重要的是高锰酸钾。$KMnO_4$ 是最常见和最重要的氧化剂，它的还原产物随介质的酸碱性不同而不同。MnO_4^- 在酸性介质中被还原为 Mn^{2+}；在弱碱性、中性或微酸性介质中，被还原为 MnO_2；而在强碱性介质中，则被还原为 MnO_4^{2-}。

$$2MnO_4^-+5SO_3^{2-}+6H^+ = 2Mn^{2+}+5SO_4^{2-}+2H_2O,$$
$$2MnO_4^-+3SO_3^{2-}+H_2O = 2MnO_2\downarrow+3SO_4^{2-}+2OH^-,$$
$$2MnO_4^-+SO_3^{2-}+2OH^- = 2MnO_4^{2-}+SO_4^{2-}+H_2O。$$

仪器与试剂

MnO_2(固)，$NaBiO_3$(固)，HCl(2 mol·L^{-1}，6 mol·L^{-1}，浓)，氯水，H_2SO_4(2 mol·L^{-1}，6 mol·L^{-1}，浓)，HNO_3(6 mol·L^{-1})，$K_2Cr_2O_7$(0.1 mol·L^{-1})，NaOH(2 mol·L^{-1}，6 mol·L^{-1}，40%)，$CrCl_3$(0.1 mol·L^{-1})，Na_2SO_3(0.5 mol·L^{-1})，$MnSO_4$(0.1 mol·L^{-1}，0.5 mol·L^{-1})，Na_2S(0.5 mol·L^{-1})，$KMnO_4$(0.01 mol·L^{-1})，H_2O_2(3%)，乙醚，$Pb(AC)_2$(0.1 mol·L^{-1})，$Pb(NO_3)_2$(0.1 mol·L^{-1})，$AgNO_3$(0.1 mol·L^{-1})，$BaCl_2$(0.1 mol·L^{-1})，KI(0.1 mol·L^{-1})，KCl(饱和)，淀粉-KI试纸。

实验内容

1. 铬

(1) $Cr(OH)_3$ 的生成及性质

由 0.1 mol·L^{-1} $CrCl_3$ 溶液获得 $Cr(OH)_3$，观察它的颜色并试验其酸碱性。

(2) Cr(Ⅲ)盐的水解性，测定 0.1 mol·L^{-1} $CrCl_3$ 溶液的 pH 值，然后加入数滴 0.1 mol·L^{-1} Na_2S 溶液观察现象，设法证明沉淀不是硫化物[1]。

(3) Cr(Ⅲ)盐的还原性

在少量 0.1 mol·L^{-1} $CrCl_3$ 溶液中，加入过量的 6 mol·L^{-1} NaOH 溶液，再加入 H_2O_2 溶液。加热，观察溶液颜色的变化。解释现象，并写出反应方程式。

(4) CrO_4^{2-} 与 CrO_7^{2-} 的相互转化

① 完成 CrO_4^{2-} 与 CrO_7^{2-} 在不同介质中的互相转变的实验。记录实验现象，写出反应方程式。

② “如果向含有 $Cr_2O_7^{2-}$ 的溶液中，加入一种可生成不溶性铬酸盐的金属离子溶液，则有铬酸盐沉淀生成”。请用实验证实上述说法。写出实验步骤，记录实验现象，写出反应方程式。

可选试剂：$K_2Cr_2O_7$(0.1 mol·L^{-1})，$Pb(NO_3)_2$(0.1 mol·L^{-1})，$AgNO_3$(0.1 mol·L^{-1})，$BaCl_2$(0.1 mol·L^{-1})

(5) Cr(Ⅵ)的氧化性

实验前，回答问题：Cr(Ⅵ)在什么介质中以什么状态的离子存在时，才具有强氧化性？它的还原产物是什么？什么颜色？

根据下列可选试剂，进行验证 Cr(Ⅵ)氧化性的实验(要求尽可能多地选用不同试剂，进行多种实验)。

可选试剂：$K_2Cr_2O_7$(0.1 mol·L^{-1})，K_2CrO_4(0.1 mol·L^{-1})，H_2SO_4(2 mol·L^{-1})，NaOH(2 mol·L^{-1})，KI(0.1 mol·L^{-1})，Na_2SO_3(0.5 mol·L^{-1})。

写出实验步骤及试剂用量，记录实验现象，写出反应方程式，解释反应进行或不能进行的原因。

(6) Cr^{3+}的鉴定

自行设计实验，由Cr^{3+}获得CrO_4^{2-}。

然后，慢慢滴加6 mol·L^{-1} HNO_3酸化。经冷却后，加入3% H_2O_2和适量乙醚。摇动试管，当乙醚层出现深蓝色，表示有Cr^{3+}存在。试问深蓝色的是何物？

2. 锰

(1) Mn(Ⅱ)盐的水解性

测定0.1 mol·L^{-1} $MnSO_4$溶液的pH值。然后加入数滴0.5 mol·L^{-1} Na_2S溶液，观察现象，并证明沉淀是硫化物。

(2) Mn(Ⅱ)的鉴定

取5滴0.1 mol·L^{-1} $MnSO_4$溶液于试管中，加入数滴6 mol·L^{-1} HNO_3，然后加入少许$NaBiO_3$固体，振荡，离心沉降后，观察现象，写出反应方程式。

(3) Mn(Ⅳ)化合物的生成及性质

① 在10滴0.01 mol·L^{-1} $KMnO_4$溶液中，滴加0.1 mol·L^{-1} $MnSO_4$溶液，观察现象，写出反应方程式。

② 取少量固体MnO_2，加入10滴饱和KCl溶液，微热，并检测有无Cl_2产生？若逐滴加入浓H_2SO_4，情况又如何？写出反应方程式。

(4) Mn(Ⅵ)的获得及其氧化还原性

① 取少量固体MnO_2，加入1 mL 40% NaOH的溶液[2]，然后加入10滴0.01 mol·L^{-1} $KMnO_4$溶液，微热，反应片刻，观察溶液的颜色。

② 将以上(4)①所得的溶液分成2份，其一，滴加6 mol·L^{-1} H_2SO_4溶液；其二，滴加0.5 mol·L^{-1} Na_2SO_3溶液。观察现象，写出反应方程式。

(5) Mn(Ⅶ)的氧化性

以Na_2SO_3溶液为还原剂，试验0.01 mol·L^{-1} $KMnO_4$溶液在酸性、中性、碱性介质中的氧化还原反应。写出实验步骤和反应方程式。

注释

[1] 在水溶液中，铬的硫化物迅速水解成$Cr(OH)_3$。

[2] 选用强碱，保证溶液的pH值远大于13.5。

思考题

1. Cr(Ⅵ)作为氧化剂的介质条件是什么？在选用介质时应考虑什么问题？

2. 在本实验中，如何实现从Cr(Ⅲ)⟶Cr(Ⅵ)⟶Cr(Ⅲ)的转变？

3. 在Mn^{2+}的鉴定反应中，为什么加硝酸而不是盐酸？若硝酸量不足能否将Mn^{2+}氧化到MnO_4^-？

4. 怎样使Cr^{3+}与Mn^{2+}分离？试用实验证实你的分离方案。

实验十五　铬配合物的合成及其光化学性质

关键词　铬配合物　光化学序列　*d* 轨道分裂

实验目的

1. 了解不同配体对配合物的中心离子 *d* 轨道分裂的影响。

2. 测定一些配体与铬所形成的配合物的光化学序列。

实验原理

在过渡金属配合物中，由于配体的影响，中心离子的 *d* 轨道分裂为能量不同的两组或两组以上的不同轨道。配体性质不同，*d* 轨道的分裂形式和分裂轨道间的能量差也不同。

电子在分裂 *d* 轨道间的跃迁称为 *d*－*d* 跃迁。这种 *d*－*d* 跃迁的能量相当于可见光区的能量范围，这就是过渡金属配合物呈现多种颜色的原因。

d 轨道分裂后，最高能量 *d* 轨道与最低能量 *d* 轨道之间的能量之差，称作 *d* 轨道分裂能（Δ）。分裂能的大小受中心离子的电荷、周期数、*d* 电子数和配体性质等因素影响。对于同一个中心金属离子和空间构型相同的配合物，Δ 值的大小取决于配体的强弱。按分裂能 Δ 值的相对大小来排列的配体顺序，称为光化学序列。

配体的光化学序列对于研究配合物的性质有着重要的意义，利用它可以判断和比较配合物中配体的强弱。配合物的光化学序列可以通过测定它的紫外-可见光谱，计算 Δ 值来得到。不同配体的 Δ 值各不相同，可按下式计算获得：

$$\Delta = \frac{1}{\lambda} \times 10^{-7}(\mathrm{cm^{-1}})。$$

仪器与试剂

722 型分光光度仪，磁力搅拌器，油浴加热装置，循环水泵，电子天平，容量瓶（100 mL，5 只；50 mL，1 只），烧瓶（100 mL，1 只），冷凝管，烧杯（250 mL，2 只；100 mL，4 只；50 mL，8 只），水浴锅，锥形瓶（100 mL，1 只），量筒。

$CrCl_3 \cdot 6H_2O$（固），$K_2C_2O_4 \cdot H_2O$（固），碱式碳酸铬（$CrO_3 \cdot xCO_2 \cdot yH_2O$，固），KSCN（固），$H_2C_2O_4 \cdot 2H_2O$（固），$K_2Cr_2O_7$（固），$KCr(SO_4)_2 \cdot 12H_2O$（固），甲醇，丙酮，无水乙二胺（en），乙醇，乙酰丙酮，H_2O_2（10%），锌粉，乙二胺四乙酸二钠（EDTA）。

实验内容

1. 铬配合物的合成

(1) $[Cr(en)_3]Cl_3$ 的合成

在 100 mL 三颈烧瓶中，加入 13.5 g $CrCl_3$、25 mL 甲醇，磁力搅拌，使 $CrCl_3$ 溶解。再加入 0.5 g 锌粉，装上回流冷凝管，在油浴中加热回流。从恒压滴液漏斗中缓缓滴入 20 mL 乙二胺，滴加完毕后继续回流 1 h。冷却，减压过滤，用 10% 的乙二胺-甲醇溶液洗涤黄色沉淀，最后用 10 mL 乙醇洗涤。得到粉末状黄色产物 $[Cr(en)_3]Cl_3$，烘干后贮于棕色瓶内。

(2) $K_3[Cr(C_2O_4)_3] \cdot 3H_2O$ 的合成

在 250 mL 锥形瓶内，加入 3 g $K_2C_2O_4 \cdot H_2O$、7 g $H_2C_2O_4 \cdot 2H_2O$、100 mL 蒸馏水，溶解。再分批、慢慢地加入 2.5 g 磨细的 $K_2Cr_2O_7$，并不断振摇。待反应结束后，将溶液转移至

蒸发皿，在水浴中蒸发溶液至近干，使晶体析出。冷却，减压过滤，用丙酮洗涤深绿色晶体。110℃烘干。

(3) $K_3[Cr(NCS)_6] \cdot 4H_2O$

在 250 mL 锥形瓶内，加入 6 g KSCN、5 g 硫酸铬钾、100 mL 蒸馏水，溶解。加热至近沸约 1 h。然后注入 50 mL 乙醇，稍冷后，即有 K_2SO_4 晶体析出，趁热过滤，滤去 K_2SO_4 固体，滤液转移至蒸发皿，在水浴中蒸发浓缩至有少量暗红色晶体开始析出。冷却，减压过滤。产物用乙醇重结晶。所得的紫红色晶体在空气中干燥。

(4) [Cr－EDTA]钠盐溶液的获得

在 100 mL 烧杯中，加入 0.5 g EDTA、50 mL 蒸馏水，加热溶解。调节溶液的 pH 在3～5 范围内，然后加入 0.5 g $CrCl_3$，稍加热，即得紫色的[Cr－EDTA]钠盐溶液。

(5) $K[Cr(H_2O)_6](SO_4)_2$ 的获得

在 100 mL 烧杯中，加入 0.5 g 硫酸铬钾、100 mL 蒸馏水，溶解，即得蓝紫色 $K[Cr(H_2O)_6](SO_4)_2$ 溶液。

(6) $Cr(acac)_3$ 的合成

在 250 mL 锥形瓶中，加入 2.5 g 碳酸铬、20 mL 乙酰丙酮(acac)。将锥形瓶放入 85℃ 水浴中加热，同时缓缓滴加 30 mL 10% H_2O_2 溶液，此时溶液呈紫红色。当反应结束[1]后，将锥形瓶放入冰盐浴中冷却。紫红色晶体析出，用冷乙醇洗涤晶体。在 110℃下烘干。

2. 铬配合物的紫外光谱测定

称取上述铬配合物各 0.15 g[2]，溶于少量蒸馏水中，然后转移至 100 mL 容量瓶内，稀释至刻度。取 12～16 mL [Cr－EDTA]钠盐溶液，转移至 100 mL 容量瓶内，稀释至刻度。$Cr(acac)_3$ 不溶于水，故称取 0.08 g $Cr(acac)_3$ 溶于丙酮，然后转移至 50 mL 容量瓶内，用丙酮稀释至刻度。

在 360～700 nm 波长范围内，以蒸馏水为空白，用 1 cm 比色皿，每间隔 10 nm 测一次铬配合物的吸光度值。记录吸光度值 A，并填入实验表 15－1。

实验表 15－1　不同波长下，铬配合物的吸光度值

	en	$C_2O_4^{2-}$	SCN^-	EDTA	H_2O	acac
360 nm						
⋮						
700 nm						

以波长 λ(nm)为横坐标，吸光度 A 为纵坐标，绘制铬配合物的紫外-可见吸收光谱图。从图中找出铬配合物的最大吸收峰的波长，并按下式计算不同配体的分裂能 Δ。

$$\Delta = \frac{1}{\lambda} \times 10^{-7}(\mathrm{cm^{-1}})。$$

由计算所得的 Δ 值的相对大小，排出配体的光化学序列。

注释

[1]　溶液沸腾,即为反应结束。

[2]　可选用精密度为0.01 g的电子天平。

思考题

1. 如何解释配位场强度对分裂能Δ的影响?
2. 为何不同 d 电子数的配合物要以不同的吸收峰来计算它的Δ值?
3. 在测定配合物吸收光谱时,所配溶液的浓度是否必须十分准确？为什么?
4. 在测定 $Cr(acac)_3$ 的吸收光谱时,能否用蒸馏水作空白？为什么?
5. 在配制铬配合物的溶液时,是否一定需要使用容量瓶？为什么?

实验十六　$Cr_2O_7^{2-}$、MnO_4^- 混合溶液的分光光度分析

关键词　多组分光度分析　朗伯-比耳定律　线性回归

实验目的

了解光度法在测定多组分试样中的应用。

实验原理

当分析试液中共存数种吸光物质，且它们的吸收曲线相互重叠时，总的吸光度等于各个组分的吸光度之和，即吸光度具有加和性。因此，在混合试样的光度分析时，不必预先分离，就可以采用分光光度法同时测定。

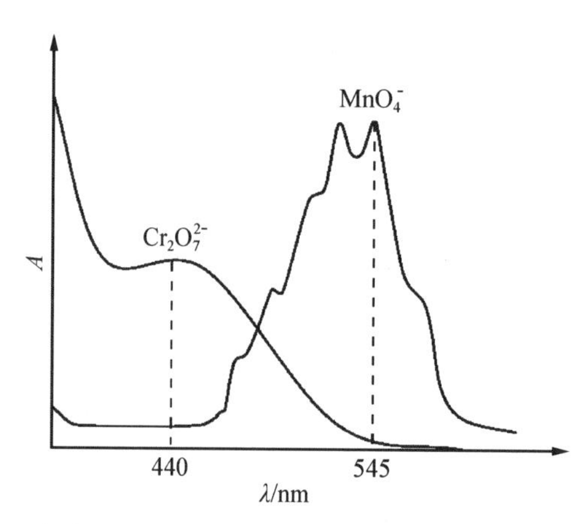

实验图 16-1　$Cr_2O_7^{2-}$ 和 MnO_4^- 的吸收曲线

在 H_2SO_4 溶液中，$Cr_2O_7^{2-}$ 和 MnO_4^- 的吸收曲线相互重叠，如实验图 16-1 所示。$Cr_2O_7^{2-}$ 和 MnO_4^- 的最大吸收波长分别是 545 nm(λ_1)和 440 nm(λ_2)，若在这 2 个波长处测得总吸光度，然后根据比耳定律和吸光度加和性原理，

$$A_{1,总} = \varepsilon_{1,Mn} \cdot b \cdot c_{Mn} + \varepsilon_{1,Cr} \cdot b \cdot c_{Cr} \quad (实验\ 16-1)$$

$$A_{2,总} = \varepsilon_{2,Mn} \cdot b \cdot c_{Mn} + \varepsilon_{2,Cr} \cdot b \cdot c_{Cr} \quad (实验\ 16-2)$$

式(实验 16-1)、式(实验 16-2)中，$A_{1,总}$、$A_{2,总}$分别是混合试液在 λ_1、λ_2 处的吸光度；$\varepsilon_{1,Mn}$、$\varepsilon_{1,Cr}$分别是 MnO_4^-、$Cr_2O_7^{2-}$ 在波长 λ_1 处的摩尔吸光系数；$\varepsilon_{2,Mn}$、$\varepsilon_{2,Cr}$分别是 MnO_4^-、$Cr_2O_7^{2-}$ 在波长 λ_2 处的摩尔吸光系数；c_{Mn}、c_{Cr}分别是分析试液中 MnO_4^-、$Cr_2O_7^{2-}$ 的摩尔浓度；b 为比色皿厚度。

需注意，λ_1 和 λ_2 的选择应以 2 组分的吸光度差值 ΔA 较大的波长为宜。另外，可以分别用已知浓度的 MnO_4^-、$Cr_2O_7^{2-}$ 在 λ_1 和 λ_2 处的标准曲线，求得 $\varepsilon_{1,Mn}$、$\varepsilon_{1,Cr}$、$\varepsilon_{2,Mn}$、$\varepsilon_{2,Cr}$这 4 个摩尔吸光系数。

根据吸光度加和性原理，在 MnO_4^-、$Cr_2O_7^{2-}$ 的最大吸收波长 440 nm、545 nm 处，分别测定 MnO_4^-、$Cr_2O_7^{2-}$ 混合溶液的总吸光度。联立式(实验 16-1)、式(实验 16-2)，可以求出分析试液中 $Cr_2O_7^{2-}$ 和 MnO_4^- 的含量。

仪器与试剂

722 型分光光度仪，容量瓶(50 mL)，微量进样器(50 μL)，移液管(5 mL，10 mL)。

$KMnO_4$ 标准溶液(约 0.02 mol·L^{-1} 和 0.001 mol·L^{-1},经标定已知准确浓度),$K_2Cr_2O_7$ 标准溶液(约 0.004 mol·L^{-1},经标定已知准确浓度),H_2SO_4(2 mol·L^{-1})。

实验内容

1. $KMnO_4$ 和 $K_2Cr_2O_7$ 吸收曲线的绘制及吸光度加和性实验

在 3 个 50 mL 容量瓶中,分别加入下列溶液,并用蒸馏水稀释至刻度,摇匀。

(1) 10 mL 0.001 mol·L^{-1} $KMnO_4$ 和 5 mL 2 mol·L^{-1} H_2SO_4;

(2) 10 mL 0.004 mol·L^{-1} $K_2Cr_2O_7$ 和 5 mL 2 mol·L^{-1} H_2SO_4;

(3) 10 mL 0.001 mol·L^{-1} $KMnO_4$ 和 5 mL 2 mol·L^{-1} H_2SO_4 及 10 mL 0.004 mol·L^{-1} $K_2Cr_2O_7$ 和 5 mL 2 mol·L^{-1} H_2SO_4;

以蒸馏水为参比,用 1 cm 比色皿,在 400～600 nm 范围内,每间隔 10 nm 分别测定上述 3 种溶液的吸光度 A_1、A_2、A_3,填入下列实验表 16－1 内。

实验表 16－1　$KMnO_4$ 和 $K_2Cr_2O_7$ 吸收曲线的绘制及吸光度加和性

λ/nm	A_1	A_2	A_3	λ/nm	A_1	A_2	A_3
400				510			
410				520			
420				530			
430				540			
440				550			
450				560			
⋮				⋮			
500				600			

由 A_1、A_2、A_3 绘制 3 条吸收曲线,分别查出 MnO_4^-、$Cr_2O_7^{2-}$ 的最大吸收波长 λ_1、λ_2,并由 A_3 验证吸光度的加和性(λ_1＝545 nm,λ_2＝440 nm)[1]。

2. $KMnO_4$ 在 λ_1 和 λ_2 处摩尔吸光系数的测定——累加法

(1) 测定 $\varepsilon_{1,Mn}$

在 50 mL 容量瓶中,加入 5 mL 2 mol·L^{-1} H_2SO_4 溶液,用蒸馏水稀释至刻度,摇匀。此溶液为参比溶液。

用移液管吸取 3 mL 0.001 mol·L^{-1} $KMnO_4$ 溶液于 50 mL 容量瓶内,用蒸馏水稀释至刻度,摇匀。在 λ_1 波长下,用 1 cm 比色皿测定其吸光度。然后用微量进样器,每次累加 10 μL 0.02 mol·L^{-1} $KMnO_4$ 溶液于此比色皿中,测其吸光度[2]。共累加 5～6 次。

以 $KMnO_4$ 溶液浓度为横坐标,相应的吸光度为纵坐标,绘制标准曲线,求出 $\varepsilon_{1,Mn}$。

(2) 测定 $\varepsilon_{2,Mn}$

在 λ_2 波长下,以 2.(1)相同的操作步骤,进行吸光度测定。

由于 λ_2 不是 $KMnO_4$ 溶液的最大吸收波长,累加后测得的吸光度值很小,不宜采用绘图法，而应采用最小二乘法，计算浓度与吸光度间直线回归方程中的斜率：

$$直线斜率=\varepsilon\cdot b=\frac{\sum_{i=1}^{n}c_i\sum_{i=1}^{n}A_i-n\sum_{i=1}^{n}A_ic_i}{\left(\sum_{i=1}^{n}c_i\right)^2-n\sum_{i=1}^{n}c_i^2}。$$

式中，c 为 $KMnO_4$ 标准溶液浓度；A 为测定的 $KMnO_4$ 标准溶液的吸光度；n 为测定次数；b 为比色皿厚度。求出 $\varepsilon_{2,Mn}$。

3. $K_2Cr_2O_7$ 在 λ_1 和 λ_2 处摩尔吸光系数的测定——累加法[3]

(1) 测定 $\varepsilon_{1,Cr}$

在 λ_1 波长下，采用 0.004 $mol\cdot L^{-1}$ $K_2Cr_2O_7$ 溶液，以测定 $\varepsilon_{1,Mn}$ 章节相同的操作步骤进行吸光度测定。然后采用最小二乘法，求出 $\varepsilon_{1,Cr}$。

(2) 测定 $\varepsilon_{2,Cr}$

在 λ_2 波长下，以测定 $\varepsilon_{1,Cr}$ 方法相同的操作步骤进行吸光度测定。然后选用标准曲线法或最小二乘法，求出 $\varepsilon_{2,Cr}$。

4. 未知液中 MnO_4^-、$Cr_2O_7^{2-}$ 含量的测定

从实验指导教师处领取一份含有 MnO_4^-、$Cr_2O_7^{2-}$ 混合离子的试液，转移至 50 mL 容量瓶内，稀释至刻度，摇匀。选用 1 cm 比色皿，在 λ_1 和 λ_2 处分别测定吸光度 A_1 和 A_2。代入上述的联立方程，求出 MnO_4^-、$Cr_2O_7^{2-}$ 的浓度。

注释

[1] 实验测定数据可能略有不同，以实际测定为准。

[2] 使该溶液的吸光度尽可能在 0.1～0.7 范围内。

[3] 此累加法只适用于待测组分为有色物质或与显色剂加入次序无关的显色反应。若显色反应与加入试剂次序有关，则仍应采用标准系列法。

思考题

1. 混合试液中各组分吸收曲线重叠时，为什么要选择吸光度差值较大处进行吸光度测定？

2. 如果吸收曲线重叠，而又不遵从朗伯-比耳定律，该法是否还可以应用？

3. 将 H_2SO_4 参比溶液移入比色皿和用微量注射进样器吸取溶液加至比色皿时应注意什么？

4. 测定某一有色溶液的吸光度时，每改变一次波长，在 722 型分光光度仪上应如何操作？为什么？

实验十七 三苯甲醇的制备

关键词 醇的制备 Grignard 反应 无水无氧合成 水蒸气蒸馏

实验目的

1. 掌握格氏试剂的制备方法。
2. 掌握水蒸气蒸馏操作。
3. 学习醇的制备方法。

实验原理

醇是有机合成中应用极广的一类化合物，不但能用作溶剂，而且易转变成卤代烃、烯、醚、醛、酮、羧酸和羧酸酯等。

醇的制法很多，除了羰基还原（醛、酮、羧酸和羧酸酯）和烯烃的硼氢化-氧化等方法外，实验室中常利用 Grignard 反应，合成各种结构的醇。

在无水乙醚中，卤代烷和溴代芳烃与金属镁作用，生成 Grignard 试剂——烃基卤代镁，但乙烯型氯化物则需用四氢呋喃作溶剂，才能生成相应的格氏试剂。乙醚是制备格氏试剂的重要溶剂，醚分子中氧上的非键电子对可与格氏试剂中带部分正电荷的镁作用，生成配合物，从而使有机镁化合物更稳定，并溶于乙醚中。卤代烷形成格氏试剂的活性次序是：RI＞RBr＞RCl。

格氏试剂中，带部分正电荷的碳具有显著的亲核性质，在增长碳链的有机合成中用途广泛，其最重要的性质是与醛、酮、羧酸衍生物、环氧化合物、二氧化碳、腈作用，生成相应的醇、羧酸和酮。

制备格氏试剂需在无水条件下进行，所用仪器和试剂均需严格干燥，因为微量水分的存在能抑制反应的引发，并且也会使格氏试剂分解。此外，空气中的氧、二氧化碳也能与格氏试剂发生偶合反应，故格氏试剂不宜保存。有时，需在惰性气氛（氮气、氦气）保护下，才能发生反应。

本实验利用溴苯为原料，将其转化为格氏试剂——苯基溴化镁，再与二苯酮反应，可制得三苯甲醇，这是典型的 Grignard 反应：

$$C_6H_5Br + Mg \xrightarrow{\text{无水乙醚}} C_6H_5MgBr$$

$$(C_6H_5)_2C{=}O + C_6H_5MgBr \xrightarrow{\text{无水乙醚}} (C_6H_5)_3C{-}OMgBr$$

$$(C_6H_5)_3C{-}OMgBr \xrightarrow{NH_4Cl,\ H_2O} (C_6H_5)_3C{-}OH$$

仪器与试剂

电子天平，搅拌器，水蒸气发生器，三颈瓶，冷凝管。

镁屑，溴苯，二苯酮，无水乙醚，NH_4Cl，乙醇，冰 HAc，浓 H_2SO_4。

实验内容

1. 苯基溴化镁的制备

在 250 mL 三颈瓶[1]上分别装置搅拌器[2]、冷凝管及滴液漏斗，在冷凝管及滴液漏斗的上口装置 $CaCl_2$ 干燥管。瓶内放置 0.75 g (0.03 mol)镁屑[3]及一小粒碘片[4]，在滴液漏斗中混合 3.2 mL (0.03 mol)溴苯及 15 mL 无水乙醚。先将三分之一的混合液滴入烧瓶中，数分钟后即见镁屑表面有气泡产生，溶液轻微浑浊，碘的颜色开始消失。若不发生反应，可用水浴或手掌温热[5]。反应开始后，开始搅拌[6]，缓缓滴入其余的溴苯和乙醚溶液[7]，滴加速度保持溶液呈微沸状态。滴加完毕后，在水浴中继续回流 0.5 h，使镁屑作用完全。

2. 三苯甲醇的制备

将自制的苯基溴化镁试剂置于冷水浴中，搅拌下，由滴液漏斗滴加 5.5 g (0.03 mol)二苯酮溶于 15 mL 无水乙醚的溶液。滴加完毕后，加热回流 0.5 h，然后用 6 g NH_4Cl 配成饱和溶液(约需 22 mL 水)分解加成产物[8]。蒸去乙醚，进行水蒸气蒸馏。冷却，抽滤固体，经乙醇-水重结晶，得到纯净的三苯甲醇结晶。产量 4～4.5 g，熔点 161℃～162℃[9]。

3. 三苯甲醇碳正离子的生成

在一干燥试管中，加入少许三苯甲醇(约 0.02 g)及 2 mL 冰 HAc，温热使其溶解。向试管中滴加 2～3 滴浓 H_2SO_4，立即生成橙红色溶液。然后加入 2 mL 水，颜色消失，并有白色沉淀生成。解释观察实验现象，并写出反应方程式。

注释

[1] 所用仪器、试剂必须严格干燥，否则反应难以进行，并可使生成的 Grignard 试剂分解。所以，本实验所用的玻璃仪器应在烘箱中烘干，取出放在干燥箱内冷却待用，或将仪器取出后，在开口处用塞子塞紧，以防止在冷却过程中玻璃壁吸附空气中的水分。溴乙烷用无水 $CaCl_2$ 干燥，再经蒸馏纯化；丙酮经无水 K_2CO_3 干燥，再经蒸馏纯化；市售无水乙醚需用压钠机压入钠丝，瓶口用带有无水 $CaCl_2$ 干燥管的橡皮塞塞紧，在远离火源的阴凉处放置 24 h，至无氢气泡放出。

[2] 本实验可采用磁力搅拌或电动搅拌。

[3] 镁屑表面如果附有氧化物，反应很难开始，必须将氧化物去除。去除氧化物的方法如下：将镁屑放在布氏漏斗上，用 5%HCl 溶液作用数分钟，抽滤，然后依次用水、乙醇、乙醚洗涤并抽干，抽干后置于干燥器内备用。也可用镁带代替镁屑，使用前用细砂纸将其表面擦亮，剪成小段。

[4] Grignard 反应的仪器用前应尽可能干燥。有时作为补救和进一步措施清除仪器所形成的水化膜，可将已加入镁屑和碘粒的三颈瓶在石棉网上用小火小心加热几分钟，使之彻底干燥。烧瓶冷却时，可通过氯化钙干燥管吸入干燥的空气。在加入溴苯醚溶液前，需将烧瓶冷至室温，熄灭周围所有的火源。

[5] 用手掌心接触瓶底，反应开始后，将手移开。

[6] 溴苯局部浓度较大，有利于触发反应，所以，应在反应触发后开启搅拌。

[7]　滴加速度太快，反应过于激烈，不易控制，并会增加副产物的生成。

[8]　如反应中絮状的氢氧化镁未全溶时，可加入几毫升稀盐酸促使其全部溶解。

[9]　本实验可用薄层色谱鉴定反应的产物和副产物。用滴管吸取少许水解后的醚溶液于干燥锥形瓶中，在硅胶G层析板上点样，用1∶1的苯-石油醚作展开剂，在紫外灯下观察，用铅笔在荧光点的位置做好记号。从上到下，3个斑点依次代表苯、二苯酮和三苯甲醇，计算它们的R_f值。然后将三苯甲醇粗品用乙醚溶解，点板，并与上述的R_f值比对。纯三苯甲醇为无色棱状晶体，熔点162.5℃。

思考题

1. 本实验在将Grignard试剂加成物水解前的各步中，为什么使用的药品仪器均需绝对干燥？为此应采取什么措施？

2. 本实验中溴苯加入太快或一次加入，有什么不好？

实验十八　正丁醚的制备

关键词　醚的制备　分子间脱水　萃取　蒸馏

实验目的

1. 了解利用醇的分子间脱水反应制备醚的原理和方法。
2. 学习水分离器的使用。

实验原理

醚是有机合成中常用的溶剂，如 Grignard 反应必须在醚中进行。

醇的分子间脱水是制备醚的常用方法。脱水剂浓硫酸（也可使用磷酸或强酸性离子交换树脂）将一分子醇的羟基转化成更好的离去基团，但反应是可逆的，通常需要蒸出反应产物（醚或水），使反应向有利于生成醚的方向移动，同时还必须严格控制反应温度，以减少副产物烯、二烷基硫酸酯的形成。

仲醇和叔醇的脱水反应，通常为单分子的亲核取代反应（S_N1），同时，消去反应也很容易发生。因此，最好使用伯醇制备醚，产率较高。

Williamson 反应也是常用的制醚方法，它是一种双分子亲核取代反应（S_N2），即用卤代烃、磺酸酯及硫酸酯与醇钠或酚钠作用，制备醚。由于醇钠碱性强，在进行取代反应的同时，不可避免地发生双分子消去反应（E2），与叔、仲卤代烃反应时，主要生成烯烃。因此，在 Williamson 制醚法中，最好采用伯卤代烷。

本实验利用正丁醚为原料制备正丁醚。

主反应：

$$2CH_2CH_2CH_2CH_2OH \xrightleftharpoons{\text{浓 } H_2SO_4\text{，}135℃} CH_2CH_2CH_2CH_2OCH_2CH_2CH_2CH_2 + H_2O；$$

副反应：

$$CH_2CH_2CH_2CH_2OH \xrightarrow[\text{重排}]{\text{浓 } H_2SO_4} CH_3CH{=}CHCH_3 + H_2O。$$

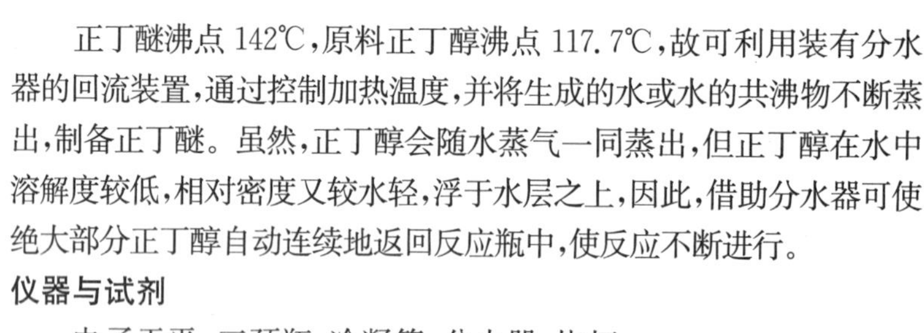

正丁醚沸点 142℃，原料正丁醇沸点 117.7℃，故可利用装有分水器的回流装置，通过控制加热温度，并将生成的水或水的共沸物不断蒸出，制备正丁醚。虽然，正丁醇会随水蒸气一同蒸出，但正丁醇在水中溶解度较低，相对密度又较水轻，浮于水层之上，因此，借助分水器可使绝大部分正丁醇自动连续地返回反应瓶中，使反应不断进行。

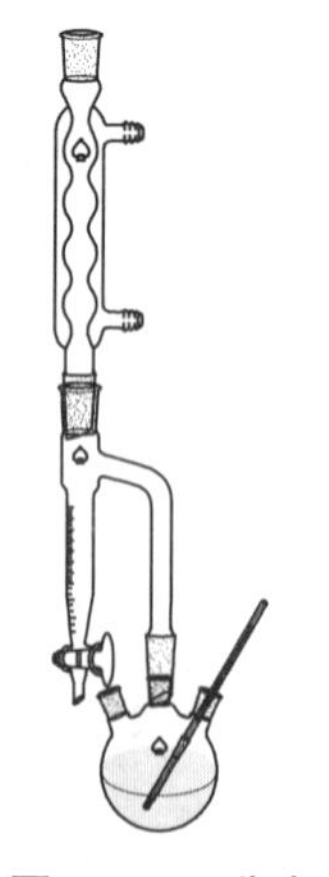

实验图 18－1　分水回流装置

仪器与试剂

电子天平，三颈瓶，冷凝管，分水器，烧杯。

正丁醇，浓 H_2SO_4，无水 $CaCl_2$。

实验内容

在 100 mL 三颈瓶中，加入 31 mL(0.034 mol) 正丁醇、4.5 mL 浓 H_2SO_4 和几粒沸石，摇匀后按实验图 18－1 装上温度计[1]、分水器[2]和回流冷凝管[3]。然后将三颈瓶在石棉网上用小火加热，保持反应物微沸，回流分水。随着反应进行，回流液经冷凝管收集于分水器内，分液后水层沉于下层，上层有机相积至分水器支管时，即可返回烧瓶。当烧瓶内反应物温度上升至 135℃左右[4]时，约 1.5 h 后[5]，分水器全部被水充满，停止反应。

待反应液冷至室温后，倒入盛有 50 mL 水的分液漏斗中，充分振摇，静置分层后弃去下层液体，上层粗产物依次用 25 mL 水、15 mL 5%NaOH 溶液[6]、15 mL 水和 15 mL 饱和 $CaCl_2$ 溶液洗涤[7]，然后用 1～2 g 无水 $CaCl_2$ 干燥。干燥后的产物滤入 25 mL 蒸馏瓶中。蒸馏收集 140℃～144℃馏分，产量为 7～8 g。

纯正丁醚的沸点 142.4℃，折光率 n_D^{20}＝1.3992。

注释

[1] 温度计装在三颈瓶一侧，水银球应浸入液面以下。

[2] 分水器中预先注满水，使水面恰与分水器支管口下沿齐平，小心开启活塞，放出 3.5 mL水(根据理论计算的失水体积为 3 mL)。然后将分水器装在三颈瓶的中口。

[3] 回流冷凝管接在分水器上方。

[4] 制备正丁醚的适宜温度是 130℃～140℃，但这一温度在开始回流时难以达到。因为正丁醚可与水形成共沸物(94.1℃，含水 33.4%)；另外，正丁醚与水及正丁醇形成三元共沸物(沸点 90.6℃，含水 9.9%，正丁醇 34.6%)；正丁醇与水也可形成共沸物(沸点 93.0℃，含水 44.5%)。故应控制温度在 90℃～100℃较合适，而实际操作是 100℃～115℃。

[5] 若继续加热，则反应液变黑并有较多的副产物烯生成。

[6] 在碱洗过程中，不要太剧烈地摇动分液漏斗，否则生成的乳浊液很难破坏而影响分离。

[7] 上层粗产物的洗涤也可采用下法进行，先每次用冷的 25 mL 50% H_2SO_4 洗 2 次，再每次用 25 mL 水洗 2 次。因 50% H_2SO_4 可洗去粗产物中的正丁醇，但正丁醚也能微溶，所以产率略有降低。

思考题

1. 试根据本实验正丁醇的用量计算生成的水的体积。
2. 反应结束后为什么要将混合物倒入 50 mL 水中？各步洗涤的目的何在？
3. 能否用本实验的方法由乙醇和 2-丁醇制备乙基仲丁基醚？用什么方法比较合适？

实验十九 乙酰乙酸乙酯的制备

关键词 Claisen缩合 钠珠制备 无水操作 减压蒸馏

实验目的

1. 学习由Claisen酯缩合反应制备乙酰乙酸乙酯。
2. 了解钠珠的制备方法。
3. 掌握减压蒸馏操作。

实验原理

具有α-H的酯和另一分子酯在醇钠催化下生成β-羰基酯的反应称为酯缩合或Claisen酯缩合。乙酸乙酯经Claisen缩合反应,生成乙酰乙酸乙酯。乙酰乙酸乙酯有酮式和烯醇式2种互变异构体:

$$CH_3\overset{\overset{O}{\|}}{C}CH_2\overset{\overset{O}{\|}}{C}OCH_2CH_3 \rightleftharpoons CH_3\overset{\overset{OH}{|}}{C}=CH\overset{\overset{O}{\|}}{C}OCH_2CH_3$$ 。

常温下,烯醇式约占8%。若无催化剂存在,即使在高温下2种异构体之间的互变也是缓慢的。只要有微量碱性催化剂存在,这种互变就会迅速达到平衡。当一种异构体被消耗后,另一种异构体迅速转变成可反应的异构体继续维持反应,直至所有的乙酰乙酸乙酯被完全作用。

乙酰乙酸乙酯分子中有一个亚甲基位于2个羰基之间,受2个羰基的共同影响,该亚甲基上的氢原子具有较大的酸性,在强碱作用下易形成碳负离子,可发生碳负离子的一系列反应,例如可进行烷基化或酰基化反应等。反应生成的衍生物再经不同方式水解可制得丙酮(甲基酮)、取代乙酸、二元酮、二元酸、酮酸及环状化合物等。因此,乙酰乙酸乙酯在有机合成中具有广泛的应用。

本实验采用乙酸乙酯(双分子)在少量乙醇钠催化下反应,生成乙酰乙酸乙酯:

$$2CH_3COOC_2H_5 \xrightarrow{NaOC_2H_5} [CH_3COCH_2COOC_2H_5]^-Na^+ \xrightarrow{HAc} CH_3COCH_2COOC_2H_5$$ 。

仪器与试剂

电子天平,圆底烧瓶,冷凝管,真空系统,压钠机。

乙酸乙酯[1],金属钠[2],二甲苯,HAc,NaCl(饱和),无水Na_2SO_4。

实验内容

1. 钠珠的制备

在干燥的100 mL圆底烧瓶中加入2.5 g(0.11 mol)金属钠和12.5 mL二甲苯,装上冷凝管,在石棉网上小心加热使钠熔融。立即拆去冷凝管,用橡皮塞塞紧圆底烧瓶[3],用力来回摇振,即得细粒状钠珠。稍经放置后,钠珠即沉于瓶底,将二甲苯倾出后,倒入公用回收瓶[4]。

2. 乙酰乙酸乙酯的制备

迅速向圆底烧瓶中加入27.5 mL(0.38 mol)乙酸乙酯,重新装上冷凝管,并在其顶端装$CaCl_2$干燥管。反应随即开始,并有氢气泡逸出[5]。待激烈的反应过后,将反应瓶于油浴上小心加热,保持微沸状态,直至所有金属Na几乎全部作用完为止[6],反应约需1.5 h[7]。此时生成的乙酰乙酸乙酯钠盐为桔红色透明溶液[8]。

待反应物稍冷后，振摇下，加入 50%HAc 溶液，直至反应液呈弱酸性[9]（约需15 mL）。此时，所有的固体物质均已溶解。将反应物转入分液漏斗，加入等体积的饱和 NaCl 溶液，用力振摇片刻，静置后，乙酰乙酸乙酯分层析出[10]。分出粗产物，用无水 Na_2SO_4 干燥后滤入蒸馏瓶，并用少量乙酸乙酯洗涤干燥剂。在沸水浴上蒸去未作用的乙酸乙酯。将剩余液转入 25 mL 克氏蒸馏瓶进行减压蒸馏[11]。减压蒸馏时须缓慢加热，待残留的低沸物蒸出后，再升高温度，收集乙酰乙酸乙酯，产量约 6 g。

纯乙酰乙酸乙酯的沸点为 180.4℃，折光率 $n_d^{20}=1.4192$。

注释

[1] 乙酸乙酯必须绝对干燥，但其中应含有 1%～2%的乙醇。其提纯方法如下：将普通乙酸乙酯用饱和 $CaCl_2$ 溶液洗涤数次，再用烘焙过的无水 K_2CO_3 干燥，在水浴上蒸馏，收集 76℃～78℃馏分。本实验中乙酸乙酯兼作原料和溶剂。

[2] 本实验收率按金属 Na 的用量计。可使用压钠机直接向干燥的 100 mL 圆底烧瓶中压入 2.5 g 左右钠丝。金属 Na 遇水即燃烧、爆炸，故使用时应严格防止与水接触。在称量或切片过程中应当迅速，以免被空气中水气侵蚀或被氧化。

[3] 不可使用玻璃塞，以防温度下降后体系形成负压；也不能形成密闭体系，以防危险。

[4] 倾出的二甲苯中混有细小钠珠，切勿倒入水槽或废物缸，以免引起火灾。

[5] 如反应未开始或很慢时，可稍加温热。

[6] 一般要使 Na 全部溶解，但很少量未反应的 Na 不妨碍进一步操作。

[7] 反应时间长短取决于钠珠的大小。

[8] 有时会析出黄白色沉淀。

[9] 用 HAc 中和时，开始有固体析出，继续加酸并不断振摇，固体会逐渐消失，最后得到澄清的液体。如尚有少量固体未溶解时，可加少许水使其溶解。但应避免加入过量的醋酸，否则会增加酯在水中的溶解度而降低产量。

[10] 试问：乙酰乙酸乙酯在分液漏斗的哪一层？

[11] 乙酰乙酸乙酯在常压蒸馏时，很易分解而降低产量。乙酰乙酸乙酯沸点与压力的关系如下表：

压力/mmHg*	760	80	60	40	30	20	18	14	12
沸点/℃	181	100	97	92	88	82	78	74	71

* 1 mmHg=133 Pa

本实验最好连续进行，如间隔时间太久，会因脱氢乙酸的生成而降低产量。

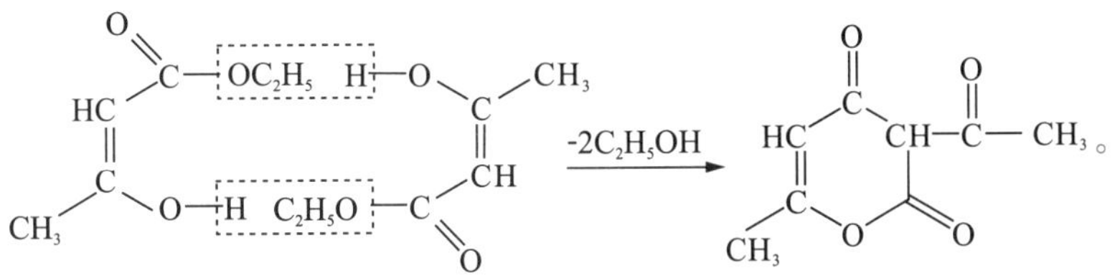

思考题

1. Claisen 酯缩合反应的催化剂是什么？本实验为什么可以用金属钠代替？

2. 本实验中加入 50%HAc 溶液和饱和 NaCl 溶液的目的何在？

3. 什么叫互变异构现象？如何用实验证明乙酰乙酸乙酯是 2 种互变异构体的平衡混合物？

4. 写出下列化合物发生 Claisen 酯缩合反应的产物。

(1) 苯甲酸乙酯和丙酸乙酯；

(2) 苯甲酸乙酯和苯乙酮；

(3) 苯乙酸乙酯和草酸乙酯。

实验二十 乙酰苯胺的制备

关键词 乙酰苯胺制备 重结晶 基团保护

实验目的

1. 了解乙酰苯胺的实验室制备方法。
2. 学习重结晶提纯固体有机物的原理和方法。
3. 学习溶剂选择的原理和方法。
4. 掌握重结晶的操作方法。
5. 掌握常压过滤和减压过滤的操作技术。

实验原理

芳胺的酰化在有机合成中有着重要作用。作为一种基团保护措施，一级和二级芳胺在合成中通常被转化为它们的乙酰基衍生物，以降低芳胺不被其他反应试剂所破坏。同时氨基经酰化后降低了氨基在亲电取代反应中的活化能力，使其由很强的第Ⅰ类定位基变为中等强度的第Ⅰ类定位基，并使反应由多元取代变为一元取代。由于乙酰基的空间效应，往往选择性地生成对位取代产物。另外，氨基很容易通过酰胺在酸碱催化下水解再生。

乙酰苯胺为无色晶体，有退热止痛作用，是较早使用的解热镇痛药，有“退热冰”之称。乙酰苯胺可通过苯胺和酰基化试剂反应制得。常用的酰基化试剂有：冰醋酸、乙酸酐、乙酰氯等，反应活性为：乙酰氯＞乙酸酐＞冰醋酸。胺的酰基化在有机合成上也有重要的用途，常用来保护芳环上的氨基，使其不被反应试剂所破坏。

$$C_6H_5NH_2 \xrightarrow{HCl} C_6H_5NH_2\cdot HCl \xrightarrow[NaAc]{(CH_3CO)_2O} C_6H_5NHCOCH_3 + 2CH_3COOH + NaCl$$ 。

仪器与试剂

电子天平，熔点仪，烧杯，锥形瓶。

苯胺，醋酸酐，结晶醋酸钠($CH_3COONa \cdot 3H_2O$)，浓 HCl。

实验内容

在 500 mL 烧杯中，将 5 mLHCl 溶于 120 mL 水中，在搅拌下加入 5.6 g(0.06 mol)苯胺[1]，待苯胺溶解后，再加入少量活性碳(约 1 g)，将溶液煮沸 5 min，趁热滤去活性炭及其他不溶性杂质。

将滤液转移至 500 mL 锥形瓶中，冷却至 50℃，加入 7.3 mL(0.073 mol)醋酸酐，振摇使其溶解后[2]，立即加入事先配制好的 9 g 结晶醋酸钠溶于 20 mL 水的溶液，充分振摇混合。然后将混合物置于冰浴中冷却，使其析出结晶。减压过滤，用少量冷水洗涤，干燥后称重，产量约 5～6 g。

查阅文献，选择合适的溶剂，进行苯胺的重结晶。

在熔点仪上测定乙酰苯胺的熔点[3]。

注释

[1] 久置的苯胺色深有杂质,最好选用新蒸的苯胺。

[2] 反应物冷却后,固体产物立即析出,沾在瓶壁不易处理,故需趁热、搅拌下倒入醋酸钠溶液中。

[3] 纯乙酰苯胺的熔点为 114.3℃。

思考题

1. 除醋酸酐外,还有哪些酰基化试剂?
2. 加入 HCl 和 NaAc 的目的是什么?
3. 若实验自制的苯胺熔点为 113℃～114℃,试问:所制得的苯胺的纯度如何?

实验二十一　化学反应焓变的测定

关键词　焓变　量热法

实验目的

1. 了解测定化学反应焓变的原理和方法。
2. 掌握移液管、容量瓶的使用及配制准确浓度溶液的方法。
3. 学习使用作图外推的方法处理实验数据。

实验原理

在恒压条件下进行的化学反应，其反应热效应称为等压热效应 Q_p，而根据化学热力学可知，反应的焓变 ΔH 在数值上与 Q_p 相等，因此，可用量热的方法来测定恒压反应的焓变。

本实验是测定常压下锌粉与硫酸铜的反应焓变。

$$Zn + CuSO_4 = Cu + ZnSO_4。$$

这是一个放热反应，$\Delta H<0$。锌粉与硫酸铜的反应在保温杯式量热计中进行（实验图 21－1），则放出的热量一部分使量热计中溶液温度升高，一部分为量热计吸收，因而有如下关系：

$$\Delta H = -[\Delta T c V \rho + \Delta T c_{\mathrm{lr}}]\frac{1}{n}。\quad（实验 21－1）$$

式（实验 21－1）中，ΔH 为反应焓变（$J \cdot mol^{-1}$）；c 为溶液的比热容（$J \cdot K^{-1} \cdot g^{-1}$）；$V$ 为 $CuSO_4$ 溶液的体积（mL）；ρ 为溶液的密度（$g \cdot mL^{-1}$）；n 为体积为 V 的溶液中含 $CuSO_4$ 的物质的量（mol）；c_{lr} 为量热计的热容（$J \cdot K^{-1}$）。

因量热计的热容很小，本实验中可以忽略不计，则：

$$\Delta H = -\Delta T c V \rho \frac{1}{n}。\quad（实验 21－2）$$

由于反应后的温度需要一段时间才能升到最高数值，而本实验所用简易量热计又非严格绝热体系，因此在这段时间里，量热计不可避免地会与环境发生少量热交换。为了校正这些因素对 ΔT 的测量所造成的偏差，需用图解法外推出体系温度变化的 ΔT。以测量温度 T 为纵坐标，时间 t 为横坐标绘制实验图 21－2，按虚线外推至反应刚开始时的 ΔT。这样外推得到的 ΔT 能较真实地反映由反应热效应引起的温差。

仪器与试剂

电子天平，电子分析天平，保温杯式量热计，配套温度计（0.1℃分度，测温范围：0℃～50℃），容量瓶（250 mL），移液管（50 mL），吸耳球，玻璃棒，烧杯（100 mL），洗瓶。

$CuSO_4 \cdot 5H_2O$（固），锌粉（固）。

实验内容

1. 配制准确浓度的 $CuSO_4$ 溶液

预先算出配制 250 mL 0.200 0 $mol \cdot L^{-1}$ $CuSO_4$ 溶液所需 $CuSO_4 \cdot 5H_2O$ 的质量，用电子分析天平称取 $CuSO_4 \cdot 5H_2O$ 固体[1]。

2. 化学反应焓变的测定

(1) 用电子天平称取 3.00 g 锌粉。

(2) 用少量配制好的硫酸铜溶液润洗洁净的 50 mL 移液管 2～3 次，然后精确移取 100 mL硫酸铜溶液，注入已经用水洗净且干燥的保温杯式量热计中。在软木盖中插入 0.1℃刻度的温度计，盖好此盖。

(3) 均匀地摇动保温杯式量热计，每隔 30 s 记录一次温度，至温度保持恒定(一般约 2 min)。

(4) 迅速向溶液中加入 3.00 g 锌粉，立即盖好盖子，仍不断均匀摇动，并继续每隔 30 s 记录一次温度。记录温度至少使温度升到最高数值后再继续测定 3 min。

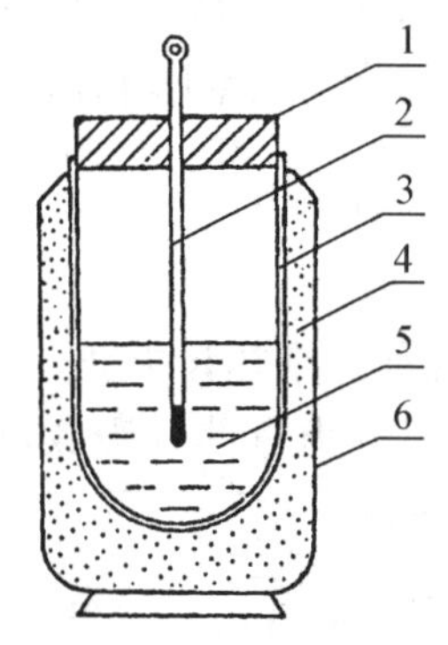

1—泡沫塑料盖；2—1/10℃温度计；3—真空隔热层；
4—隔热材料；5—溶液；6—外壳

实验图 21-1 保温杯式量热计

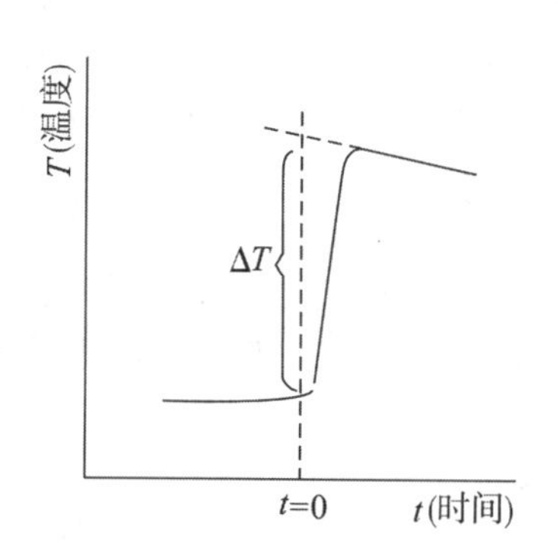

实验图 21-2 图解法外推体系温度的变化

3. 数据处理

用记录的温度 T 对时间 t 作图，用外推法求出 ΔT。然后代入式(实验 21-2)，计算反应焓变。可以取 $c=4.18\ \mathrm{J \cdot K^{-1} \cdot g^{-1}}$，$\rho=1.0\ \mathrm{g \cdot mL^{-1}}$。

注释

[1] 详见 5.4.2 节“溶液的配制”。

思考题

1. 为什么本实验中锌粉只需用电子天平称量，而 $CuSO_4 \cdot 5H_2O$ 则要用电子分析天平称量？

2. 如何配制 $CuSO_4$ 标准溶液？操作中应注意什么？

3. ΔT 为什么要用外推法求得？

4. 试分析本实验结果(绝对值)是偏高还是偏低。怎样从操作上保证结果的准确性？

实验二十二　互溶双液系相图的绘制

关键词　恒沸混合物　相图

实验目的

1. 了解沸点测定及互溶双液系相图绘制的原理和方法。

2. 绘制常压下环己烷-乙醇双液系的沸点-组成($T-x$)图,并确定恒沸混合物的组成和最低恒沸点。

3. 了解阿贝折射仪的使用方法。

实验原理

常温常压下,任意 2 种液体混合组成的体系称为双液体系,若 2 种液体能按任意比例相互溶解,则称完全互溶双液体系;若只能部分互溶,则称部分互溶双液体系。

液体的沸点是指液体的饱和蒸气压与外压相等时的温度,当外压等于 101.325 kPa 时的沸点称为正常沸点。纯液体在一定的外压下有确定的沸点,而双液体系的沸点不仅与外压有关,还与双液体系的组成有关。实验图 22 - 1 是一种最简单的完全互溶双液系的 $T-x$ 图,图中纵轴是温度(沸点)T,横轴是液体 B 的摩尔分数 x_B(或质量百分组成),上面一条是气相线,下面一条是液相线,对应于同一沸点温度的二曲线上的 2 个点,就是互相成平衡的气相点和液相点,其相应的组成可从横轴上获得。如果在恒压下将溶液蒸馏,测定气相馏出液和液相蒸馏液的组成,就能绘出 $T-x$ 图。

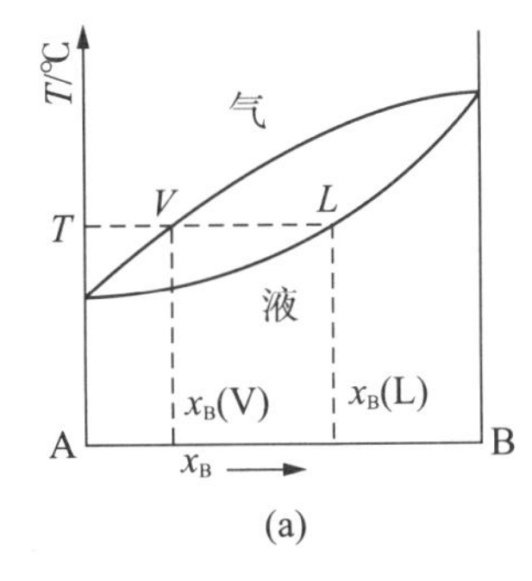

(a)

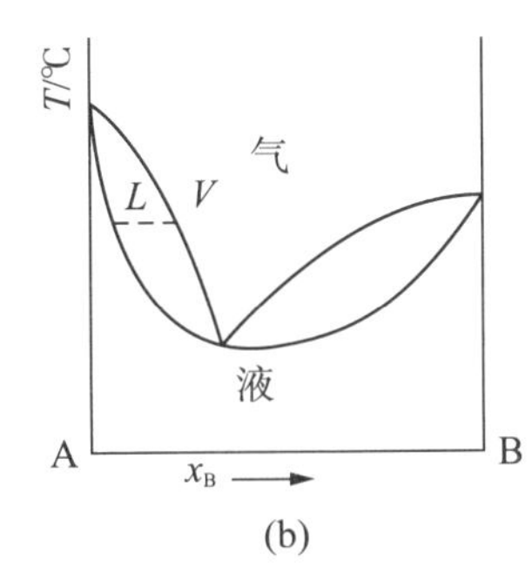

(b)

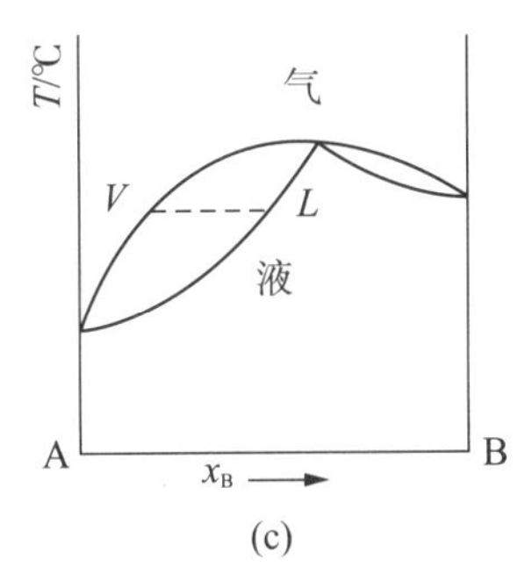

(c)

实验图 22 - 1　互溶双液系的相图

如果液体与拉乌尔定律的偏差不大,在 $T-x$ 图上溶液的沸点介于 A、B 二纯液体的沸点之间(实验图 22 - 1(a))。实际溶液由于 A、B 二组分的相互影响,常与拉乌尔定律有较大偏差,在 $T-x$ 图上会有最高或最低点出现(实验图 22 - 1(b)、(c)),这些点称为恒沸点,其相应的溶液称为恒沸点混合物。恒沸点混合物蒸馏时,所得的气相与液相组成相同,靠蒸馏无法改变其组成。如 HCl 与水的体系具有最高恒沸点,苯与乙醇的体系则具有最低恒沸点。

本实验采用折射率法测定体系在沸点温度时的气、液相组成。首先测定已配制好的不同组成的溶液的折射率,然后绘制折射率与组成的工作曲线。气液平衡时,由温度计直接读得沸点,同时取气、液相样品,用阿贝折射仪测定其折射率,对照折射率-组成工作曲线,查出该折射率对应的组成。用温度和组成数据即可绘制所需的相图。本实验所用装置如图 22 - 2 所示，在简单蒸馏瓶中用电热丝直接加热溶液，这样可以避免过热和暴沸现象发生。

仪器与试剂

超级恒温水浴，温度计（50℃～100℃），沸点仪，阿贝折射仪，滴管，吸量管（1 mL，5 mL），量筒（25 mL），试管，吹风机，镜头纸。

环己烷，无水乙醇，环己烷-乙醇混合液（20%，40%，60%，80%）。

实验内容

1. 超级恒温水浴温度的设置

调节超级恒温水浴，使水浴温度高于室温 5℃，通恒温水于阿贝折射仪中。

2. 绘制折射率-组成工作曲线

将 6 支干净小试管编号，依次移入 0.00 mL、0.20 mL、0.40 mL、0.60 mL、0.80 mL、1.00 mL的环己烷，再依次移入 1.00 mL、0.80 mL、0.60 mL、0.40 mL、0.20 mL、0.00 mL 无水乙醇，轻轻摇动，混合均匀，配成 6 份已知浓度的溶液。用阿贝折射仪测定每份溶液的折射率[1]。测定数据填入实验表 22－1 中，取平均值。以折射率对组成作图，即得工作曲线。

实验表 22－1　折射率-组成工作曲线

溶液浓度（质量分数%）		0%	20%	40%	60%	80%	100%
折射率	1						
	2						
	平均值						

3. 安装沸点仪

按实验图 22－2 所示安装沸点仪，盖好瓶塞，电热丝应尽量靠近容器底部，温度计的位置以水银球的一半浸没在液体中为宜，并注意不要与电热丝相接触。由于整个体系并非绝对恒温，气、液两相的温度会有少许差别，因此沸点仪中，温度计水银球的位置应浸在溶液中，一半露在蒸气中。而且随着溶液量的增加，需不断调节水银球的位置。先通冷凝水，再通电。

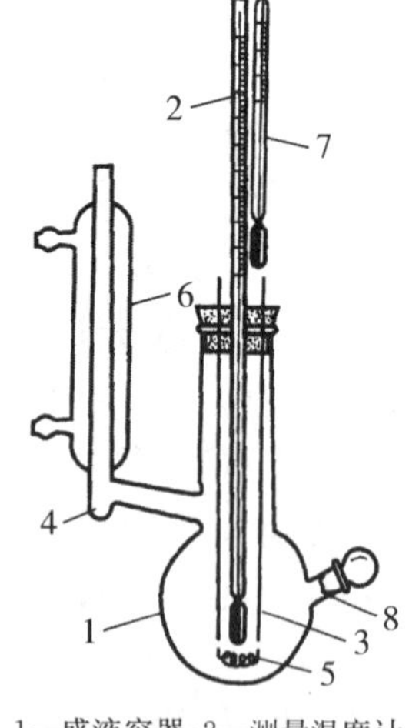

1—盛液容器；2—测量温度计；3—小玻璃球；4—小球；5—电热丝；6—冷凝管；7—温度计；8—支管

实验图 22－2　沸点仪

4. 沸点与组成的测定

本实验以恒沸组成为界，将相图分成两半，分 2 次来绘制相图。首先，在干燥蒸馏瓶中，加入 20 mL 环己烷，调节变压器旋纽，使电压在 10 V 左右[2]，加热液体，使其慢慢升温至溶液沸腾。当冷凝器中有液体回流，温度相对稳定时，记录此温度，即为环己烷的沸点。停止加热，用长滴管自冷凝管上端插入冷凝液收集小槽，将全部冷凝液吸出，倒入回收瓶。

按实验表 22－2 规定的加入量，逐次移取 0.2 mL、0.3 mL……无水乙醇，从支管口加入到蒸馏瓶中，配成环己烷-乙醇混合液，然后加热至气、液平衡。记录温度。停止加热，分别取气、液相样品[3]，测定折射率[4]。实验数据记录于实验表 22－2 中。

实验表 22-2　环己烷-乙醇双液系沸点与组成的测定

混合液的体积组成				气相分析		液相分析	
分　组	每次加入的环己烷的体积/mL	每次加入的无水乙醇的体积/mL	沸点/℃	折射率	组　成	折射率	组　成
第一组	20.00	0.0					
	—	0.2					
	—	0.3					
	—	0.5					
	—	1.0					
	—	5.0					
	—	10.0					

重新安装仪器，按实验表 22-3 规定的加入量，重复实验，测定环己烷-乙醇双液系沸点与折射率。实验数据记录于实验表 22-3 中。

实验表 22-3　环己烷-乙醇双液系沸点与组成的测定

混合液的体积组成				气相分析		液相分析	
分　组	每次加入的环己烷的体积/mL	每次加入的无水乙醇的体积/mL	沸点/℃	折射率	组　成	折射率	组　成
第二组	0.0	20.00					
	0.2	—					
	0.3	—					
	0.5	—					
	1.0	—					
	5.0	—					
	10.0	—					

5. 环己烷-乙醇双液系相图的绘制

将实验中测得的沸点-折射率数据列表，并从工作曲线上查得相应的组成，从而获得沸点与组成的关系。

绘制沸点-组成图，并标明最低恒沸点和组成。

注释

[1] 每份溶液测2次。

[2] 调节电压,使电热丝不发红为限。

[3] 用1支干净滴管取样。用毕,须用吹风机吹干。

[4] 在每改变一次双液系的组成时,蒸馏过程中,由于整个体系的成分不能保持恒定,因此,平衡温度会略有变化,特别是当溶液中2种组成的量相差较大时,变化更为明显。所以,每加入一次样品后,只要待溶液沸腾,正常回流1～2 min,即可取样,测定折射率。

思考题

1. 在该实验中,测定工作曲线时,折射仪的恒温温度与测定样品时折射仪的温度是否需要保持一致?为什么?

2. 过热现象对实验有什么影响?如何在实验中尽可能避免过热现象?

3. 在连续测定法实验中,样品的加入量应十分精确吗?为什么?

4. 试估计哪些因素是本实验误差的主要来源?

实验二十三　电解法制备氧化亚铜

关键词　氧化亚铜　电解　无机合成

实验目的

1. 了解氧化亚铜的制备方法。
2. 掌握电解法在无机合成中的应用。

实验原理

氧化亚铜(Cu_2O)是棕红色结晶粉末，密度 6.11 g·cm^{-3}。它不溶于水而溶于氨水；遇稀硫酸或稀硝酸则歧化生成二价铜盐及金属铜，浓盐酸可使它转变为 CuCl 结晶。在干燥空气中 Cu_2O 很稳定，而在潮湿空气中逐渐氧化成黑色 CuO。温度高于 1 235℃，Cu_2O 熔融，呈黄色。

氧化亚铜(Cu_2O)是一种重要的新型无机功能材料，能带宽为 2.0 eV，比 TiO_2 的 3.2 eV 低许多，可被 600 nm 的光激发，可引发光催化反应。多晶态的 Cu_2O 不像单晶 Cu_2O，可反复使用而不会被还原成 Cu(0)或是氧化成 Cu(Ⅱ)，稳定性很好。工业上，Cu_2O 用于制造船舶底漆、红玻璃、农业杀菌剂等，在电镀工业中也使用较多。

氧化亚铜的制备方法有多种。基本可分 3 类：

① 干法：用铜粉和氧化铜混合密闭锻烧而成；② 湿法：以硫酸铜为原料，用氢氧化钠调节 pH 值，以葡萄糖或亚硫酸钠还原而制得；③ 电解法：以铜为电极电解食盐水而制得，该法工艺流程短，操作简便，因此具有较大优越性。

本实验是以黄铜作阴极，紫铜作阳极，电解碱性 NaCl 溶液制备 Cu_2O。

电解反应如下：

阴极：$2H^+ + 2e^- \rightleftharpoons H_2\uparrow$，

阳极：$Cu - e^- \rightleftharpoons Cu^+$，

$Cu^+ + Cl^- = CuCl$，

$3CuCl + 2NaOH = Cu_2O + H_2O + NaCl$。

电解条件：NaCl 浓度为 240 g·L^{-1}，pH＝8～12，温度为 70℃～90℃，电流密度为 0.15 A·cm^{-2}。

仪器与试剂

电子天平，直流稳压电源，电阻箱，毫安表(0～300 mA)，烧杯(250 mL)。

NaCl(固)，黄铜片(3 cm×5 cm)，紫铜片(3 cm×5 cm)，6 mol·L^{-1} NaOH，0.1 mol·L^{-1} $AgNO_3$，无水乙醇，沙皮纸(0 号，000 号)。

实验内容

实验装置如实验图 23－1 所示：

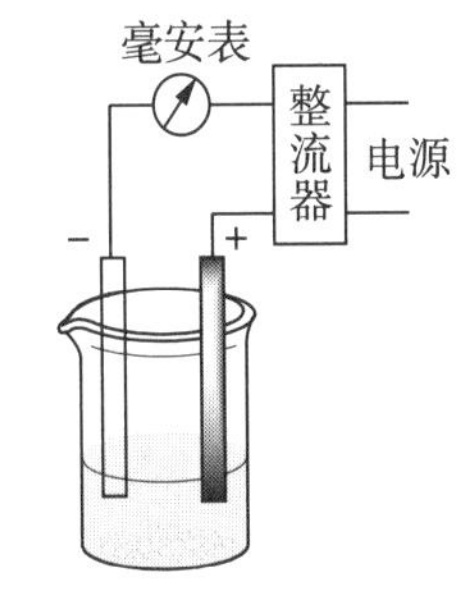

实验图 23－1　制备 Cu_2O 的电解装置

取 250 mL 烧杯作为电解槽。称取 60 g 固体 NaCl 溶于 250 mL 蒸馏水中，滴加 6 mol·L^{-1} NaOH 至溶液的 pH 为 12，加热至 70℃～90℃，恒温。取紫铜片及黄铜片各 1 块，用细沙皮纸擦去表面氧化物，然后用水洗净，晾干后浸入 NaCl 电解液中约 2/3 铜片深度，二电极片间距离保持 1.5 cm，然后按实验图 23－1 装置仪器。阳极（紫铜片）与直流电源的正极相接，阴极（黄铜片）与电源的负极相接。

电解时按下开关，调节电压及电阻[1]，使毫安表指针在 100 mA 处，通电 60 min，关上开关并停止加热。

在整个电解过程中，可通过微调电阻使电流维持恒定[2]。

电解结束后，待溶液冷却，抽气过滤，Cu_2O 用热水洗至无 Cl^-（用 $AgNO_3$ 溶液检验），再用少量乙醇洗 1 次，抽干，产品用角匙刮下，放在表面皿上晾干，称量。

注释

[1] 在实验指定电压下，将电阻箱电阻调至最大，然后逐步减小，观察电流表，使电解电流为 100 mA。

[2] 观察电流表，通过控制电阻使电解电流为 100 mA。

思考题

1. 在整个电解过程中，为何必须维持恒定电流？电解液 pH 值低于 3 或电解温度过高对产品产生什么影响？

2. 试分别写出 Cu_2O 与浓盐酸、稀硫酸及稀硝酸反应的方程式。

实验二十四　一些蛋白质、氨基酸、糖、核糖核酸的鉴定

关键词　蛋白质　氨基酸　糖　核糖核酸　定性鉴定

实验目的

了解一些蛋白质、氨基酸、糖、核糖核酸的性质与鉴定方法。

实验原理

蛋白质是一切生物体内重要的组成部分，是由20多种氨基酸以肽键相互连接而成的复杂的高分子化合物。

蛋白质分子中含有多个与双缩脲相似的肽键，在碱性介质中，与 Cu^{2+} 形成紫红色化合物，发生双缩脲反应。

除脯氨酸、羟脯氨酸外，所有的蛋白质、氨基酸都能与茚三酮反应，生成紫红色至蓝紫色的化合物。

糖类经浓 H_2SO_4 脱水，生成糖醛或其衍生物。后者与α-萘酚结合生成红紫色物质。在糖溶液与浓 H_2SO_4 的液接面处出现紫环。

维生素 B_1 属于水溶性维生素，因含有硫及氨基，又称硫胺素。硫胺素被 $K_3Fe(CN)_6$ 轻微氧化后，生成黄色而带有蓝色荧光的胱氨硫胺素。溶于异丁醇的胱氨硫胺素显深蓝色荧光，在紫外灯下观察，现象更为明显。

用 H_2SO_4 水解RNA时，水解产物是磷酸、戊糖和碱基。磷酸与钼酸铵作用，生成黄色的磷钼酸铵 $(NH_4)_3PO_4 \cdot 12MoO_3$ 沉淀。核糖与地衣酚试剂作用呈鲜绿色，而脱氧核糖核酸与二苯胺试剂作用生成蓝色化合物，但核糖无此反应。嘌呤碱与硝酸银作用，生成白色的嘌呤银化合物沉淀。

仪器与试剂

紫外灯。

尿素（固），NaOH（10%，30%），H_2SO_4（10%），HNO_3（浓），氨水（1 $mol \cdot L^{-1}$），$CuSO_4$（1%），$AgNO_3$（0.1 $mol \cdot L^{-1}$），蛋白溶液[1]，茚三酮-乙醇溶液（0.1%）[2]，甘氨酸（0.5%），α-萘酚-乙醇溶液（2%），葡萄糖（2%），蔗糖（2%），果糖（2%），麦芽糖（2%），梨汁，硫胺素（0.2%），$K_3Fe(CN)_6$（1%），异丁醇，酵母RNA，钼酸铵（2%），地衣酚试剂[3]，二苯胺试剂[4]。

实验内容

1. 蛋白质的性质

(1) 双缩脲反应

取少量尿素于1支干燥的试管中，微火加热使之熔化，待变硬时，停止加热[5]。冷却，加入约1 mL 10%NaOH溶液，振荡使双缩脲溶解。再加入1滴1%$CuSO_4$溶液，混匀，观察粉红色出现。

取2支试管，分别加入数滴蛋白溶液、20滴黄豆提取液[6]，再加入5滴10%NaOH溶液，摇匀，加入1滴1%$CuSO_4$，再摇匀，出现紫红色，示有蛋白质存在。

(2) 茚三酮反应

在1支试管中，加入4滴蛋白溶液、2滴0.1%茚三酮乙醇溶液，混匀后小火煮沸1～

2 min，冷却。溶液颜色由粉红⟶紫红⟶蓝色。

在滤纸上滴上 1 滴 0.5%甘氨酸溶液，风干。加 1 滴 0.1%茚三酮乙醇溶液，显色，烘干，观察紫红色斑点出现。

2. 糖类的反应——α-萘酚反应

在 5 支试管中，分别加入 2%葡萄糖、蔗糖、果糖、麦芽糖和梨汁，再各加少许 2%α-萘酚乙醇溶液，混匀。倾斜试管，分别沿管壁慢慢加入 1 mL 浓 H_2SO_4，再慢慢竖直试管，仔细观察两液接面处的颜色[7]。

3. 维生素 B_1 的反应

在试管中，加入 1～2 mL 0.2%硫氨素溶液、2 mL 1% $K_3Fe(CN)_6$ 溶液和 1 mL 30% NaOH 溶液，充分混匀后，再加入 2 mL 异丁醇，充分振荡。观察上层异丁醇中的黄色荧光。

4. 核糖核酸(RNA)的水解及其水解产物

在锥形瓶内，加入 0.1～0.2 g 酵母 RNA 和 15 mL 10% H_2SO_4 溶液。在瓶口插一玻璃小漏斗，漏斗上盖一表面皿，然后在沸水浴上加热水解约 30 min，过滤。滤液进行如下实验。

在试管中，加入 2 mL 滤液、5 滴浓 HNO_3、1 mL 2%钼酸铵和 1 mL 10% H_2SO_4 溶液，沸水浴上加热，观察黄色磷钼酸铵沉淀出现。

在试管中，加入 1 mL 0.1 mol·L^{-1} $AgNO_3$ 溶液，再逐滴加入 1 mol·L^{-1} 氨水至沉淀消失。然后加入 1 mL 滤液，放置片刻，生成白色嘌呤银化合物沉淀。见光后，变为红棕色。

在 2 支试管中，各加入 1 mL 滤液，再分别加入 1 mL 地衣酚试剂、1 mL 二苯胺试剂，于沸水浴中加热 10～15 min。比较 2 支试管中的颜色变化。

注释

[1] 取 5 mL 蛋清，用蒸馏水稀释至 100 mL，搅拌均匀。

[2] 0.1 g 茚三酮溶于 100 mL 95%乙醇。

[3] 地衣酚试剂的配制：100 mL 浓 HCl 中加入 0.1 g $FeCl_3$，摇匀，贮存备用。使用前加入 476 mg 地衣酚(又称甲基苯二酚)。

[4] 将二苯胺溶于 400 mL 冰醋酸中，再加入 11 mL 浓 H_2SO_4。若冰醋酸不纯，试剂呈蓝色或绿色，则不能使用。

[5] 尿素受热缩合成双缩脲，并放出氨气。此实验应在通风橱内进行。

[6] 可用食用豆浆代替。

[7] 如数分钟内，液接面的颜色没有出现，可将试管在温水浴中加热几分钟。

思考题

1. 氨基酸共有多少种？画出它们的结构式。
2. 蛋白质共有几级结构？它们之间的联系如何？
3. 何谓蛋白质的等电点？其大小和什么有关系？
4. 为什么说维生素 B_1 缺乏将影响糖代谢？

第二部分 综合实验

实验二十五 水的净化及硬度测定[1]

关键词 水的净化 离子交换 配位滴定 电导

实验目的

1. 了解水的污染来源及净化水的一般途径，着重了解离子交换法净化水的原理和方法。

2. 了解水中常见杂质离子的定性鉴定方法。

3. 进一步熟悉电导率仪的操作。

4. 巩固、熟练滴定操作，了解配位滴定测定金属离子浓度的方法。

实验原理

随着工农业生产的迅速发展，向天然水系中排放的污染物日益增加，从而造成了水环境的严重污染，破坏了生态平衡。尤其是像我国这样的缺水国家，控制水的污染，保护水资源，显得尤为重要。

水污染的来源很多，主要有下列几个方面：

1. 有毒物质污染

如铬、镉、汞等的重金属化合物以及氰化物、杀虫剂、农药等。

2. 非毒性的营养物质污染

如洗涤剂中的磷酸盐、化肥中的硝酸盐、某些有机物等。水体中的有毒物质对人体、水生动植物带来直接严重的危害，非毒性的营养物质会导致水体中藻类、细菌等大量繁殖，会耗尽水体中的溶解氧，使鱼类等水生动物无法在水中生存。

由于水的用途很广，一方面要控制污染物的排放，在污染物进入水系前必须进行预处理和净化；另一方面，即使是干净的地表水，如Ⅲ类地表水，在它们用于工业生产、实验室中时，还得经过进一步的净化。

来自江河湖泊中的地表水，进入自来水厂后，要经过沉降脱除泥沙，加入净水剂（如明矾、碱式氯化铝、高铁酸盐等）利用其产生的胶状沉淀吸附去除悬浮物，再通氯气杀菌、除臭后就成了自来水。但这样的自来水中还含有较多量的 Ca^{2+}、Mg^{2+}、Fe^{2+}、Cl^-、SO_4^{2-}、HCO_3^- 等，不利于工业使用（易生成锅垢），洗衣时也要多耗洗涤剂，这种水称为硬水。把硬水中 Ca^{2+}、Mg^{2+} 等杂质离子除去的过程称为硬水的软化。

硬水软化的方法有离子交换法、蒸馏法、化学沉淀法和电渗析法等。

这里介绍离子交换法的原理和方法。

离子交换法是使水通过离子交换树脂来达到除去水中杂质离子的目的。离子交换树脂是一类人工合成的固态球状高分子化合物。阳离子交换树脂（用 R-H 表示，其中 R 为高分子母体，H 是酸性的可交换基团）可以把水中的 Ca^{2+}、Mg^{2+} 等吸附除去而放出 H^+；阴离子交换树脂（R-OH）则能把 SO_4^{2-}、HCO_3^- 等吸附除去而放出 OH^-，H^+ 和 OH^- 结合又生成水。故而把水依次通过阳离子、阴离子交换树脂就可除去其中的杂质离子，从而达到净化水的目的。经交换而失效的阴、阳离子交换树脂可分别用稀的 NaOH、HCl 溶液清洗而再生。

经离子交换后的水由于其中杂质离子含量大大降低，我们称之为软水，它是一种纯度较高的水。

水中含有的杂质离子可以用化学试剂来定性检测，也可用配位滴定的方法加以定量分析。一般以水中 Ca^{2+}、Mg^{2+} 含量(常用 $mmol \cdot L^{-1}$)来表示水的硬度，它是水的纯度的表示方法之一。含 Ca^{2+}、Mg^{2+} 越多，水的硬度越高，纯度越低，相应的水质越差。

水中 Ca^{2+}、Mg^{2+} 含量用配位滴定的方法即可测定。所用配合剂是 EDTA，其全称是乙二胺四乙酸二钠($Na_2H_2Y \cdot H_2O$)。它可与许多金属离子形成稳定的 1∶1 的配合物，因而是一种常见的配合剂。

Ca^{2+}、Mg^{2+} 含量分别以每升水样中含该离子的毫摩尔数表示：

$$Ca^{2+}\text{ 含量} = \frac{cV_1}{V_{sh}} \times 1\,000,$$

$$Mg^{2+}\text{ 含量} = \frac{c(V_2 - V_1)}{V_{sh}} \times 1\,000,$$

$$\text{水的硬度}(mmol \cdot L^{-1}) = \frac{cV_2}{V_{sh}} \times 1\,000。$$

式中　c——EDTA 标准溶液的浓度，单位 $mmol \cdot L^{-1}$；V_{sh}——所取水样的体积，单位 mL；V_1 或(V_2)——测定 Ca^{2+} 含量(Ca^{2+}、Mg^{2+} 总量)时所消耗 EDTA 标准溶液的体积，单位 mL。

也可以用电导率仪测定水的纯度，因为一般说来，水的纯度越高，水中所含各种杂质离子数量越少，电导率就越小，故而从水样的电导率就能估计其纯度的高低。

仪器与试剂

电导率仪(包括电导电极)，离子交换净水装置，碱式滴定管，锥形瓶(250 mL)，烧杯(100 mL)，移液管(25 mL)，量筒(10 mL，50 mL)，试管(若干支)。

HNO_3($2\ mol \cdot L^{-1}$)，$AgNO_3$($0.1\ mol \cdot L^{-1}$)，$BaCl_2$($1\ mol \cdot L^{-1}$)，NaOH($6\ mol \cdot L^{-1}$，$2\ mol \cdot L^{-1}$)，$NH_3 \cdot H_2O$($2\ mol \cdot L^{-1}$)，NH_3-NH_4Cl 缓冲液(pH = 10)，铬黑 T 指示剂，钙指示剂，pH 试纸，EDTA 标准溶液(约 $0.01\ mol \cdot L^{-1}$，准确浓度已标定)。

实验内容[1]

1. 水中杂质离子的检验

(1) Ca^{2+}

取 1 mL 水样，用 $2\ mol \cdot L^{-1}$ NaOH 调 pH 值到 12～13，再加少量钙指示剂，若溶液变红则表明有 Ca^{2+} 存在。对净化前后水样分别检验(以下同)。

(2) Mg^{2+} 或 Ca^{2+}

取 1 mL 水样，用 $2\ mol \cdot L^{-1}$ 氨水调 pH 值至 10 左右，再加少量铬黑 T 指示剂，若溶液变红则表明有 Mg^{2+} 或 Ca^{2+} 存在。

(3) SO_4^{2-}、Cl^-

请利用 SO_4^{2-}、Cl^- 特征反应，设计实验加以检验。

2. Ca^{2+}、Mg^{2+}含量和水的总硬度测定

(1) Ca^{2+}的测定

用移液管准确移取水样 50.00 mL 于 250 mL 的锥形瓶中，加入去离子水约 50 mL，用 6 mol·L^{-1}NaOH 溶液调溶液的 pH = 12～13，加钙指示剂少许，振荡溶液，然后用 EDTA 标准溶液缓慢滴定，滴至溶液由酒红色变为纯蓝色，即为终点，记下消耗的 EDTA 标准溶液的体积，并平行测定 2～3 次，取其平均值进行计算。

(2) Ca^{2+}、Mg^{2+}总量的测定

准确移取水样 50.00 mL 于 250 mL 的锥形瓶中，加入去离子水约 50 mL，用 NH_3-NH_4Cl缓冲溶液调节溶液的 pH 值至 10 左右，加数滴铬黑 T 指示剂，振荡溶液，然后用 EDTA 标准溶液缓慢滴定至溶液由酒红色变为纯蓝色，即为终点，并平行滴定 2～3 次，记下所消耗的 EDTA 标准溶液的体积，取其平均值计算 Ca^{2+}、Mg^{2+}总含量、Mg^{2+}含量及水的硬度。

3. 用电导率仪测定水样的电导率

净化前后的水样[2]由实验室提供，用被测水样冲洗烧杯 2～3 次，然后取水样 50 mL 于小烧杯中，放入搅拌子，磁力搅拌，用电导率仪测出其电导率。

根据水样的来源不同[3]，用电导率仪测定其电导率[4]，并根据本实验提供的方法测定不同来源的水样中 Ca^{2+}、Mg^{2+}含量。

注释

[1] 本实验是同济大学校级精品实验之一。

[2] 该水样由实验室提供，制作过程向学生演示。

[3] 这些水样由实验室(或学生)采集。根据水样来源的不同，要求学生查阅相关文献，在教师指导下，设计并完成实验。

[4] 电导率仪的使用方法见实验四“弱酸电离度与电离常数的测定”。

思考题

1. 去离子水和蒸馏水有何区别？离子交换树脂为何能净化水？
2. 配位滴定与酸碱滴定操作有何异同？应注意什么？
3. 用水样的电导率来估计水的纯度，其依据是什么？可用电导表示吗？
4. 水样分析中的 COD 和 BOD 表示什么？它们可用什么方法测定？

实验二十六　磺基水杨酸铜配合物的组成及稳定常数的测定

关键词　分光光度法　朗伯-比耳定律　磺基水杨酸铜配合物　稳定常数

实验目的

1. 掌握分光光度法测定溶液中配合物组成及稳定常数的原理。
2. 掌握分光光度仪的使用方法。

实验原理

当单色光(单一波长的光)通过一定厚度(b)的有色物质溶液时,有色物质对光的吸收程度(用吸光度 A 表示)与有色物质的浓度(c)成正比:

$$A = \varepsilon b c,$$

这就是朗伯-比耳定律[1]。ε 是比例系数,当波长一定时,它是有色物质的一个特征常数。用分光光度法研究溶液中的配合物时,其前提就是体系中形成的有色配合物对光的吸收行为必须符合朗伯-比耳定律。

在含有 Cu^{2+} 和磺基水杨酸($HO_3SC_6H_3(OH)COOH$,简式为 H_3R)的体系中,随着溶液中的 pH 值不同,可以形成 2 种不同的有色配合物。当 pH<5.5 时,主要以黄绿色的 $[CuR]^-$ 离子形式存在;当 pH > 8.5 时,主要以蓝绿色的 $[CuR_2]^{4-}$ 离子形式存在。本实验以分光光度法研究 pH = 5 时,磺基水杨酸铜配合物的组成和稳定常数。

本实验用连续变化法测定配合物的组成[2]。首先取用物质的量浓度相同的金属离子溶液和配体溶液,在维持总体积(或总的物质的量)不变($V_{Cu}+V_R$=常数)的前提下[3],按照不同的体积比(亦即物质的量之比)配成一系列混合溶液。测定其吸光度 A。以吸光度 A 为纵坐标,以体积分数 $V_{Cu}/(V_{Cu}+V_R)$(亦即物质的量分数)为横坐标,作吸光度 A-体积分数图(实验图 26-1)。

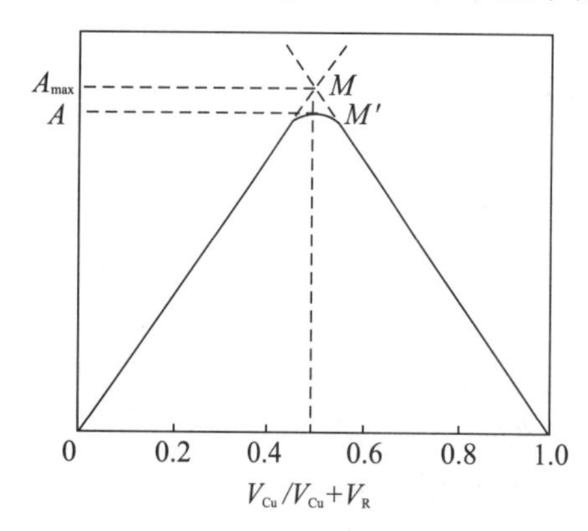

实验图 26-1　吸光度-体积分数图

从理论上讲,根据朗伯-比耳定律,实验图 26-1 中应该得到以 M 点为转折的两条直线,但实际上在顶端出现了弯曲部分,这是由于部分配合物离解所致。将实际图形上两边的直线部分加以延长相交,即得到了 M 点。显然,与 M 点(其吸光度值为 A_{max})相对应的溶液的组成(即金属离子与配体的体积比或物质的量之比)即为该配合物的组成,因为只有在组成与配离子组成相一致的溶液中,形成配合物的浓度最大,因而对光的吸收也最大。

由此可见,当全部形成配合物 MR 时,其吸光度为 A_{max},因部分配合物离解,其浓度要小些,实测吸光度为 A,则配合物的离解度 α 为

$$\alpha = \frac{A_{max} - A}{A_{max}} \times 100\%。$$

因此,组成为1∶1的配合物的稳定常数 K 可由下法求出:

$$
\begin{array}{lccccc}
 & M & + & R & \rightleftharpoons & MR, \\
\text{起始浓度} & 0 & & 0 & & c, \\
\text{平衡浓度} & c\alpha & & c\alpha & & c-c\alpha,
\end{array}
$$

$$K^{\ominus}=\frac{[MR]}{[M][R]}=\frac{1-\alpha}{c\alpha^{2}}。$$

式中,c 是在 A 点假设配合物MR不发生任何离解应有的总浓度。

必须指出,本法测得的是本实验条件下的表观稳定常数,而不是一般手册中给出的热力学稳定常数。因为磺基水杨酸(H_3R)是一种弱酸,在一定的pH条件(pH = 5)下,R^{3-} 离子会发生逐级水解,从而影响与 Cu^{2+} 的配合平衡,这称为酸效应。要想得到热力学稳定常数必须考虑酸效应的影响,对所得结果进行校正[4]。

仪器与试剂

电子分析天平,电子天平,50 mL容量瓶(11只),50 mL烧杯(11只),50 mL酸式滴定管(两根),磁力搅拌器,PHS-25型酸度计,722型分光光度仪。

$Cu(NO_3)_2$ 标准溶液[5],磺基水杨酸标准溶液[6],HNO_3(0.01 mol·L^{-1}),NaOH标准溶液(约0.01 mol·L^{-1},准确浓度已标定),NaOH(0.01 mol·L^{-1},0.05 mol·L^{-1},1 mol·L^{-1}),EDTA标准溶液(约0.01 mol·L^{-1},准确浓度已标定)。

实验内容[7]

1. 按连续变化法,用0.05000 mol·L^{-1} $Cu(NO_3)_2$ 标准溶液及0.05000 mol·L^{-1} 磺基水杨酸标准溶液,在11只50 mL烧杯中依实验表26-1所列体积比,配制混合溶液(用滴定管量取溶液)。

实验表26-1　磺基水杨酸和硝酸铜溶液的配比及其吸光度的测定

溶液编号	1	2	3	4	5	6	7	8	9	10	11
$Cu(NO_3)_2$ 溶液体积/mL	2	4	6	8	10	12	14	16	18	20	22
磺基水杨酸溶液体积/mL	22	20	18	16	14	12	10	8	6	4	2
$Cu(NO_3)_2$ 溶液的体积分数 $V_{Cu}/(V_{Cu}+V_R)$	1/12	2/12	3/12	4/12	5/12	6/12	7/12	8/12	9/12	10/12	11/12
吸光度A											

2. 在每一个编号的混合溶液中插入pH复合电极,并与PHS-25型酸度计连接,在电磁搅拌下,慢慢滴加1 mol·L^{-1} NaOH溶液调节溶液pH值为4.0～4.5左右,然后改用0.05 mol·L^{-1} NaOH溶液调节溶液pH值为5.0(此时溶液的颜色为黄绿色)。若pH值超过5,则可用0.01 mol·L^{-1} HNO_3 溶液回调。注意溶液总体积不要超过50 mL。

3. 将调节好pH值的混合溶液分别转移到预先编有号码的50 mL容量瓶中,用pH值为5的 HNO_3 溶液[8]稀释至标线[9]。

4. 在波长为440 nm的条件下[10](此实验条件下磺基水杨酸溶液不吸收,Cu^{2+} 浓度很低，也基本不吸收，只有二者形成的配合物有一定的吸收)，用 722 型分光光度仪分别测定每个编号混合溶液的吸光度。记入实验表 26 - 1 中。

5. 用实验数据作吸光度 $A-V_{Cu}/(V_{Cu}+V_R)$图，求出配合物的组成比。

6. 从图上找出 A_{max}和 A，求出 α。进而计算配合物的稳定常数 K[11]。

注释

[1] 朗伯-比尔定律是吸光光度法的基础。

[2] 用分光光度法研究配合物的组成和稳定常数时，常用的方法有连续变化法、摩尔比法、平衡移动法等。

[3] 设 f 为金属离子浓度在总浓度中所占的分数，由于所用的金属离子溶液和配位体溶液的摩尔浓度相同，故 f 值与金属离子溶液的体积分数或摩尔分数在数值上是一致的。

[4] 因为配体是一种广义的碱，当金属离子和配体形成配合物时，如果有酸存在，则会和配体结合，生成它的共轭酸，这样一来，配体浓度下降，配合反应受到影响，此作用称为酸效应。考虑到这个因素，就需对所测的稳定常数进行校正。

[5] $Cu(NO_3)_2$ 标准溶液的配制及标定：由于 $Cu(NO_3)_2$ 晶体易潮解，因此在粗配后，需用 EDTA 标准溶液进行标定，具体操作如下：

用电子天平称取 73.0 g $Cu(NO_3)_2 \cdot 3H_2O$(AR)，用蒸馏水溶解，稀释至 1 L，该溶液的粗浓度约为 0.3 mol · L^{-1}。

用移液管吸取 5.00 mL 该溶液，放入 100 mL 容量瓶内，用蒸馏水稀释至标线。再从中吸取 10.00 mL 稀释液至 250 mL 锥形瓶中，加 1 mol · L^{-1}氨水调节 pH≈8，加 10 mL $NH_3 \cdot H_2O-NH_4Cl$ 缓冲溶液(2 mol · L^{-1} NH_4Cl 溶液：1 mol · L^{-1} $NH_3 \cdot H_2O$ 溶液 ＝ 1：1)，再加蒸馏水稀释至 100 mL 左右，加 0.05 g 紫脲酸铵固体指示剂(紫脲酸铵固体与 NaCl 固体的质量比为 1：200)。紫脲酸铵指示剂完全溶解后，溶液呈黄色。用 EDTA 标准溶液滴定至微紫色。

重复上述 $Cu(NO_3)_2$ 浓度的标定，计算 $Cu(NO_3)_2$ 标准溶液的浓度。再将 $Cu(NO_3)_2$ 标准溶液在 250 mL 容量瓶中配制成浓度为 0.050 00 mol · L^{-1}的 $Cu(NO_3)_2$ 标准溶液。

[6] 磺基水杨酸标准溶液的配制和标定：用电子天平称取 76.0 g 磺基水杨酸(AR)，用蒸馏水溶解，稀释至 1 L，该溶液的粗浓度约为 0.3 mol · L^{-1}。

用移液管吸取 5.00 mL 该溶液，加入 20 mL 蒸馏水稀释，加 2 滴酚酞指示剂，以 NaOH 标准溶液滴定至微红色。重复磺基水杨酸浓度的标定，计算磺基水杨酸标准溶液的浓度。再将磺基水杨酸标准溶液在 250 mL 容量瓶中配制成浓度为 0.050 00 mol · L^{-1}的磺基水杨酸标准溶液。

[7] 本实验是同济大学校级精品实验之一。

[8] pH 值为 5 的硝酸溶液的配制：在烧杯中加入蒸馏水，插入 pH 复合电极，并与 PHS - 25 型酸度计相连。在搅拌下，逐滴滴加 0.01 mol · L^{-1} HNO_3 溶液，使溶液的 pH 值为 5.00。

[9] 各溶液配制好后，应尽快进行吸光度测定，不宜久置，以免溶液的吸光度发生变化。

[10]　为了选择合适的波长，可让待测溶液处于光路中，然后连续变化波长，测定其在各波长下溶液的吸光度值，而最大吸光度所对应的波长称为最大吸收波长。如果没有其他干扰，在实验中应以此波长作为入射光源。

[11]　试用熟悉的计算机语言，编制计算配合物稳定常数的程序，计算实验图 26.1 中两条直线的斜率及其相关系数。

思考题

1. 用连续变化法测定配合物组成时，为什么说其中金属离子的物质的量浓度与配体物质的量浓度之比正好与其配合离子组成相同的溶液中，其配合离子浓度最大？

2. 在测定吸光度时，如果温度有较大变化，对测得的稳定常数有何影响？

3. 实验中，每个溶液的 pH 值是否一样？如不一样对结果有何影响？

4. 在使用比色皿时，操作上有哪些应注意之处？

5. 查阅文献，比较本实验的稳定常数 K 测定值与稳定常数 $K^\ominus$ 的文献值，分析误差的原因。

实验二十七　甘氨酸锌螯合物的合成与表征

关键词　甘氨酸锌　螯合物

实验目的

1. 学习氨基酸金属配合物的合成方法。
2. 了解配合物的组成测定和结构表征方法。

实验原理

锌是人体和动物必须的微量元素，它具有加速生长发育、改善味觉、调节肌体免疫、防止感染和促进伤口愈合等功能，缺锌会产生许多疾病。补锌的药物有硫酸锌、甘草酸锌、乳酸锌、葡萄糖酸锌等。由于氨基酸所特有的生理功能，氨基酸与锌的螯合物可直接由肠道消化吸收，具有吸收快、利用率高等优点，还具有双重营养性和治疗作用，是一种理想的补锌制剂。甘氨酸锌为白色针状晶体，熔点 282℃～284℃，易溶于水，不溶于乙醇、醚等有机溶剂，水溶液呈微碱性。本实验以甘氨酸与碱式碳酸锌作用，合成甘氨酸锌螯合物，通过 IR、DSC-TG、XRD 进行结构表征。

仪器与试剂

Nexus 傅里叶红外光谱仪，STA409 热分析仪，D8-X 射线衍射仪，电子天平，烧杯，蒸发皿，磁力搅拌器，马弗炉。

甘氨酸(固)，碱式碳酸锌(固)，乙醇。

实验内容

1. 甘氨酸锌的制备

6.0 g 甘氨酸溶于 100 mL 水中，加入 6.3 g 碱式碳酸锌，95℃下搅拌反应 4 h[1]，趁热抽滤，滤液于水浴上蒸发浓缩至晶膜出现。冷却，析出大量白色晶体，减压过滤，用乙醇洗涤晶体，以 P_2O_5 为干燥剂在干燥器中干燥。称重，计算产率。

2. 甘氨酸锌的表征

将甘氨酸锌于 500℃下灼烧 1 h 后，剩余物质用 EDTA 配位滴定法测定锌的含量[2]。

用 Nexus 傅里叶红外光谱仪，以 KBr 压片法测定甘氨酸锌在 400～4 000 cm^{-1} 范围内的红外光谱。

用 STA409 热分析仪，以 $\alpha-Al_2O_3$ 为参比物，在空气氛中测定配合物的 DSC、TG 曲线，升温速率为 10℃ · min^{-1}，并分析其热分解过程。用 D8-X 射线衍射仪，测定配合物的 X 射线粉末衍射图，并进行物相分析。

注释

[1]　可选用水浴加热。

[2]　查阅相关文献，与指导教师讨论 EDTA 配位滴定法测定锌的含量的实验方案。

思考题

1. 本实验中，甘氨酸过量好，还是碱式碳酸锌过量好，为什么？

2. 在计算甘氨酸锌产率时，应以甘氨酸的用量，还是以碱式碳酸锌的用量计算？影响甘氨酸锌产率的因素有哪些？

3. 在甘氨酸锌螯合物中，甘氨酸配体的含量如何测定？如何根据表征结果推断甘氨酸锌的结构？

实验二十八　无氰镀铜

关键词　*焦磷酸铜配合物　无氰电镀*

实验目的

1. 了解有关电解质溶液、电解、配合物等基础知识的综合应用。
2. 掌握焦磷酸铜的制备方法。
3. 学习无氰电镀的基本原理和操作。

实验原理

$K_4P_2O_7$ 是由 K_2HPO_4 缩合而成：

$$2\,K_2HPO_4 \xrightarrow{\text{缩合反应},\triangle} K_4P_2O_7 + H_2O。$$

$K_4P_2O_7$ 与 $CuSO_4$ 反应生成难溶的 $Cu_2P_2O_7$。

长期以来，各种电镀溶液都离不开 NaCN（俗称山萘），它不但危害人们的健康，也造成环境的严重污染。无氰电镀溶液是以 $Cu_2P_2O_7$ 和 $K_4P_2O_7$ 形成的配合物为基本成分。

$$Cu_2P_2O_7 + 3K_4P_2O_7 = 2K_6[Cu(P_2O_7)_2]。$$

电镀时的电极反应：

阴极反应：$Cu^{2+} + 2e \rightleftharpoons Cu$，

阳极反应：$Cu \rightleftharpoons Cu^{2+} + 2e$，

影响镀层质量的主要因素是电镀液的性质、电流密度、溶液的 pH 值及镀前处理等。

仪器与试剂

电子天平，磁力搅拌器，直流稳压电源，电阻箱，导线，电流表，烧杯（100 mL），石墨电极，镀件。

$K_4P_2O_7$（固），$CuSO_4 \cdot 5H_2O$（固），活性炭，酒石酸（固），柠檬酸（固），H_2O_2（30%），浓氨水。

实验内容

1. $Cu_2P_2O_7$ 的制备

在 2 个 100 mL 的烧杯中加入 6.6 g $K_4P_2O_7$ 和 10 g $CuSO_4 \cdot 5H_2O$，并各加入约 50 mL 蒸馏水，加热溶解。搅拌下，趁热将 $K_4P_2O_7$ 溶液缓慢加入到 $CuSO_4$ 溶液中，即刻生成 $Cu_2P_2O_7$ 沉淀。静置片刻，上层清液的 pH 应为 5 左右。用倾析法倾去上层的清液，用温水洗涤 2～3 次[1]。

2. 含配合物的电镀液的配制

将以上制得的 $Cu_2P_2O_7$ 悬浮于适量的蒸馏水中，加入 30 g $K_4P_2O_7$ 固体，搅拌溶解，得到深蓝色的 $[Cu(P_2O_7)_2]^{6-}$ 配离子溶液（pH 为 9～10）。电镀液的总体积为 100 mL 左右。加入 4～5 滴 30% H_2O_2，以氧化 $CuSO_4$ 中可能存在的 Cu^+。加入 0.2 g 活性炭，加热至 60℃～70℃，冷却，过滤。

在滤液中加入适量的柠檬酸或酒石酸晶体（作为辅助配合剂）使 pH 值约为 7。然后加入适量的浓氨水（以增加镀层的光亮度），使 pH 为 8～8.5。

3. 电镀铜

按实验图 28－1 装置仪器：

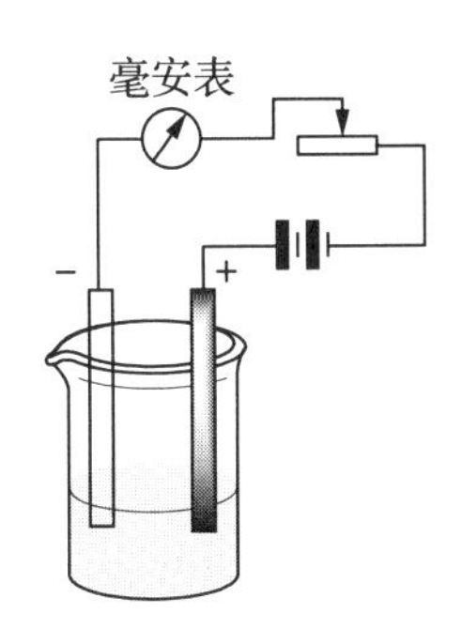

实验图 28－1　无氰镀铜的装置

控制镀液[2]的温度为 40℃左右。

将铁镀件挂在阴极上，根据镀件的面积，调节变阻箱使阴极电流密度为 $5\times10^{-3}\sim8\times10^{-3}$ $A\cdot m^{-2}$（0.5～0.8 $A\cdot dm^{-2}$）。整个电镀过程中，应不断轻轻搅动溶液。30 min 后，取出镀件。

注释

[1]　残留的 SO_4^{2-} 会影响镀层的光亮度。

[2]　镀镍液的配制：

$NiSO_4\cdot7H_2O$	150～180 $g\cdot L^{-1}$，
NaCl	15～20 $g\cdot L^{-1}$，
$NaSO_4$	80～100 $g\cdot L^{-1}$，
H_3BO_3	40 $g\cdot L^{-1}$，
pH(用 NaOH 调节)	5～5.5，
温度	30℃～40℃，
阴极电流密度	0.8～1.0 A/dm^2，
电镀时间	30 min。

思考题

1. 氰化电镀液和金矿废水中含有 CN^-，试问有何方法除去 CN^-？
2. 除焦磷酸盐镀铜体系外，还有其他哪些无氰镀铜体系？
3. 本实验采用铁质镀件，如何在塑料件上镀铜？

实验二十九　硫酸铜中铜含量和结晶水的测定

关键词　硫酸铜　碘量法　结晶水　热分析

实验目的

1. 掌握用碘量法测定铜含量的原理和方法。

2. 了解热分析的原理和技术，用热分析仪测定硫酸铜的 DSC 和 TG 谱图，并了解定性解释图谱的基本方法。

实验原理

1. 碘量法

碘量法测铜选择性高，常被用来测定各种物质中的铜含量。在弱酸性溶液中，Cu^{2+} 与过量 KI 作用，发生如下反应：

$$2Cu^{2+} + 4I^- = 2CuI + I_2。$$

析出的 I_2 用 $Na_2S_2O_3$ 标准溶液滴定，可以间接计算铜的含量。Cu^{2+} 与 I^- 的反应是可逆的，任何引起 Cu^{2+} 浓度的减少（如形成配合物）或引起 CuI 溶解度增加的因素均使反应不完全。加入过量 KI，可使 Cu^{2+} 的还原趋于完全，但是，CuI 沉淀强烈吸附 I_3^-，又会使结果偏低。通常的办法是加入硫氰酸盐，将 CuI（$K_{sp}^{\ominus}=1.1\times10^{-12}$）转化为溶解度更小的 CuSCN 沉淀（$K_{sp}^{\ominus}=4.8\times10^{-15}$），把吸附的碘释放出来，使反应更趋于完全。但 SCN^- 只能在临近终点时加入，否则有可能直接将 Cu^{2+} 还原 Cu^+，致使计量关系发生变化。反应方程式如下：

$$CuI + SCN^- = CuSCN\downarrow + I^-,$$

$$6Cu^{2+} + 7SCN^- + 4H_2O = 6CuSCN\downarrow + SO_4^{2-} + CN^- + 8H^+。$$

溶液的 pH 值一般应控制在 3.0～4.0 之间。酸度过低，Cu^{2+} 易水解，使反应不完全，结果偏低，而且反应速度慢，终点拖长；酸度过高，则 I^- 被空气中的氧氧化为 I_2（Cu^{2+} 催化此反应），使结果偏高。

虽然用升华法可制备纯碘，但由于碘的升华作用，称量时易引起质量损失，而且碘蒸气对分析天平有一定的腐蚀作用，所以，碘标准溶液多采用间接法配制。碘在纯水中的溶解度很小，但 I_2 可与 I^- 作用生成 I_3^-，使其溶解度大大增加。实验室中常配制含有过量 KI 的碘溶液，并保存在棕色瓶内。

硫代硫酸钠（$Na_2S_2O_3\cdot5H_2O$）往往含有少量杂质，如 S、Na_2SO_3、Na_2SO_4 等。$Na_2S_2O_3$ 晶体易吸湿潮解。而且 $Na_2S_2O_3$ 容易受空气和微生物等作用而发生分解，日光也能促进其分解，因此不能直接配制成 $Na_2S_2O_3$ 标准溶液。另外，必须用新煮沸后冷却的蒸馏水配制 $Na_2S_2O_3$ 溶液，再加入少量 Na_2CO_3，并贮存在棕色瓶中，以防止其分解。

可以用 As_2O_3 直接标定 I_2 溶液。通常采用 $K_2Cr_2O_7$ 作基准物质来标定 $Na_2S_2O_3$ 溶液的浓度，然后再用 $Na_2S_2O_3$ 标准溶液标定 I_2 溶液。其基本原理是：$K_2Cr_2O_7$ 先与 KI 反应析出 I_2，然后用待标定的 $Na_2S_2O_3$ 标准溶液滴定析出的 I_2。

$$Cr_2O_7^{2-} + 6I^- + 14H^+ = 2Cr^{3+} + 3I_2 + 7H_2O,$$

$$I_2 + 2S_2O_3^{2-} \longrightarrow S_4O_6^{2-} + 2I^-。$$

计算 $Na_2S_2O_3$ 溶液浓度的公式为：

$$c_{Na_2S_2O_3} = \frac{6m_{K_2Cr_2O_7} \times 1\,000}{V_{Na_2S_2O_3} \cdot M_{K_2Cr_2O_7}}。$$

式中，$M_{K_2Cr_2O_7}$ 是 $K_2Cr_2O_7$ 的摩尔质量，294.2 g·mol^{-1}；$m_{K_2Cr_2O_7}$ 是称取 $K_2Cr_2O_7$ 的质量，单位：g；$V_{Na_2S_2O_3}$ 是消耗 $Na_2S_2O_3$ 的体积，单位：mL。

2. 热分析

$CuSO_4 \cdot 5H_2O$ 在 110℃时开始失去结晶水，5 个结晶水分 3 步失去，650℃时分解。运用热分析法可定量测定结晶水，原理详见 6.9。

仪器与试剂

电子分析天平，电子天平，滴定管，碘量瓶，移液管，STA409 热分析仪。

$Na_2S_2O_3 \cdot 5H_2O$(固)，Na_2CO_3(固)，KI(10%)，淀粉溶液(1%)，HCl(6 mol·L^{-1})，H_2SO_4(1 mol·L^{-1})，$K_2Cr_2O_7$(AR 或基准试剂)，KSCN(10%)，$CuSO_4 \cdot 5H_2O$(固)，α - Al_2O_3(固)。

实验内容

1. 0.1 mol·L^{-1} $Na_2S_2O_3$ 溶液的配制

称取 12.5 g $Na_2S_2O_3 \cdot 5H_2O$ 置于 500 mL 烧杯中，加入 300 mL 新煮沸已冷却的蒸馏水。待完全溶解后，加入 0.2 g Na_2CO_3，然后用新煮沸已冷却的蒸馏水稀释至 0.5 L。贮于棕色瓶内，在暗处放置 7～10 d 后标定。

2. 0.1 mol·L^{-1} $Na_2S_2O_3$ 溶液的标定

准确称取计算量的已烘干的 $K_2Cr_2O_7$(按消耗 25～35 mL 0.1 mol·L^{-1} $Na_2S_2O_3$ 溶液计算)于 250 mL 碘量瓶中，加入 10～20 mL 水使之溶解，再加入 20 mL 10%KI 溶液和 5 mL 6 mol·L^{-1}HCl，混匀，塞好瓶塞，并加以水封，置于暗处 5 min[1]。然后用 50 mL 水稀释，用 0.1 mol·L^{-1} $Na_2S_2O_3$ 溶液滴定至黄绿色，加入 1 mL1%淀粉溶液，继续滴定至蓝色变绿色，即为终点[2]。

平行滴定 3 次，计算 $Na_2S_2O_3$ 标准溶液的浓度。

3. 硫酸铜中铜含量的测定[3]

准确称取 $CuSO_4 \cdot 5H_2O$ 试样(按消耗 25～35 mL 0.1 mol·L^{-1} $Na_2S_2O_3$ 标准溶液计算)于 250 mL 锥形瓶中，加 3 mL 1 mol·L^{-1} H_2SO_4 溶液和 30 mL 水使之溶解。加入 7～8 mL 10%KI 溶液，立即用 $Na_2S_2O_3$ 标准溶液滴定至呈浅黄色，然后加 1 mL 1%淀粉溶液，继续滴定至呈浅蓝色。再加入 5 mL 10%KSCN 溶液，摇匀后溶液转为深蓝色，再继续滴定至蓝色恰好消失，此时溶液为浅色 CuSCN 悬浮液[4]。

平行滴定 3 次，计算硫酸铜的含量(公式自拟)。

4. $CuSO_4 \cdot 5H_2O$ 中结晶水的确定[5]

开启 STA409 热分析仪的恒温水浴槽，调节水浴温度至 30℃左右，并启动恒温装置。

打开 STA409 差热分析仪主机，控制炉体外壳起降。称取约 6～7 mg$CuSO_4 \cdot 5H_2O$ 晶体试样[6]于热分析仪的测试坩埚中，在参比坩埚中放入质量相等的参比物(α - Al_2O_3)[7]。

启动计算机，打开测试软件“STA 409PC”。

打开保护气和吹扫气气体钢瓶。

进行基线测试的参数设定。进入测试程序中的“文件”菜单⟶“新建”⟶选择“修正”以及材料、编号和名称、坩埚类型、吹扫气和保护气等，然后设定初始温度为室温，终止温度为250℃，升温速率采用10 K · min^{-1}，设定基线测试的文件名，并加以保存。

点击“开始”按钮，进行基线测试。

样品测试。进入“文件”菜单⟶“打开”打开基线测试文件⟶填表⟶选择标准温度校正文件⟶选择标准灵敏度校正文件⟶选择或进入温度控制编程程序。点击“开始”按钮，进行样品的DSC和TG谱图测试。

5. 数据处理

指出 $CuSO_4 \cdot 5H_2O$ DSC谱图[8]中各峰的起始温度和峰温，讨论各峰[9]所对应的可能变化。指出TG曲线中各失重阶段可能的热分解反应。

注释

[1] $K_2Cr_2O_7$ 与KI反应并非立即完成，在稀溶液中反应更慢。因此，应在反应完成后稀释。在本实验条件下，大约经5 min反应，即可完成。

[2] 滴定结束，碘量瓶中的溶液放置一段时间后会变蓝色。如果不是很快变蓝(经过5～10 min)，那就是由于空气氧化所致。如果很快而且不断变蓝，说明 $K_2Cr_2O_7$ 和KI的反应在滴定前进行得不完全，溶液稀释过早。遇此情况，重新实验。

[3] 本实验步骤只能用于无干扰物质的试样。若试样含 Fe^{3+}，Fe^{3+} 能氧化 I^-，对测定有干扰，可以加入 NH_4HF_2 掩蔽 Fe^{3+}。NH_4HF_2(即 $NH_4F \cdot HF$)是一种缓冲溶液，因 $K_a^\ominus(HF)=6.6\times10^{-4}$，溶液的pH值可控制在3.0～4.0之间。

[4] 滴定过程中，溶液颜色变化复杂，但终点即为深蓝色恰好消失。CuSCN悬浮液有时会呈米色，有时会呈浅灰色。

[5] DSC分析是一种动态分析方法，实验条件对结果有很大影响。一般要求：试样用量尽可能少，这样，所测得的峰比较尖锐，能分辨出相邻很近的峰。样品过多往往因相邻的峰互相重叠，使得出峰变宽。另外，选择适宜的升温速率非常重要，升温速率低，基线漂移小，出峰峰形矮且宽，可分辨出相邻很近的热变化，但测定时间长。升温速率高，峰形尖锐，测定时间短，但基线漂移明显，出峰温度误差大，分辨率下降。

[6] $CuSO_4 \cdot 5H_2O$ 试样需研磨成与参比物粒度相仿，约200目，两者装填在坩埚中的紧密程度应尽量相同。

[7] 作为参比物的材料，要求在整个测定温度范围内应保持良好的热稳定性，不应有任何热效应产生。常用的参比物有煅烧过的 $\alpha-Al_2O_3$、MgO、石英砂等。测定时，应尽可能选取与试样的比热容、导热系数相近的物质作参比物。

[8] DSC曲线峰面积(S)的大小与试样所产生的热效应(ΔH)成正比，即 $\Delta H=KS$，K 为比例常数。将未知试样与已知热效应物质的差热峰面积相比，就可以求出未知试样的热效应。实际上，由于样品和参比物间往往存在着比热容、导热系数、粒度、装填紧密程度等方面的不同，在测定过程中，又由于熔化、分解转晶等物理或化学性质的改变以及未知试样与参比物的比例常数 K 不尽相同，用峰面积定量计算获得的热效应误差很大，但DSC分析可用于定性鉴别物质。与X射线衍射、质谱、色谱、热重法等

相配合,可获得物质的组成、结构以及反应动力学等方面的信息。

[9] $CuSO_4 \cdot 5H_2O$ 的失水过程为

$$CuSO_4 \cdot 5H_2O \longrightarrow CuSO_4 \cdot 3H_2O \longrightarrow CuSO_4 \cdot H_2O \longrightarrow CuSO_4,$$

最后一个水分子以氢键与 SO_4^{2-} 键合。

思考题

1. 如何正确使用碘量瓶?
2. 如何配制与贮存浓度比较稳定的 $Na_2S_2O_3$ 溶液?
3. 为什么在标定 $Na_2S_2O_3$ 溶液时,滴定至黄绿色才加入淀粉指示剂?
4. 标定 $Na_2S_2O_3$ 溶液的基准物质有哪些?
5. 溶解 $CuSO_4$ 时,应加硫酸、盐酸,还是硝酸?为什么?
6. 已知 $E^\ominus(Cu^{2+}/Cu^+)=0.159\ V$,$E^\ominus(I_3^-/I^-)=0.545\ V$,为何在本实验中,$Cu^{2+}$ 能氧化 I^-?
7. 碘量法测铜含量时,为什么需在弱酸性条件下进行?在用 $K_2Cr_2O_7$ 标定 $Na_2S_2O_3$ 溶液时,需先加 5 mL 6 $mol \cdot L^{-1}$ HCl,而在用 $Na_2S_2O_3$ 滴定时,却要加入 100 mL 蒸馏水稀释,为什么?
8. 用碘量法测定铜含量时,为什么需加 KSCN 溶液?可否用 NH_4SCN 代替 KSCN 溶液?
9. 在热分析实验中,为什么要选择适宜的升温速率?
10. DSC 曲线上的出峰数目、位置、方向、峰面积有何物理意义?
11. 能否直接从测定的峰面积来计算反应热?

实验三十　工业乙醇的提纯及纯度检验

关键词　蒸馏　气相色谱　保留时间

实验目的

1. 掌握蒸馏的基本操作。
2. 了解 GC-2000 气相色谱仪的基本结构，熟悉气相色谱分析的基本操作。
3. 掌握微量进样器的进样技术。
4. 掌握以气相色谱保留值进行定性分析以及用归一化法进行定量分析的方法。

实验原理

工业乙醇常混有甲醇等醇系物以及其他杂质，由于它们的沸点差异较大，可通过常压蒸馏的方法加以纯化。

气相色谱法是常用的物质纯度检验和分析的方法。在一定条件下，每一种物质均有各自确定的保留值，因此可利用纯物质保留值与同一条件下各组分的保留值进行比对的方法进行定性分析，并利用归一化法进行定量分析。

仪器与试剂

电子天平，圆底烧瓶(100 mL)，玻璃漏斗，蒸馏头，温度计套管，直形冷凝管，尾接管，锥形瓶，温度计(0℃～100℃)，电热套，GC-2000 气相色谱仪，计算机，氢气发生器，微量进样器(5 μL)。

粗乙醇，CaO(固)，无水甲醇，无水乙醇，正丙醇，正丁醇，异丙醇，微量进样器。

气相色谱分析的标样配制：由含量相近的无水甲醇、无水乙醇、正丙醇、异丙醇、正丁醇混合而成。

实验内容

1. 粗乙醇的蒸馏纯化

按实验图 30-1 所示装置仪器。在 100 mL 圆底烧瓶中加入 60 mL 粗乙醇[1]、15 g CaO[2]和 2～3 粒沸石[3]，装好温度计，通冷凝水。加热，注意观察圆底烧瓶中的现象和温度计读数的变化。当瓶内液体开始沸腾时，蒸气前沿逐渐上升，水银柱急剧上升。这时应适当控制加热，使温度略有下降，让水银球上的液滴和蒸气达到平衡，然后再稍高温度进行蒸馏。温度控制在使液滴以 1～2 滴/s 流出为宜。当温度计读数上升至 77℃时，换一个已称量过的干燥锥形瓶作为接受瓶。收集 77℃～79℃馏分。当瓶内只剩下少量液体(约几毫升)时，温度计读数突然下降，即可停止蒸馏。

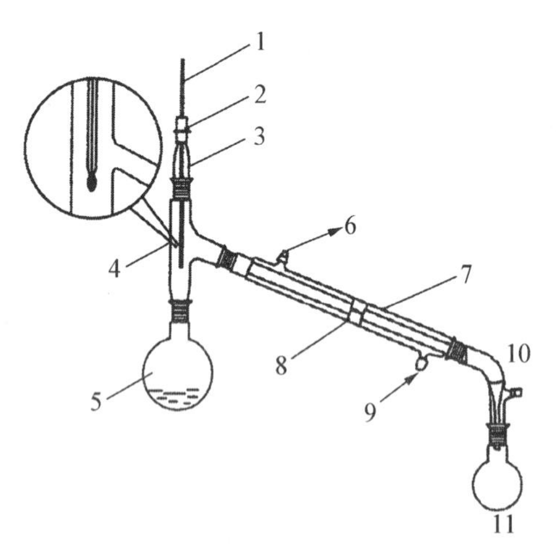

1—温度计；2—橡皮管；3—温度计套管；4—蒸馏头；5—蒸馏瓶；6—出水；7—冷凝器；8—夹子；9—进水；10—接引管；11—接引瓶

实验图 30-1　半微量乙醇蒸馏装置

称量所收集馏分的质量，计算产率。

2. 产品纯度的检验

(1)气相色谱条件

氢火焰离子化检测器(FID)，OV-17 毛细管柱，柱长 25 m。流速为 1.0 mL·min^{-1}，分流比为 20∶1，尾吹气约为 30 mL·min^{-1}。程序升温：初始柱温为 70℃，保持 3 min，然后以 5℃·min^{-1}，程序升温至 100℃。

检测温度 110℃，进样器温度 110℃，柱温 85℃，载气流速 50～60 mL/min。

(2)操作步骤

① 设置气相色谱条件，设置计算机的分析计算程序。

② 进行气相色谱操作。

用微量进样器进样。

进样物质：粗乙醇、蒸馏产物、无水甲醇、无水乙醇、混合标样。

进样量：1～2 μL。

进样时，同步点击采集按钮，进行数据采集。

待色谱峰出完后，点击停止采集按钮，结束色谱分析。然后打印出实验结果。

③ 记录粗乙醇、蒸馏产物、无水甲醇和无水乙醇保留值。保留时间相近者，则属同一种物质。确定混合标样中各组分的出峰顺序和保留值，并记入实验报告。

④ 打印谱图和相关数据，用归一化法，分析粗乙醇中甲醇的含量，分析标样中各组分的含量。

注释

[1] 加料时使用玻璃漏斗，或沿对着蒸馏头支管口的瓶颈将粗乙醇小心倒入，注意勿使液体从支管流出。

[2] 加入 CaO 以去除水分。

[3] 沸石可由多种方法得到，如可通过拉制玻管自制，也可以使用陶瓷片，如小的坩埚碎片等。

思考题

1. 沸石的作用是什么？如果蒸馏前忘记加沸石，能否将沸石加入到即将沸腾或已经沸腾的液体中？用过的沸石是否能用于下一次蒸馏？
2. 为什么蒸馏时最好将馏出液的速度控制在 1～2 滴/s？
3. 本实验的蒸馏产物是无水乙醇吗？为什么具有恒定沸点的液体，不一定是纯物质？
4. 气相色谱仪由哪几部分组成？
5. 为什么能以保留值进行气相色谱的定性分析？

实验三十一　药物——阿司匹林的合成及其含量的测定

关键词　阿司匹林　紫外光谱　红外光谱　核磁共振谱　荧光测定

实验目的

1. 掌握乙酰水杨酸的合成、鉴定及含量的测定方法。
2. 进一步了解重结晶及熔点测定等基本操作。
3. 了解紫外光谱、红外光谱、核磁共振谱在有机合成中的应用。
4. 了解荧光法测定药物中乙酰水杨酸和水杨酸的方法，并熟悉荧光仪的操作方法。

实验原理

乙酰水杨酸(俗称阿司匹林)是现代生活中最常用的药物之一，具有止痛、退热和消炎的作用。阿司匹林药片通常由 0.32 g 乙酰水杨酸与少量淀粉压片而成，通常还有 10%二羟胺基乙酸铝和 20%碳酸镁。许多解热镇痛药中都含有阿司匹林，此外还含有 N -(4 -乙氧基苯基)乙酰胺(非那西汀)和 1,3,7 -三甲基黄嘌呤(咖啡因)。

水杨酸(邻羟基苯甲酸)是个双官能团化合物，既是酚，又是羧酸，因此它可以进行 2 种类型的化学反应。在乙酸酐的存在下，水杨酸中的羟基发生脂化反应，生成乙酰水杨酸(阿司匹林)：

$$o\text{-}HOC_6H_4COOH + (CH_3CO)_2O \xrightarrow[\triangle]{H_2SO_4} o\text{-}CH_3COOC_6H_4COOH + CH_3COOH$$

有机反应通常伴有副反应，双官能团的水杨酸也是这样。主要的副产物是少量的聚合酯：

$$n\ o\text{-}HOC_6H_4COOH \xrightarrow[\triangle]{H^+} \text{—}O\text{—}C_6H_4\text{—}C(=O)\text{—}O\text{—}C_6H_4\text{—}C(=O)\text{—}O\text{—}C_6H_4\text{—}C(=O)\text{—}O\text{—} + H_2O$$

同时由于反应不完全，或者在分离过程中产物发生水解，水杨酸也是主要的杂质之一。

乙酰水杨酸可以溶解在 $NaHCO_3$ 溶液中，而副产物聚合酯不溶于 $NaHCO_3$，因此，乙酰水杨酸粗产品可以用 $NaHCO_3$溶液纯化。此外，水杨酸也会溶解在 $NaHCO_3$ 溶液中，但在随后的重结晶过程中，可以将水杨酸与产物分离。

水杨酸分子含有酚官能团，与大多数其他酚一样，可以与 $FeCl_3$ 形成深色配合物。阿司匹林的酚基已被乙酰化，不再发生颜色反应。可以通过这一特点定性检验水杨酸的存在。

乙酰水杨酸的结构可通过测定其红外、^1H 核磁共振谱加以表征。

测定乙酰水杨酸的方法很多，若用稀 NaOH 溶液溶解，乙酰水杨酸水解生成水杨酸二钠盐：

$$\text{C}_6\text{H}_4(\text{COOH})(\text{O}-\underset{\underset{\text{O}}{\|}}{\text{C}}-\text{CH}_3) + 2\text{NaOH} \xrightarrow{H_2O} \text{C}_6\text{H}_4(\text{COONa})(\text{ONa})$$。

该溶液在 296.5 nm 处有吸收。测定系列浓度的乙酰水杨酸的 NaOH 溶液的吸光度值，并根据已知浓度的水杨酸的 NaOH 溶液的标准曲线，便可求出乙酰水杨酸的浓度。根据两者相对分子质量，即可获得产物中乙酰水杨酸的含量。

$$\text{乙酰水杨酸的浓度}(\text{mg}\cdot\text{mL}^{-1}) = \text{水杨酸的浓度} \times \frac{180.15}{138.12}。$$

若以氯仿作溶剂，用荧光法可分别测定乙酰水杨酸和水杨酸含量。加少许 HAc 可增加二者的荧光强度。

仪器与试剂

Agilent 8453 UV－Vis 紫外分光光度仪，Nexus 傅里叶红外光谱仪，核磁共振仪，LS－55 荧光磷光光谱仪，电子天平，电子分析天平，容量瓶(100 mL)，锥形瓶(125 mL)。

水杨酸，乙酸酐，$NaHCO_3$ 饱和溶液，浓 HCl，浓 H_2SO_4，NaOH(0.1 mol·L^{-1})，$FeCl_3$(1%)，氯仿，HAc。

实验内容

1. 乙酰水杨酸的合成

在电子天平上称取 2.0 g(0.015 mol)水杨酸晶体，置于 125 mL 锥形瓶中。加 5 mL(0.05 mol)乙酸酐[1]，接着用滴管加 5 滴浓 H_2SO_4。缓缓旋摇直至水杨酸溶解。置沸水浴上缓和加热 5～10 min。让烧瓶冷却至室温，乙酰水杨酸在此期间开始反应，混合物中有结晶析出。如不结晶，用玻璃棒摩擦瓶壁并置混合物于冰水浴中稍加冷却，直至开始结晶为止。加水 50 mL，并置混合物于冰水浴中冷却，以使结晶完全。减压过滤，用滤液反复淋洗锥形瓶，直至所有晶体被收集到布氏漏斗中。用少量冷水洗涤晶体，继续抽滤将溶剂尽量抽干。称量粗产品，计算产量和产率。

2. 产品的纯化

将粗产品移入 150 mL 烧杯中，加入 25 mL 饱和 $NaHCO_3$ 溶液，搅拌至无 CO_2 气泡产生。用布氏漏斗抽滤，高聚物等不溶杂质被滤出，用 5～10 mL 水洗涤，合并滤液，倒入预先盛有 5 mL 浓 HCl 和 10 mL 蒸馏水的烧杯中，搅拌均匀，即有乙酰水杨酸沉淀析出。将烧瓶在冰水浴中冷却，使结晶完全。抽滤，并用玻璃塞压干晶体，再用少量冰水洗涤沉淀 2 次，压干。将晶体转移至表面皿。

取少许晶体于试管中，加入 5 mL 蒸馏水溶解。滴加 1～2 滴 1%$FeCl_3$ 溶液，观察颜色变化[2]。

3. 乙酰水杨酸的鉴定

(1) 在熔点仪上测定产品的熔点[3]。测定熔点时，应将热载体加热至 120℃左右，然后放入样品。

(2) 用 Nexus 傅里叶红外光谱仪，以 KBr 压片法测定产物的红外光谱。指认各主要吸收特征峰的归属，并与乙酰水杨酸的标准 IR 谱图比对。

(3) 以 $CDCl_3$ 为溶剂，测定^1H NMR 图谱。解析谱图，进一步证实产物为乙酰水杨酸。

4. 产物中乙酰水杨酸含量的测定——紫外光度法

(1) 水杨酸工作曲线的绘制

准确称取 0.100 0 g(准确至 0.1 mg)水杨酸于 100 mL 烧杯中，加 50 mL 蒸馏水，温热使之溶解，冷却。将溶液定量转移至 100 mL 容量瓶内，加蒸馏水稀释至刻度，摇匀。此溶液为“水杨酸的原始标准贮备液”。

用 5.00 mL 移液管，分别吸取 1.00 mL、2.00 mL、3.00 mL、4.00 mL、5.00 mL 水杨酸标准贮备液于 5 只 100 mL 容量瓶中，在每一个容量瓶内加入 1.00 mL 0.1 mol · L^{-1} NaOH溶液，用蒸馏水稀释至刻度，摇匀。配制成系列水杨酸标准溶液。计算每一个水杨酸标准溶液的浓度[4]。

在 250～350 nm 范围内，用 Agilent 8453 UV - Vis 紫外分光光度仪扫描水杨酸标准溶液的紫外吸收光谱，记录最大吸收波长 λ_{max} 和最大吸光度 A_{max}。然后在 λ_{max} 处，测定 5 个水杨酸标准溶液的吸光度。填入实验表 31 - 1。以水杨酸浓度为横坐标，吸光度为纵坐标，绘制水杨酸吸光度的标准工作曲线。

实验表 31 - 1　水杨酸标准溶液吸光度工作曲线

系列水杨酸标准溶液编号	1	2	3	4	5
系列水杨酸标准溶液浓度 /(mg · mL^{-1})					
系列水杨酸标准溶液的吸光度					

(2) 乙酰水杨酸含量的测定

准确称取 0.100 0 g 本实验合成的乙酰水杨酸于 100 mL 烧杯中，加 40 mL 0.1 mol · L^{-1} NaOH 溶液，搅拌数分钟。将溶液转移至 100 mL 容量瓶内，用蒸馏水稀释至刻度，摇匀。再吸取 2.00 mL 该溶液于 100 mL 容量瓶内，用蒸馏水稀释至刻度，摇匀。以此稀释液为分析试样，在 250～350 nm 范围内，用 Agilent 8453 UV - Vis 紫外分光光度仪扫描稀释液的紫外吸收光谱，读出 λ_{max} 处的吸光度。

根据实验合成的乙酰水杨酸溶液在 λ_{max} 处的吸光度值，从工作曲线上找出待测水杨酸的质量浓度 c(单位：mg · mL^{-1})，换算成乙酰水杨酸的质量 m，并求出样品中乙酰水杨酸的百分含量 w。

$$m(\text{乙酰水杨酸}) = c(\text{乙酰水杨酸}) \times \frac{100}{2} \times 100 = c(\text{水杨酸}) \times \frac{180.15}{138.12} \times \frac{100}{2} \times 100,$$

$$w(\text{乙酰水杨酸}) = \frac{\text{乙酰水杨酸质量}}{\text{样品质量}} = \frac{m(\text{乙酰水杨酸})}{m_s(\text{样品})}。$$

5. 产物中乙酰水杨酸含量的测定——荧光光度法

(1) 乙酰水杨酸、水杨酸标准贮备液的配制

准确称取 0.040 0 g 乙酰水杨酸于 50 mL 烧杯中，加 40 mL 1% HAc - $CHCl_3$ 溶液溶解，定量转移至 100 mL 容量瓶内，用 1% HAc - $CHCl_3$ 溶液稀释至刻度，摇匀。此溶液为乙酰水杨酸的标准贮备液。

准确称取 0.075 0 g 水杨酸于 50 mL 烧杯中，加 40 mL 1% HAc－$CHCl_3$ 溶液溶解，定量转移至 100 mL 容量瓶内，用 1% HAc－$CHCl_3$ 溶液稀释至刻度，摇匀。此溶液为水杨酸的标准贮备液。

（2）绘制乙酰水杨酸和水杨酸的激发光谱和荧光光谱

将乙酰水杨酸、水杨酸标准贮备液分别稀释 100 倍[5]。用 LS－55 荧光磷光光谱仪分别绘制乙酰水杨酸、水杨酸稀释液的激发光谱和荧光光谱曲线，分别找出它们的最大激发波长和最大发射波长。

（3）乙酰水杨酸标准工作曲线的绘制

在 5 只 50 mL 容量瓶中，用移液管分别吸取 2.00 mL、4.00 mL、6.00 mL、8.00 mL、10.00 mL浓度为 4.00 $\mu g \cdot mL^{-1}$ 的乙酰水杨酸标准溶液，用 1% HAc－$CHCl_3$ 溶液稀释至刻度，摇匀。在 LS－55 荧光磷光光谱仪上，分别测定它们的荧光强度。绘制乙酰水杨酸的标准工作曲线。

（4）水杨酸标准工作曲线的绘制

在 5 只 50 mL 容量瓶中，用移液管分别吸取 2.00 mL、4.00 mL、6.00 mL、8.00 mL、10.00 mL浓度为 7.50 $\mu g \cdot mL^{-1}$ 的乙酰水杨酸标准溶液，用 1% HAc－$CHCl_3$ 溶液稀释至刻度，摇匀。在 LS－55 荧光磷光光谱仪上，分别测定它们的荧光强度。绘制水杨酸的标准工作曲线。

（5）乙酰水杨酸含量的测定

准确称取 0.010 0 g 本实验合成的乙酰水杨酸于 100 mL 烧杯中，加 40 mL 1% HAc－$CHCl_3$ 溶液溶解，定量转移至 100 mL 容量瓶内，用 1% HAc－$CHCl_3$ 溶液稀释至刻度，摇匀。将此溶液稀释 500 倍[6]。在 LS－55 荧光磷光光谱仪上，测定稀释液的荧光强度。从标准工作曲线上确定产品中乙酰水杨酸、水杨酸的浓度，计算产品中乙酰水杨酸、水杨酸的百分含量。

注释

[1]　反应体系须无水，否则易使乙酸酐水解。乙酸酐应新蒸馏，收集 139℃～140℃馏分。

[2]　粗产品杂质主要是水杨酸，加入 $FeCl_3$ 后，溶液显紫色。

[3]　乙酰水杨酸熔点的文献值为 133℃～135℃。乙酰水杨酸易受热分解，因此熔点不很明显，它的分解温度为 128℃～135℃。

[4]　系列水杨酸标准溶液浓度的单位是：$mg \cdot mL^{-1}$。

[5]　每次稀释 10 倍，分 2 次完成。

[6]　前 2 次稀释 10 倍，最后 1 次稀释 5 倍，分 3 次完成。

思考题

1. 在 H_2SO_4 存在下，水杨酸与乙醇反应会得到什么产物？

2. 本紫外光度法测定乙酰水杨酸含量的实验中，为什么要加入 NaOH 稀溶液？

3. 怎样选择激发波长和荧光波长？荧光分光光度仪中，为什么不把激发和荧光安排在一条直线上？

实验三十二　从茶叶中提取咖啡因

关键词　提取天然产物　升华

实验目的

1. 了解从天然产物中提取有机化合物的方法。
2. 学习脂肪提取器的使用。
3. 学习升华法提纯有机物的技术。

实验原理

茶叶中含有多种生物碱，其中以咖啡碱（又称咖啡因）为主，约占1%～5%。另外还含有11%～12%的丹宁酸（又名鞣酸）、0.6%的色素、纤维素、蛋白质等。咖啡碱是弱碱性化合物，易溶于氯仿（12.5%）、水（2%）及乙醇（2%）等。在苯中的溶解度为1%（热苯为5%）。丹宁酸易溶于水和乙醇，但不溶于苯。

咖啡碱是杂环化合物嘌呤的衍生物，它的化学名称是1,3,7－三甲基－2,6－二氧嘌呤，其结构式如下：

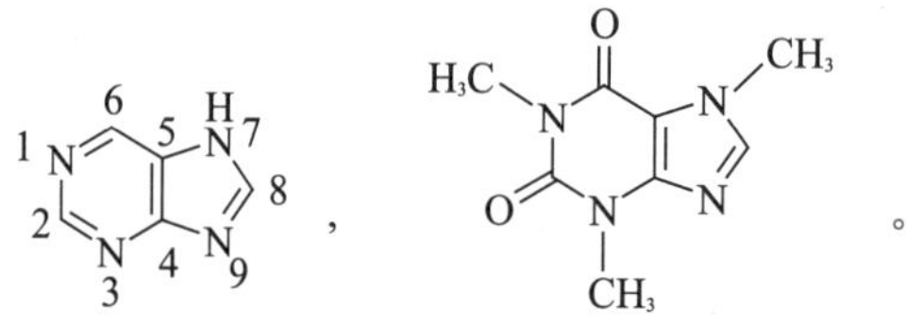

嘌呤　　咖啡因

含结晶水的咖啡因系无色针状结晶，味苦，能溶于水、乙醇、氯仿等。在100℃时即失去结晶水，并开始升华，120℃时升华相当显著，至178℃时升华很快。无水咖啡因的熔点为234.5℃。

为了提取茶叶中的咖啡因，往往利用适当的溶剂（氯仿、乙醇、苯）等在脂肪提取器中连续抽提，然后蒸去溶剂，即得粗咖啡因。粗咖啡因还含有其他一些生物碱和杂质，利用升华可进一步提纯。工业上，咖啡因主要通过人工合成制得。它具有刺激心脏、兴奋大脑神经和利尿等作用，因此可作为中枢神经兴奋药。它也是复方阿司匹林（APC）等药物的组分之一。

咖啡因可以通过测定熔点及光谱法加以鉴别。此外，还可以通过制备咖啡因水杨酸盐衍生物进一步得到确证。咖啡因作为碱，可与水杨酸作用生成水杨酸盐，此盐的熔点为137℃。

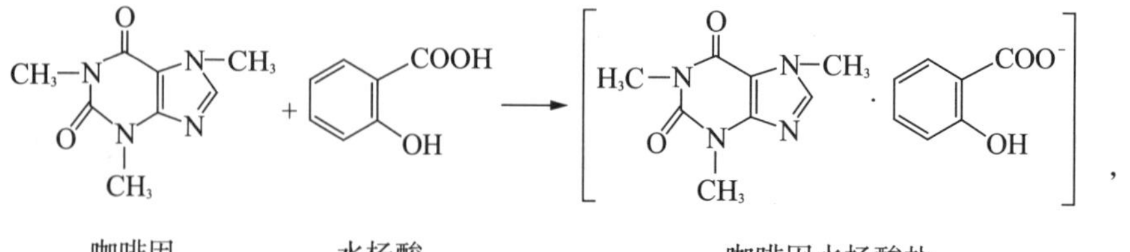

咖啡因　　水杨酸　　咖啡因水杨酸盐

仪器与试剂

电子天平，脂肪提取器，蒸发皿，回流冷凝管。

茶叶，95%乙醇，生石灰。

实验内容

1. 咖啡因的提取

按实验图 32-1 装好提取装置[1]。称取 5 g 茶叶末，放入脂肪提取器的滤纸套筒中[2]，在圆底烧瓶中加入 75 mL 95%乙醇，用水浴加热，连续提取 2～3 h[3]。待冷凝液刚刚虹吸下去时，立即停止加热。稍冷后，改成蒸馏装置，回收提取液中的大部分乙醇[4]。趁热将瓶中的残液倾入蒸发皿中，拌入 3～4 g[5]生石灰粉，使成糊状，在蒸汽浴上蒸干，其间应不断搅拌，并压碎块状物。最后将蒸发皿放在石棉网上，用小火焙炒片刻，务使水分全部除去。冷却后，擦去沾在边上的粉末，以免在升华时污染产物。将刺有许多小孔的滤纸罩在蒸发皿上，再倒扣一只口径合适的玻璃漏斗。用砂浴小心加热升华[6]。控制砂浴温度在 220℃左右。当滤纸上出现许多白色毛状结晶时，暂停加热，让其自然冷却至 100℃左右。小心取下漏斗，揭开滤纸，用刮刀将纸上和器皿周围的咖啡因刮下。残渣经拌和后用较大的火再加热片刻，使升华完全。合并 2 次收集的咖啡因，称重并测定熔点。纯咖啡因的熔点为 234.5℃。

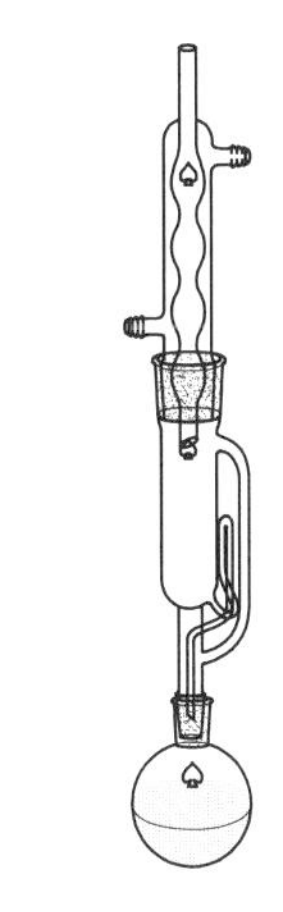

实验图 32-1　咖啡因提取装置

2. 咖啡因水杨酸盐衍生物的制备

在试管中加入 50 mg 咖啡因、37 mg 水杨酸和 4 mL 甲苯，在水浴上加热振摇使其溶解，然后加入约 1 mL 石油醚(60℃～90℃)，在冰浴中冷却结晶。如无晶体析出，可用玻璃棒或刮刀摩擦管壁。用玻璃钉漏斗过滤收集产物，测定熔点。纯盐的熔点为 137℃。

注释

[1] 脂肪提取器的虹吸管极易折断，装置仪器和取拿时须特别小心。

[2] 滤纸套大小既要紧贴器壁，又能方便取放，其高度不得超过虹吸管；滤纸包茶叶末时要严紧，防止漏出堵塞虹吸管；纸套上面折成凹形，以保证回流液均匀浸润被萃取物。

[3] 若提取液颜色很淡时，即可停止提取。

[4] 瓶中乙醇不可蒸得太干，否则残液很粘，转移时损失较大。

[5] 生石灰起吸水和中和作用，以除去部分酸性杂质。

[6] 在萃取回流充分的情况下，升华操作是实验成败的关键。升华过程中，始终都需用小火间接加热。如温度太高，会使产物发黄。注意温度计应放在合适的位置，使之能正确反映出升华的温度。

[7] 如无砂浴,也可用简易空气浴加热升华,即将蒸发皿底部稍离开石棉网进行加热,并在附近悬挂温度计指示升华温度。

思考题

1. 提取咖啡因时,用到生石灰,起何作用?
2. 从茶叶中提取出的粗咖啡因有绿色光泽,为什么?

实验三十三 绿色植物的色素提取、分离

关键词 叶绿体色素 天然化合物 色谱分离 萃取 紫外光谱

实验目的

1. 了解有机溶剂提取叶绿体色素等天然化合物的原理和实验方法。
2. 学习柱色谱相关技术。
3. 学习萃取和紫外光谱测定技术。

实验原理

植物光合作用是自然界最重要的现象，它是人类所利用能量的主要来源。叶绿体色素在植物的光合作用过程中起着极其重要的作用。高等植物体内的叶绿体色素有叶绿素类和类胡萝卜素2类，主要包括叶绿素a、叶绿素b、β-胡萝卜素和叶黄素4种。它们的颜色和在叶绿体中的大致含量见实验表33-1。

实验表33-1 高等植物体内叶绿体色素的种类、颜色及含量

	叶绿素		类胡萝卜素	
	叶绿素a	叶绿素b	β-胡萝卜素	叶黄素
颜色	蓝绿色	黄绿色	橙黄色	黄色
在叶绿体内各色素的含量	3	1	2	1
比例	3		1	

叶绿素(chlorophylls)是叶绿酸的酯，它在植物进行光合作用中吸收可见光，并将光能转变为化学能。在绿色植物中叶绿素主要以叶绿素a($C_{55}H_{72}O_5N_4Mg$)和叶绿素b($C_{55}H_{70}O_6N_4Mg$)两种结构相似的形式存在，其差别仅是叶绿素a中的一个甲基被叶绿素b中的甲酰基所取代(实验图33-1)。在叶绿素分子结构中含有4个吡咯环，它们由4个甲烯基连接成卟啉环，在卟啉环中央，有一个Mg^{2+}，它以2个共价键和2个配位键与4个吡咯环的氮原子配合，形成镁卟啉。在叶绿素分子中，还有2个羧基，其中一个与甲醇酯化成$—COOCH_3$，另一个与叶绿醇酯化，形成$—COOC_{20}H_{39}$长链。

类胡萝卜素(carotenoids)是一类不饱和的四萜类碳氢化合物(如胡萝卜素)或它们的氧化衍生物(如叶黄素类)，所有的类胡萝卜素均源于非环状的$C_{40}H_{56}$结构。类胡萝卜素在强光下可防止叶绿素的光氧化；在弱光下，可作为辅助色素吸收光能，并传递给叶绿素分子。胡萝卜素有3种异构体，即α-、β-和γ-胡萝卜素，其中β-胡萝卜素含量最高，也最为重要。β-胡萝卜素还具有维生素A的生理活性，其结构是由2分子维生素A在端链失去2分子水结合而成。在生物体内，β-胡萝卜素受酶催化氧化，生成维生素A。而叶黄素(3,3′-二羟基-α-胡萝卜素)是一种常见的氧化型的类胡萝卜素。

叶绿素a、b是吡咯衍生物与金属Mg^{2+}的配合物，尽管它们分子中含有极性基团，但长烷链结构使它们易溶于丙酮、乙醇、乙醚和石油醚等有机溶剂。β-胡萝卜素和叶黄素是典型的四萜化合物。与胡萝卜素相比，叶黄素易溶于醇，但在石油醚中的溶解度较小。由于叶绿

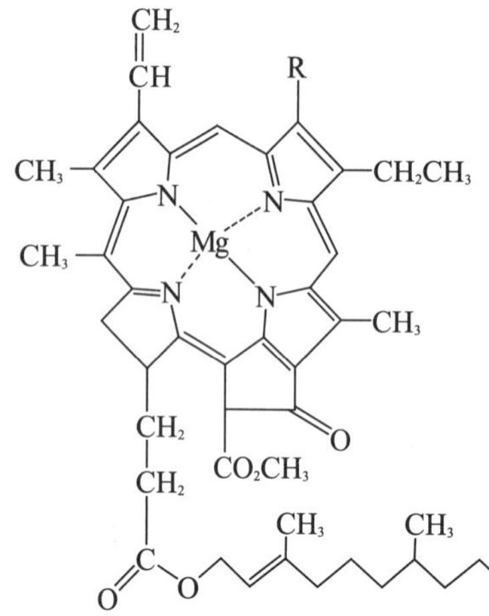

叶绿素 a: R = CH_3
叶绿素 b: R = CHO

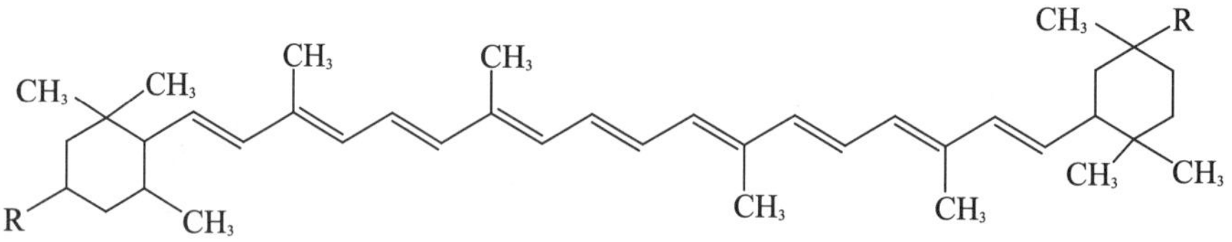

β-胡萝卜素: R = H
叶黄素: R = OH

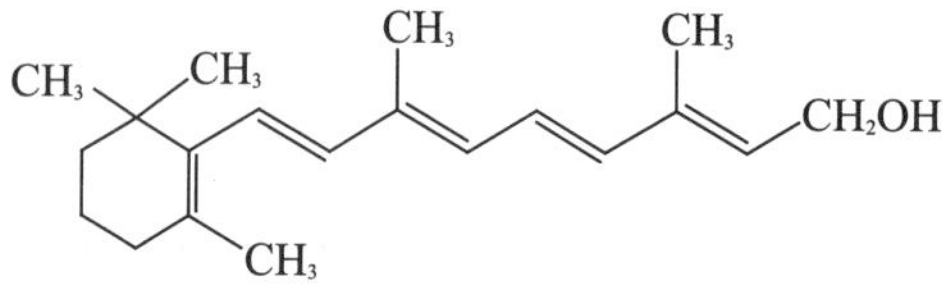

维生素 A

实验图 33-1 叶绿素 a、叶绿素 b、β-胡萝卜素、叶黄素和维生素 A 的结构式

体色素在植物细胞内并非以游离态形式存在，而是与蛋白质等结合的方式存在于叶片中。因此，在提取时，须先将植物细胞破坏，释放出叶绿素，然后根据色素的溶解特性，采用丙酮、乙醇、乙醚、丙酮-乙醚和甲醇-石油醚等有机溶剂提取。

本实验试从蔬菜中提取叶绿素 a、叶绿素 b、β-胡萝卜素和叶黄素，并通过色谱分离方法分离上述色素。

仪器与试剂

Agilent 8453 UV-Vis 光谱仪，旋转蒸发仪，电子天平，研钵，烧杯，量筒，分液漏斗。

市售硅胶 G 薄层色谱板（5 cm×20 cm），丙酮，乙醇，乙醚，石油醚[1]，NaCl（饱和），$MgCO_3$，无水 Na_2SO_4。

实验内容

1. 叶绿体色素的提取

取 20 g 洗净后剔去叶柄、中脉的新鲜绿叶蔬菜（如菠菜、空心菜等），用剪刀剪碎后，转移至干净的研钵中，加入 0.4 g $MgCO_3$，将菜叶捣烂，然后加入 40 mL 乙醇：石油醚（2：3），迅速研磨 5 min。过滤。将蔬菜汁倒入研钵再研磨提取一次，再次过滤。最后用 20 mL 乙醇：石油醚（2：3）洗涤研钵等容器，与滤液合并。

2. 蔬菜提取液的浓缩纯化

将合并的滤液转入分液漏斗中，加入 20 mL 饱和 NaCl 溶液和 45 mL 蒸馏水，轻轻振摇[2]，放置分层，小心放出含有乙醇的水层。在含有色素的有机相中加入少量固体无水 Na_2SO_4 干燥。滤去 Na_2SO_4 固体，滤液经旋转蒸发[3]浓缩至 40 mL 左右，转入棕色瓶中，置于暗处保存。

3. 皂化-萃取法提取 β-胡萝卜素

将 20 mL 绿叶蔬菜色素提取液移入 100 mL 分液漏斗中，加入 5 mL 30%KOH-甲醇溶液[4]，充分混合后，避光放置 1 h[5]。然后加蒸馏水 25 mL，轻轻振摇后静置 10 min，分去水层，石油醚层先用 100 mL 蒸馏水洗涤 3～4 次，再用 10 mL 92%甲醇溶液洗涤 3～4 次，振摇后静止分层[6]，分出石油醚层。

将分离后的甲醇溶液转移至分液漏斗，加入等体积的乙醚和等体积的蒸馏水，振摇，分出上层的乙醚溶液。醚层用少量无水 Na_2SO_4 固体干燥。滤去 Na_2SO_4 固体。蒸去乙醚，得到深红色软膏状的叶黄素。

4. 1,4-二氧六环沉淀法提取叶绿素

在 20 mL 绿叶蔬菜色素提取液中，滴加 35 mL 1,4-二氧六环、200 mL 0.1 $mol \cdot L^{-1}$ Na_2HPO_4-NaH_2PO_4 缓冲液[7]，放入冰箱冷藏室冷藏过夜[8]。沉淀经离心分离后，用蒸馏水洗涤[9]，干燥。

5. 薄层色谱法分离叶绿体色素

(1) 点样

取一块硅胶薄层色谱板，用铅笔在距板两侧底边 1.5 cm 处各划一条直线。用玻璃毛细管吸取少许绿叶蔬菜色素提取液，在薄层色谱板一侧的直线处点样。

(2) 展开[10]

将 150 mL 石油醚(60℃～90℃)∶丙酮∶乙醚(3∶1∶1)展开剂倒入层析缸内，把点好样的硅胶层析板放入缸内，盖好盖子。待展开剂前沿上升到达硅胶层析板上沿的直线处时，取出硅胶层析板，置于通风橱内晾干，层析板上出现若干条色素带[11]。用铅笔标记色素斑点，计算各色素的比移值 R_f。

(3) 色素收集

分别用干净的刮刀将层析板上分开的 β-胡萝卜素、叶绿素 a、叶绿素 b 的色谱带刮入试管中，加入 5 mL 丙酮提取，低温避光保存。

6. 柱色谱分离

在直径 1.0 cm 的层析柱底部放入少许玻璃丝，上面铺一层 0.5 cm 高的海沙，然后加入 10 cm 高的中性氧化铝[12]，轻敲柱子使氧化铝填料平整[13]。然后再铺上一层 0.5 cm 高的海沙，加入 25 mL 石油醚，用打气球浸湿氧化铝填料。整个洗脱过程应保持石油醚的液面始终高于氧化铝填料顶端。当石油醚液面接近氧化铝填料顶端时，将 2 mL 绿叶蔬菜色素提取液小心加到色谱柱顶部。加完后，打开色谱柱下端的活塞，让液面下降到高于氧化铝填料顶端 1 cm 左右，关闭活塞，加入 2 mL 石油醚，打开活塞，使液面下降。多次反复，使色素全部进入氧化铝填料柱。

待色素全部进入色谱柱后，在柱顶加入 25 mL 石油醚∶丙酮(9∶1)的洗脱剂，适当加压，洗脱出第一个有色组分——橙色的 β-胡萝卜素溶液。然后用石油醚∶丙酮(7∶3)作洗脱剂，洗脱出第二个色带——黄色的叶黄素溶液[14]和第三个色带——蓝绿色的叶绿素 a 溶液。最后用石油醚：丙酮(1：1)溶液洗脱黄绿色的时绿素 b 组分。收集各色带溶液，置于棕色瓶内低温保存。

7. 色素的紫外吸收光谱测定

将柱色谱分离得到的各色素试样，稀释后加到 1 cm 比色皿中，以石油醚作空白，在 Agilent 8453 UV－Vis 光谱仪上测定其 400～700 nm 范围内的吸收光谱，列出测得的 λ_{max}值[15]。

注释

[1] 石油醚有多个品种，常用沸程表示，例如石油醚(60℃～90℃)。使用时请注意石油醚的沸程要求。

[2] 萃取时，须轻轻振摇分液漏斗，以防发生乳化。

[3] 旋转蒸发可蒸去低沸点的有机溶剂，目的主要使提取液中色素的含量增加。旋转蒸发时，水浴温度应控制在 30℃～35℃。

[4] 将适量的 KOH 溶于 90％甲醇水溶液。

[5] 叶绿素发生皂化反应，脱去甲基和叶醇基，生成叶绿酸。

[6] 叶黄素被萃入甲醇，而 β－胡萝卜素则留在石油醚中。

[7] 0.1 $mol \cdot L^{-1} Na_2HPO_4 - NaH_2PO_4$ 缓冲液的 pH 值为 7.0。

[8] 避光，温度控制在＋4℃。由于 1,4－二氧六环与叶绿素分子的中心 Mg^{2+} 配合，降低了叶绿素的溶解度，析出叶绿素沉淀。

[9] 黄色的类胡萝卜素水溶性大，水洗有利于除去沉淀表面吸附的类胡萝卜素。

[10] 分离叶绿体色素的展开剂有：①石油醚(60℃～90℃)：丙酮：乙醚(3：1：1)；②石油醚(60℃～90℃)：丙酮(8：1)；③石油醚(60℃～90℃)：乙酸乙酯(6：4)；④石油醚(30℃～60℃)：丙酮：正丁醇(90：10：4.5)。本实验采用石油醚(60℃～90℃)：丙酮：乙醚(3：1：1)的展开剂。

[11] 层析板上色素带的排列顺序是：β－胡萝卜素、去镁叶绿素、叶绿素 a、叶绿素 b 和叶黄素。

[12] 层析用中性氧化铝细度为 250 目。使用前，应在 500℃烘 4 h，冷却至 100℃后迅速置于干燥器中，待用。

[13] 必要时，可用打气球加压，将氧化铝填料吸实。

[14] 叶黄素易溶于醇，难溶于石油醚。在菠菜提取液中，叶黄素含量很小，柱色谱分离时，不易分出黄色色带。

[15] 叶绿素 a 的 λ_{max}值为 649 nm，叶绿素 b 的 λ_{max}值为 663 nm，β－胡萝卜素的 λ_{max}值分别为 481 nm 和 453 nm，叶黄素的 λ_{max}值为 445 nm。

思考题

1. 绿色植物叶片的主要成分是什么？提取液中可能含有哪些化合物？

2. 采用丙酮可以直接提取叶绿体色素，它与采用乙醇-石油醚混合溶剂提取对实验结果各有什么影响？

3. 为什么用无水 Na_2SO_4 干燥提取液？水的存在对实验结果有何影响？

4. 何为 R_f 值？影响 R_f 值的因素有哪些？

5. 点样展开时，样点如果浸入展开剂，会造成什么结果？

6. 试比较叶绿素、叶黄素和胡萝卜素的分子极性，为什么胡萝卜素在层析柱中移动最快？

7. 色谱法是一种高效分离技术。结合本实验观察到的植物色素分离过程，简述气相色谱和高效液相色谱分离过程。

实验三十四　循环伏安法测定配合物的稳定性

关键词　循环伏安技术　氧化还原　配合物

实验目的

1. 了解循环伏安法的原理及操作技术。
2. 了解配合物的形成对金属离子的氧化还原电位的影响。

实验原理

循环伏安法是一种十分有用的近代电化学测量技术，它不同于一般的电化学测量，循环伏安技术不需要在接近平衡的条件下进行，而是在发生电化学反应时，测量电位和电流，经多次重复的快速扫描获得电流-电位关系图，即循环伏安图。由循环伏安图可以得到配合物的相关信息。

循环伏安法一般采用三电极电解池。参比电极常为饱和甘汞电极或 Ag/AgCl 电极，辅助电极为铂电极，工作电极也常为铂电极。在循环伏安的测量中，将三角波加到工作电极和参比电极上，周期性扫描三角波电位，由辅助电极提供必需的电流供反应物在工作电极上发生氧化还原反应，电流就上升，并达到最大值。随着扫描电位的再增大，工作电极上还原剂浓度逐渐减小，以至耗尽，则电流就逐渐下降。而在反向扫描时，发生氧化反应，这时，产生阳极电流，阳极电流同样随电位变小而迅速增大，并达到最大值。接着，随氧化剂浓度减小，电流就下降。当电位扫描到起始值时，即完成一个循环扫描，得到循环伏安图(实验图 34 - 1)。

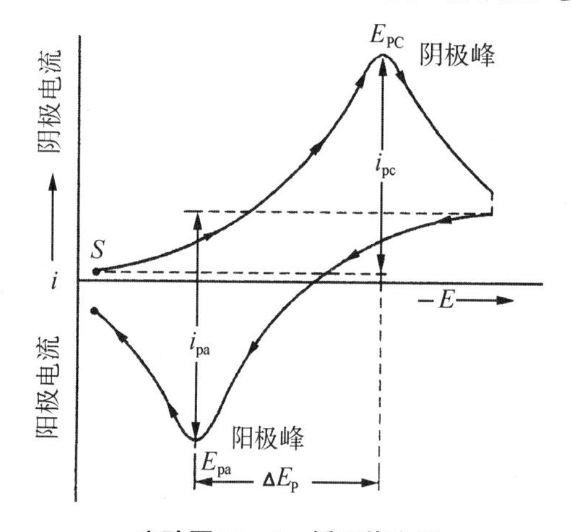

实验图 34 - 1　循环伏安图

循环伏安图上最重要的参数是阴、阳极峰值电流 i_{pc}、i_{pa}和阴阳极峰值电位 E_{pc}、E_{pa}，由这些参数可以研究样品的电化学性质。

此外，由于溶液中待测样品的浓度一般都非常低，为维持一定的电流，常在溶液中加入一定浓度的惰性电解质，如 KNO_3、$NaClO_4$。

金属离子的标准还原电位在配位时，由于不同电荷金属离子的自由能的不同而发生改变。下列方程表示金属离子在不同氧化态 M^{m+}、$M^{(m-n)+}$时，与中性配体 L 反应的自由能变化。

$$M^{m+} + ne^- \longrightarrow M^{(m-n)+}, \Delta G_1^\ominus = -nFE_{aq}^\ominus; \quad (实验 34 - 1)$$

$$M^{m+} + pL \longrightarrow ML_p{}^{m+}, \Delta G_2^\ominus = -RT\ln K_m^\ominus; \quad (实验 34 - 2)$$

$$M^{(m-n)+} + qL \longrightarrow ML_q{}^{(m-n)+}, \Delta G_3^\ominus = -RT\ln K_{m-n}^\ominus。 \quad (实验 34 - 3)$$

式中，$K_m^\ominus$、$K_{m-n}^\ominus$分别是 ML_p^{m+}、$ML_q^{(m-n)+}$ 的生成常数，即：

$$K_m^\ominus = \frac{[ML_p^{m+}]}{[M^{m+}][L]^p}, K_{m-n}^\ominus = \frac{[ML_q^{(m-n)+}]}{[M^{(m-n)+}][L]^q}。$$

将式实验 34－3 与式实验 34－1 式相加，再减去式实验 34－2 得：

$$ML_p{}^{m+} + ne^- \longrightarrow ML_q{}^{(m-n)+} + (p-q)L, \Delta G_4^\ominus = -nFE_{aq}^\ominus + RT\ln(K_m^\ominus / K_{m-n}^\ominus)$$

（实验 34－4）

则

$$\frac{\Delta G_4^\ominus}{-nF} = E_{ML_p}^\ominus = E_{aq}^\ominus - \frac{RT}{nF}\ln\frac{K_m^\ominus}{K_{m-n}^\ominus}。 \quad （实验 34－5）$$

式（实验 34－5）表明形成配合物时，配离子的标准还原电位 $E_{ML_p}^\ominus$ 决定于 $\ln(K_m^\ominus/K_{m-n}^\ominus)$ 值。实验中测得的是形式电位，它包含了标准条件下参与氧化还原反应各组分的贡献。根据循环伏安理论，就可逆氧化还原体系而言，峰电位 E_p 与形式电位 E 的关系为：

$$E_p = E - \frac{RT}{nF}\ln\left(\frac{D_0}{D_r}\right)^{\frac{1}{2}} - 1.109\frac{RT}{nF}。 \quad （实验 34－6）$$

式中，D_0、D_r 分别是 M^{m+} 和 $M^{(m-n)+}$ 的扩散系数。当配体 L 的浓度足够大，能形成 $ML_p{}^{m+}$ 和 $ML_q{}^{(m-n)+}$ 配离子，则配离子的峰值电位为 $E_p(ML_p)$：

$$E_p(ML_p) = E_{ML_p}^\ominus - \frac{RT}{nF}(p-q)\ln c_L - \frac{RT}{nF}\ln\frac{D'_0}{D'_r} - 1.109\left(\frac{RT}{nF}\right)。 \quad （实验 34－7）$$

式中，D'_0、D'_r 分别是 $ML_p{}^{m+}$ 和 $ML_q{}^{(m-n)+}$ 的扩散系数。c_L 是溶液中配体 L 的浓度。若 $\frac{D_0}{D_r} = \frac{D'_0}{D'_r}$，$p=q$，则可得：

$$E_p(ML_p) - E_p = E'^\ominus_{ML_p} - E'^\ominus_{aq}\ln\left(\frac{K'_{m-n}}{K'_m}\right)。 \quad （实验 34－8）$$

式中，K'_{m-n}、K'_m 是条件稳定常数。式（实验 34－8）表示，由 M^{m+} 在有配体 L 和没有 L 存在时峰电位 E_p 之间的差值，就可以求得条件稳定常数的比值，若已知其中一个条件稳定常数，则可求得另一个条件稳定常数。

本实验采用电化学工作站测定 Fe（Ⅲ）与几种配体形成配合物的峰电位，来比较不同配体对金属离子形成电位的影响，同时测定 Fe（Ⅲ）和 Co（Ⅲ）与同种配体形成配合物的峰电位，比较相同配体对两种金属离子形成电位的影响。

仪器与试剂

CHI 660 电化学工作站，电子天平，磁力搅拌器，氮气钢瓶，容量瓶（50 mL），烧杯（250 mL，50 mL），刻度移液管（2 mL），量筒（100 mL）。

$(NH_4)Fe(SO_4)_2$（固），$Fe(NO_3)_3$（固），$Co(NO_3)_2$（固），$NaClO_4$（固），HNO_3（浓），邻菲啰啉（固），乙二胺四乙酸二钠盐（EDTA）（固）。

实验内容

1. 溶液配制[1]

（1）硫酸铁铵溶液

称取一定量的 $(NH_4)Fe(SO_4)_2$ 和 $NaClO_4$，加入约 30 mL 蒸馏水溶解，配成 50 mL［其中，$(NH_4)Fe(SO_4)_2$ 的浓度为 0.005 mol·L^{-1}、$NaClO_4$ 的浓度为 0.1 mol·L^{-1} 的］$(NH_4)Fe(SO_4)_2$ 溶液。

(2) $(NH_4)Fe(SO_4)_2$ - EDTA 溶液

称取一定量的EDTA，加入约30 mL蒸馏水溶解，再加入一定量的$(NH_4)Fe(SO_4)_2$，搅拌溶解，配成50 mL$(NH_4)Fe(SO_4)_2$ 的浓度为0.005 mol·L^{-1}、EDTA 的浓度为0.1 mol·L^{-1}的$(NH_4)Fe(SO_4)_2$ - EDTA 溶液。

(3) $Fe(NO_3)_3$ -邻菲啰啉溶液

称取一定量的邻菲啰啉，加入约40 mL蒸馏水溶解，再加入一定量$Fe(NO_3)_3$、HNO_3，配成50 mL $Fe(NO_3)_3$ 的浓度为0.005 mol·L^{-1}、邻菲啰啉的浓度为0.01 mol·L^{-1}、HNO_3 的浓度为0.1 mol·L^{-1}的$Fe(NO_3)_3$ -邻菲啰啉溶液。

(4) $Co(NO_3)_2$ -邻菲啰啉溶液

称取一定量的邻菲啰啉，加入约40 mL蒸馏水溶解，再加入一定量$Co(NO_3)_2$、HNO_3，配成50 mL $Co(NO_3)_2$ 的浓度为0.005 mol·L^{-1}、邻菲啰啉的浓度为0.01 mol·L^{-1}、HNO_3 的浓度为0.1 mol·L^{-1}的$Co(NO_3)_2$ -邻菲啰啉溶液。

2. 循环伏安图的测定

以铂电极为工作电极和辅助电极，饱和甘汞电极为参比电极，在CHI 660电化学工作站上测定上述4种溶液的循环伏安图。扫描速率为50 mV·s^{-1}。

3. 实验结果和处理

(1) 从测得的循环伏安图上求出Fe(Ⅲ)和Co(Ⅱ)在不同配体存在时的还原电位$E_p(ML_p)$。

(2) 计算金属离子在配体L存在和无配体L时的还原电位的差值ΔE。

(3) 根据金属离子还原电位的差值ΔE，比较Fe(Ⅲ)和Fe(Ⅱ)、Co(Ⅲ)和Co(Ⅱ)与配体EDTA和邻菲啰啉所形成配合物的稳定性。

注释

[1] 可用电子分析天平称重，溶质溶解后，可转移至容量瓶。也可以用精度为0.01 g的电子秤称重，溶液的体积用量筒准确控制。

思考题

1. 根据金属离子的核外电子排布和配位键理论，说明邻菲啰啉与Fe(Ⅲ)、还是与Fe(Ⅱ)所形成的配合物更稳定。

2. 怎样利用循环伏安法，计算配合物的稳定常数？

3. 在配制$(NH_4)Fe(SO_4)_2$ 溶液时，为什么需加入$NaClO_4$？

实验三十五　12-硅钨酸的制备

关键词　硅钨酸　Keggin结构　无机聚合物　热分析

实验目的

1. 了解无机聚合物钨杂多酸水合物 $H_m[XW_{12}O_{40}] \cdot nH_2O$（X = P、As、Si 等杂原子）的结构和制备方法。

2. 用热分析仪对 12-硅钨酸进行热分析，定性解释所得的热谱图。

实验原理

钒、铌、钽、钼、钨等过渡元素常与氧原子以八面体为单元，聚合成具有固定组成和结构的同多酸或杂多酸。在碱性溶液中，钨以正钨酸根离子存在，当溶液逐渐酸化时，便聚合成各种同多酸阴离子（实验表 35-1）：

实验表 35-1　多种钨同多酸阴离子

H^+/WO_4^{2-} 摩尔比	同多酸阴离子
1.14	$[W_7O_{24}]^{6-}$　仲钨酸根(A)离子
1.17	$[W_{12}O_{42}H_2]^{10-}$　仲钨酸根(B)离子
1.50	$\alpha-[H_2W_{12}O_{40}]^{6-}$　同钨酸根离子
1.60	$[W_{10}O_{32}]^{4-}$　十钨酸根离子
1.67	$[W_6O_{19}]^{2-}$　六钨酸根离子

若在钨酸根离子 WO_4^{2-} 被酸化的过程中，加入一定量的磷酸盐或硅酸盐，则可聚合生成有固定组成的钨杂多酸离子，如$[PW_{12}O_{40}]^{3-}$、$[SiW_{12}O_{40}]^{4-}$等。这类具有代表性的 12-钨杂多酸阴离子$[XW_{12}O_{40}]^{m-}$的晶体结构叫 Keggin 结构。在这种结构中：每 3 个 WO_6 八面体两两共边形成一组共顶三聚体，4 组这样的三聚体又各通过其他 6 个顶点两两共顶相连，构成多面体结构；处于中心的 X 杂原子则分别与 4 组三聚体的 4 个共顶氧原子连接，形成 XO_4 四面体。

本实验利用钨硅酸在强酸溶液中易与乙醚生成加合物而被乙醚萃取的性质来制备 12-硅钨酸。硅钨酸高水合物，在空气中易风化、也易潮解。对水合物晶体作热谱图分析，可以从热重（TG）曲线看出，水合物在 30℃～165℃及 165℃～310℃温度范围内有 2 个失水阶段；在对应的差热分析（DTA）曲线上有 2 个失水吸热峰。另外，DTA 曲线上，在 540℃附近出现 Keggin 结构被破坏后，由无序状态向 WO_3 及 SiO_2 有序结构转化的强吸热峰。

仪器与试剂

STA409PC 热分析仪，电子天平，烧杯（250 mL，100 mL），滴液漏斗（125 mL），分液漏斗（125 mL，60 mL），抽滤瓶，布氏漏斗，蒸发皿，水浴锅，循环水泵。

钨酸钠 $Na_2WO_4 \cdot 2H_2O$（固），硅酸钠 $Na_2SiO_3 \cdot 9H_2O$（固），乙醚，浓盐酸。

实验内容

1. 12-硅钨酸的制备

在 250 mL 烧杯内，加入 25 g $Na_2WO_4 \cdot 2H_2O$ 及 50 mL 蒸馏水，再加 1.75 g $Na_2SiO_3 \cdot 9H_2O$，搅拌使其溶解，加热至沸，然后用滴管缓慢地滴入 13 mL 浓盐酸边滴边搅拌[1]，并保持溶液微沸。

溶液抽滤、冷却，转入分液漏斗中，加入 20 mL 乙醚，充分振荡萃取后静置[2]。分出底层油状乙醚加合物到 60 mL 分液漏斗中，再加入 6 mL 浓盐酸、18 mL 水及 10 mL 乙醚，剧烈振摇后静置。分出澄清的第三相于蒸发皿中，加入少量蒸馏水，60℃下水浴蒸发浓缩，至溶液表面有晶膜出现。冷却放置，得到无色透明的 12 - $H_4[SiW_{12}O_{40}] \cdot nH_2O$ 晶体，抽滤吸干后，称重，贮于称量瓶内。

2. 测定 TG 曲线和 DTA 曲线

取少量未风化的样品，在 STA409PC 热分析仪上测定室温至 650℃范围内的 TG 曲线及 DTA 曲线。并计算样品的含水量，以确定水合物中结晶水数目。

注释

[1] 在通风橱内操作。

[2] 如未形成三相，再滴入 1 mL 浓盐酸萃取。

思考题

1. 萃取操作时需注意哪些？
2. 什么是 Keggin 结构？
3. 硅钨酸具有催化性能，试举一例说明之。

实验三十六 纳米 TiO_2 的制备与性质表征

关键词 纳米 微乳液 水热合成

实验目的

1. 了解微乳液法、水热法制备纳米 TiO_2 的原理和方法。

2. 了解纳米材料的表征技术。

实验原理

纳米材料是指在三维空间中至少有一维处于纳米尺度范围(1～100 nm)的研究对象或由纳米尺度范围的基本单元构成的研究对象。纳米材料具有很大的比表面积、小尺寸效应、表面效应、量子尺寸效应以及宏观量子隧道效应等,另外,纳米材料还具有介电限域效应、表面缺陷、量子遂穿等特性。正是这些特性导致了纳米材料在热、磁、光敏感特性和表面稳定性等方面表现出许多奇特的物理、化学性质,引起人们极大的兴趣。

纳米 TiO_2 的制备方法众多。本实验介绍常用的微乳液法、水热法、溶胶-凝胶法。

微乳液法是在表面活性剂作用下,将水相增溶在有机相中,形成均一热力学上稳定的透明小液滴,这些小液滴粒径在几纳米至几十纳米之间,是制备纳米 TiO_2 的理想介质。

水热法是指在特制的密闭反应器高压釜中,采用水溶液作为反应体系,通过对反应体系加热、加压或自生蒸气压,创造一个相对高温、高压的反应环境,从而实现制备纳米 TiO_2 的一种有效方法。

溶胶-凝胶法是先从制取金属的有机及无机混合溶液开始,然后将溶液中的金属化合物水解,形成水溶性的金属氧化物,进一步水解得到水溶性的凝胶。这是制备纳米 TiO_2 的成熟方法。

仪器与试剂

Nexus 傅里叶红外光谱仪,D8－X 射线衍射仪,S－4800 扫描电子显微镜,磁力搅拌器,超声波分散仪,高压反应釜,电子天平,烧杯,锥形瓶,循环水泵,布氏漏斗,抽滤瓶,滴液漏斗,离心机,油浴加热装置,真空干燥箱,马弗炉。

$TiCl_4$,钛酸丁酯,十六烷基三甲基溴化铵(CTAB),HCl(0.1 $mol \cdot L^{-1}$),正己醇,95%乙醇,无水乙醇,乙二醇,冰醋酸。

实验内容

1. 微乳液法合成纳米 TiO_2

在 0℃的冰水浴中,将 2.8 g$TiCl_4$ 滴加到 50 mL 0.1 $mol \cdot L^{-1}$ HCl 中,制成浓度为 0.3 $mol \cdot L^{-1}$ $TiOCl_2$ 前驱物溶液,低温下保存。

将 2 g 十六烷基三甲基溴化铵(CTAB)、5 mL 正己醇、0.7 mL 0.3 $mol \cdot L^{-1}$ $TiOCl_2$ 溶液加入到 50 mL 锥形瓶中,强烈磁力搅拌 15 min,得到澄清透明的微乳液[1]。

将以上配制的微乳液置于 70℃油浴中,在磁力搅拌下反应 6 h,然后离心分离,用水、95%乙醇将沉淀各洗 3 次。真空干燥。

2. 水热法[2]制备纳米 TiO_2

将 0.3 mL $TiCl_4$ 缓慢滴加至 10 mL 无水乙醇中,超声分散 15 min,转移至 80 mL 内衬聚四氟乙烯的反应釜中,并加入 30 mL 乙二醇。将反应釜置入 160℃下的烘箱中 2 h 后,自然冷却至室温。白色沉淀经离心分离，用水、乙醇反复洗涤数次，真空干燥。

3. 凝胶-溶胶法制备纳米 TiO_2

取 17 mL 钛酸丁酯加入到盛有 40 mL 无水乙醇的 100 mL 烧杯中混匀，得到溶液 A；另取 10 mL 冰醋酸和 42.5 mL 95%乙醇混匀得到溶液 B；将 A 溶液缓慢滴加到 B 溶液中，用磁力搅拌器迅速地搅拌，得到透明的胶体。

缓慢加入 32 mL 蒸馏水使钛酸丁酯水解，得到稳定的 TiO_2 凝胶，再在烘箱中于 105℃下干燥 2 h。然后置于马弗炉中 500℃下煅烧 4 h，得到二氧化钛纳米粒子。

将由微乳液法、水热法、溶胶-凝胶法制得的纳米 TiO_2 与固体 KBr 以体积比 1∶500 混合，制成 KBr 压片，在 Nexus 傅里叶红外光谱仪上，记录红外谱图。分析得到的红外图谱。

用 D8－X 射线衍射仪，测定纳米 TiO_2 的 X 射线粉末衍射图，并进行物相分析。

点样于铜网上。当加速电压为 100 kV 时，在 S－4800 扫描电子显微镜上进行观察，并对纳米 TiO_2 的形貌进行分析。

注释

[1] 此微乳液的 w 值为 10.8，$w=[H_2O]/[CTAB]$。P 值为 6.4，P 是正己醇与 CTAB 的物质的量之比。

[2] 水热法与其他方法相比，具有以下特点：(1) 反应在高温高压下进行，能实现常规条件下无法进行的反应；(2) 通过温度、酸碱度、原料配比等条件的改变，能得到各种晶体结构、组成、形貌以及颗粒尺寸的产物；(3) 可直接得到结晶良好的粉体，无须高温焙烧晶化；(4) 过程污染小。

思考题

1. TiO_2 除具有金红石结构外，还有哪些其他结构？
2. 查阅相关文献，比较微乳液法、水热法、溶胶-凝胶法合成纳米 TiO_2 的优点。

实验三十七　铕(Ⅱ)-乙酰丙酮-邻二氮杂菲配合物荧光粉的制备

关键词　稀土配合物　荧光

实验目的

1. 学习稀土有机配合物的合成方法。
2. 了解稀土配合物的发光原理。

实验原理

稀土元素的原子具有未充满、受到外层电子屏蔽的 $4f5d$ 电子组态，因此具有丰富的电子能级和长寿命激发态，能级跃迁通道多达 20 余万个，可以产生多种多样的辐射吸收和发射，构成广泛的发光和激光材料。

Eu^{3+}、Tb^{3+}、Sm^{3+} 和 Dy^{3+} 等稀土离子受激后，可发生 $f-f$ 跃迁，从而导致荧光。但是稀土离子在近紫外区的吸光系数很小，因而发光效率不高。但是一些有机化合物能产生 $\pi-\pi^*$ 跃迁，激发能量较低，且吸光系数较高。它们作为配体与稀土离子配位后，若三重态能级与稀土离子激发态能级相匹配，当配体在近紫外区吸收能量激发后，由三重态以非辐射方式将激发能量传递给稀土离子，稀土离子再以辐射方式跃迁到低能级而发射特征荧光。发光强度通常比配合前的稀土离子有显著增加，弥补了稀土离子吸光系数小的缺陷，敏化了稀土离子的发光。这个"光吸收—能量转移—发射"过程，称为稀土配合物的天线效应。

在一些具有荧光特性的二元稀土配合物中，引入第二配体，使其形成三元稀土配合物，往往能显著提高发光强度。这是由于稀土离子的配位数较高，若在稀土二元配合物的配位环境中有水分子存在，会明显猝灭配合物的荧光，当引入第二配体时，会全部或部分配位水分子，使配合物的发光强度增加。另外，第二配体扩大了稀土配合物共轭 π 键的范围，有利于能量转移。这种效应被称为"协同效应"。

本实验以稀土离子 Eu^{3+} 与乙酰丙酮(ACAC)、邻二氮杂菲(phen)合成二元配合物，产物在紫外灯下显现醒目的红色荧光。反应方程式如下：

$$Eu^{3+} + 3HC(COCH_3){=}C(OH)CH_3 + \text{phen} \xrightarrow{pH=7} [(CH_3CO)HC{=}C(CH_3)O]_3Eu^{3+}(\text{phen})$$

仪器与试剂

电子天平，紫外灯(365 nm)，磁力搅拌器，循环水泵，旋转蒸发仪，抽滤瓶，布氏漏斗，烧杯(100 mL)。

$EuCl_3$(0.5 mol·L^{-1})，乙酰丙酮-乙醇溶液[1]，邻二氮杂菲-乙醇溶液[2]，95%乙醇，NaOH(2 mol·L^{-1})，HCl(2 mol·L^{-1})。

实验内容

分别将少量 0.5 mol·L^{-1} $EuCl_3$ 溶液、乙酰丙酮滴加至滤纸上，稍干后，再滴加邻二氮杂菲，在紫外灯下观察有否荧光。

在磁力搅拌下，将 4 mL 0.5 mol·L^{-1} $EuCl_3$ 溶液缓慢滴加至 30 mL 乙酰丙酮-乙醇溶液中，并保持溶液的 pH 值始终为 7 左右[3]，出现白色沉淀。滴加结束后，继续反应 30 min。用滴管取少许反应混合液于滤纸上，稍干后，置于紫外灯下观察。解释实验现象。

取 20 mL 邻二氮杂菲-乙醇溶液，于不断搅拌下，滴加至上述反应混合液中，滴加结束后，继续反应 30 min。用滴管取少许反应混合液于滤纸上，稍干后，置于紫外灯下观察。解释实验现象。

在旋转蒸发仪上蒸去 25 mL 乙醇，冷却后，减压过滤。于 50℃下干燥 30 min。称重，计算产率。并将产物置于紫外灯下观察。

注释

［1］ 将 1.8 g 乙酰丙酮溶于 90 mL 95%乙醇中，调节 pH 值为 8 左右。稍高的 pH，有利于乙酰丙酮负离子的形成，易与 Eu^{3+} 离子配位。

$$CH_3-\underset{}{\overset{OH}{\overset{|}{C}}}=CH-\overset{O}{\overset{\|}{C}}-CH_3 \rightleftharpoons CH_3-\overset{O}{\overset{\|}{C}}-CH_2-\overset{O}{\overset{\|}{C}}-CH_3。$$

［2］ 将 1.5 g 邻二氮杂菲溶于 80 mL 95%乙醇中。

［3］ pH 不宜超过 7，否则 Eu^{3+} 会形成 $Eu(OH)_3$ 絮状沉淀，不利于配合物的形成。

思考题

1. pH 过高或过低，对实验结果有何影响？
2. 写出 Eu^{3+} 的基态光谱项。

第三部分　设计与开放实验

实验三十八　日用化学品——洗涤剂及霜膏类护肤品的制备

关键词　*配方　去污　表面活性剂　乳化体系*

实验目的

1. 了解去污的基本原理、乳化操作过程。
2. 学习简单液体洗涤剂、霜膏类化妆品配方和制备。

实验原理

洗涤剂的有效成分是表面活性剂，洗涤衣服的洗涤剂中常用表面活性剂分为阴离子型和非离子型。肥皂中主要成分是硬脂酸钠[$C_{16}H_{35}COONa$]，洗衣粉主要成分为十二烷基苯磺酸钠[$C_{12}H_{25}(C_6H_4SO_3Na)$]。非离子型表面活性剂主要是烷基聚氧乙烯醚[$RCH_2—O—(C_2H_4O)_n—H$]。它不受硬水的影响，有很好的除皮质污垢的能力，对合成纤维有防止再污染作用，因此常用于液体洗涤剂，如丝毛洗涤剂。

表面活性剂分子可以分为2部分，一部分是极性的亲水基团，另一部分是非极性、憎水的长烷链基，憎水烃基具有亲油的性质。表面活性剂能降低液体间的表面张力，使互不相溶的液体形成稳定乳化体系。乳化时，分散相是以很小的液珠形式(直径在0.1 μm至几十微米之间)均匀地分布在连续相中，表面活性剂在这些液珠的表面上形成薄膜或双电层，以阻止它们的相互凝聚，保持乳化体系的稳定。乳化体系是一个非均相体系。最常见的是以水为连续相，以不溶于水的有机液体为分散相的水包油型乳状液。也有以水为分散相，以不溶于水的有机液体为连续相的油包水乳状液。

洗涤去污的过程可简述如下：被洗物浸入水中，洗涤剂中表面活性剂的亲油基团与油污结合，而亲水基团则排列在油污粒子外围，伸向水相。这样，油污被表面活性剂分子所包裹，经摩擦振动，被分散到水相中。值得注意的是，洗涤过程是可逆的，与洗涤剂结合的污物有可能重新回到被洗涤物表面。

霜类护肤品以天然脂肪酸和碱生成的脂肪酸盐为乳化剂，加上保湿剂、营养剂和其他原料配制而成，属于水包油型乳化体系。当它铺展在皮肤上，水分蒸发后留下一层脂肪、脂肪酸盐和保湿剂所形成的薄膜，把皮肤和外界隔离，控制皮肤水分蒸发，保护皮肤。从护肤角度而言，水包油型和油包水型护肤品的功效完全一致，只是，油包水型护肤品保湿、滋润感较好；而水包油型护肤品则由于水在外层，感觉更清爽。护肤品的另一个功效是补充皮肤脂类物质，使皮肤中水分平衡，加入皮肤营养物质如蜂王浆、人参浸出液、维生素A、维生素D、维生素E或胎盘组织等则成为营养霜。

本实验洗涤剂采用十二烷基苯磺酸钠，它起润湿、增溶、乳化、分散和降低表面张力的作用。聚丙烯酰胺是增稠剂，可使溶液增加黏度；尿素做防冻剂，防止冬天冻结和析出，另外还可防止皮肤皲裂。市售洗涤剂中还可加入香料，以改变香型。除基本配方外，也可加入其他添加剂以改善性能，如洗衣粉中加入荧光增白剂、消毒杀菌剂、柔软剂等。

液体洗涤剂的基本配方：

十二烷基苯磺酸钠 5%，聚丙烯酰胺 2%，尿素 1%，柠檬香精 0.05%。

本实验介绍雪花膏护肤品的制备，其典型配方中，一部分硬脂酸和 KOH 生成的硬脂酸钾是乳化剂，剩余的硬脂酸及溶于硬脂酸的成分为油相，水及溶于水的成分为水相，甘油是保湿剂。市售的护肤霜中还可以加入其他营养成分，如珍珠粉水解液，人参液等制成各种营养膏霜类化妆品。

以下是典型的水包油型的膏霜类化妆品的基本配方：

硬脂酸 10 g，甘油 5 g，KOH 0.5 g，水 50 g，少量防腐剂，少量香精。

仪器与试剂

电子天平，烧杯(250 mL)，温度计，玻璃棒。

十二烷基苯磺酸钠，聚丙烯酰胺，尿素，柠檬香精，硬脂酸，甘油，KOH，防腐剂，香精。

实验要求

要求同学根据如下提示，自行设计实验步骤，完成实验。

1. 液体洗涤剂的制备与品质检验

(1) 液体洗涤剂的制备

在 250 mL 烧杯中加入去离子水 50 mL，加热至 45℃～50℃，在搅拌下分别加入 2.5 g 十二烷基苯磺酸钠，1.0 g 聚丙烯酰胺，0.5 g 尿素。加热，搅拌至全部溶解，此时反应液应均匀透明。冷却至室温，再加入防腐剂和香精，搅拌均匀得产品。

(2) 液体洗涤剂的品质检验

测定产品的 pH 值。室温下放置 48 h 后，记录产品外观[1]。

2. 霜类护肤品的制备

(1) 霜类护肤品的制备

在 250 mL 烧杯中加入 0.5 g KOH 和 50 g 水，溶解并煮沸 1～2 min，进行灭菌处理。为水相。

在另一 250 mL 烧杯中加入 10 g 硬脂酸和 5 g 甘油，在石棉网上加热熔化，为油相。

在不断搅拌下将很热的水相(90℃)加入到熔化的油相中，水浴保温搅拌至乳化均匀。冷却至 45℃，加入防腐剂和香精各 1 滴，再搅拌 10 min 后，冷却至室温，得到产品。

(2) 霜类护肤品的品质检验

室温下放置 48 h 后，记录产品外观[2]。

注释

[1] 液体洗涤剂的品质要求：pH = 7.5～8.5，−5℃～45℃下，48 h 不分层，不浑浊，不沉淀，不凝固。

[2] 霜类护肤品的外观品质要求：膏体雪白细腻，黏稠度适中，铺展后润湿性好，不成鳞片状，剂型稳定，无异味。在 −10℃或 45℃放置 48 h 后，恢复到室温，不分层，不出水，对人体无刺激。必要时，可取少量产品，涂覆于皮肤，以检验产品对人体的刺激作用。

思考题

1. 表面活性剂的种类有哪些?
2. 简述洗涤去污原理。
3. 洗涤剂的主要成分是什么？各起什么作用?
4. 简述护肤保湿的原理。
5. 在霜类护肤品的制备中,为何选用 KOH,而不使用 NaOH?

实验三十九　茶叶中微量元素的测定

关键词　*微量元素测定　配位滴定　光度法*

实验目的

1. 了解并掌握鉴定茶叶中某些化学元素的方法。
2. 学会选择合适的化学分析方法。
3. 掌握配位滴定法测定茶叶中钙、镁含量的方法和原理。
4. 掌握分光光度法测定茶叶中微量铁的方法。
5. 提高综合运用知识的能力。

实验原理

茶叶属植物类，为有机体，主要由 C、H、N 和 O 等元素组成，其中含有 Fe、Al、Ca、Mg 等微量金属元素。本实验的目的是要求从茶叶中定性鉴定 Fe、Al、Ca、Mg 等元素，并对 Fe、Ca、Mg 进行定量测定。

茶叶需先进行“干灰化”。“干灰化”即试样在空气中置于敞口的蒸发皿或坩埚中加热，把有机物经氧化分解而烧成灰烬，这一方法特别适用于生物和食品的预处理。灰化后，经酸溶解，即可逐级进行分析。

铁、铝混合液中 Fe^{3+} 对 Al^{3+} 的鉴定有干扰。利用 Al^{3+} 的两性，加入过量的碱，使 Al^{3+} 转化为 AlO_2^- 留在溶液中，Fe^{3+} 则生成 $Fe(OH)_3$ 沉淀，经分离去除后，消除了干扰。

钙、镁混合液中，Ca^{2+} 和 Mg^{2+} 的鉴定互不干扰，可直接鉴定，不必分离。

铁、铝、钙、镁各自的特征反应式如下：

$$Fe^{3+} + nKSCN(\text{饱和}) \longrightarrow Fe(SCN)_n^{3-n}(\text{血红色}) + nK^+,$$

$$Al^{3+} + \text{铝试剂} + OH^- \longrightarrow \text{红色絮状沉淀},$$

$$Al^{3+} + \text{镁试剂} + OH^- \longrightarrow \text{天蓝色沉淀},$$

$$Ca^{2+} + C_2O_4^{2-} \xrightarrow{\text{HAc 介质}} CaC_2O_4(\text{白色沉淀})。$$

根据上述特征反应的实验现象，可分别鉴定出 Fe、Al、Ca、Mg 元素。

钙、镁含量的测定，可采用配位滴定法。在 pH＝10 的条件下，以铬黑 T 为指示剂，EDTA 为标准溶液，直接滴定可测得 Ca^{2+}、Mg^{2+} 总量。若欲测 Ca^{2+}、Mg^{2+} 各自的含量，可在 pH ＞12.5 时，使 Mg^{2+} 生成氢氧化物沉淀，加入钙指示剂用 EDTA 标准溶液滴定 Ca^{2+}，然后用差减法即得 Mg^{2+} 的含量。

Fe^{3+}、Al^{3+} 的存在会干扰 Ca^{2+}、Mg^{2+} 的测定，分析时，可用三乙醇胺掩蔽 Fe^{3+} 与 Al^{3+}。

茶叶中铁含量较低，Fe^{3+} 含量可用分光光度法测定。在 pH＝2～9 的条件下，Fe^{2+} 与邻菲啰啉能生成稳定的橙红色的配合物，反应式如下：

$$3\,(\text{邻菲啰啉}) + Fe^{2+} \longrightarrow [Fe(\text{邻菲啰啉})_3]^{2+}。$$

该配合物的 $\lg K^{\circ}_{稳}=21.3$，摩尔吸收系数 $\varepsilon_{530}=1.10\times10^4$。

在显色前，用盐酸羟胺把 Fe^{3+} 还原成 Fe^{2+}，其反应式如下：

$$4Fe^{3+}+2NH_2OH = 4Fe^{2+}+N_2O+4H^{+}+H_2O。$$

显色时，溶液的酸度过高（pH<2），反应进行较慢；若酸度太低，则 Fe^{2+} 水解，影响显色。Bi^{3+}、Cd^{2+}、Hg^{2+}、Ag^{+}、Zn^{2+} 等可与显色剂生成沉淀，Ca^{2+}、Cu^{2+}、Ni^{2+} 等与显色剂能形成有色配合物。当有这些离子存在时，应注意它们的干扰作用。

仪器与试剂

电子天平，煤气灯，研钵，蒸发皿，称量瓶，电子分析天平，中速定量滤纸，长颈漏斗，容量瓶（250 mL，50 mL），锥形瓶（250 mL），酸式滴定管（50 mL），比色皿（1 cm），吸量管（5 mL，10 mL），722 型分光光度计。

铬黑 T（1%），HCl（6 $mol\cdot L^{-1}$），HAc（2 $mol\cdot L^{-1}$），NaOH（6 $mol\cdot L^{-1}$），$(NH_4)_2C_2O_4$（0.25 $mol\cdot L^{-1}$），EDTA 标准溶液（约 0.01 $mol\cdot L^{-1}$，准确浓度已标定），KSCN（饱和），Fe^{2+} 标准溶液（约0.010 $mg\cdot L^{-1}$ 准确浓度已标定），铝试剂，镁试剂，三乙醇胺（25%），$NH_3\cdot H_2O-NH_4Cl$ 缓冲溶液（pH=10），HAc－NaAc 缓冲溶液（pH=4.6），邻菲啰啉水溶液（0.1%），盐酸羟胺（0.1%）。

实验要求

要求同学根据如下提示，自行设计实验步骤，完成实验。

1. 茶叶的灰化和检测液的制备

取在 100℃～105℃下烘干的茶叶 7～8 g 于研钵中捣成细末[1]，转移至称量瓶中。在电子分析天平上，用差减法准确称出称量瓶中茶叶末的质量，然后将茶叶末全部倒入蒸发皿中。

将盛有茶叶末的蒸发皿加热使茶叶灰化（在通风橱中进行），然后升高温度，使其完全灰化[2]，冷却后，加 10 mL 6 $mol\cdot L^{-1}$ HCl 于蒸发皿中，搅拌溶解[3]（可能有少量不溶物）。将溶液完全转移至 150 mL 烧杯中[4]，加水 20 mL，用 6 $mol\cdot L^{-1}$ $NH_3\cdot H_2O$ 调节溶液的 pH 值为 6～7，有沉淀产生。并置于沸水浴加热 30 min，过滤，然后洗涤烧杯和滤纸。滤液直接用 250 mL 容量瓶盛接，并稀释至刻度，摇匀，贴上标签，标明为 Ca^{2+}、Mg^{2+} 离子检测试液（♯1），待测[5]。

另取 250 mL 容量瓶一只于长颈漏斗之下，用 10 mL 6 $mol\cdot L^{-1}$ HCl 10 mL 重新溶解滤纸上的沉淀，并少量多次地洗涤滤纸。完毕后，稀释容量瓶中滤液至刻度线，摇匀，贴上标签，标明为 Fe^{3+} 检测试液（♯2），待测[5]。

2. Fe、Al、Ca、Mg 元素的鉴定

查阅相关文献，自行设计并完成实验。

3. 茶叶中 Ca^{2+}、Mg^{2+} 总量的测定

从♯1 容量瓶中准确吸取试液 25.00 mL 于 250 mL 锥形瓶中，加入三乙醇胺 5 mL，再加入 10 mL $NH_3\cdot H_2O-NH_4Cl$ 缓冲溶液，摇匀，最后加入铬黑 T 指示剂少许，用 EDTA 标准溶液滴定至溶液由红紫色恰变纯蓝色，即达终点，根据 EDTA 的消耗体积，计算茶叶中 Ca、Mg 的总量。并以 MgO 的质量分数表示。

4. 茶叶中 Fe 含量的测定[6]

（1）邻菲啰啉亚铁吸收曲线的绘制

用 1 cm 的比色皿，以试剂空白溶液[7]为参比溶液，在 722 型分光光度计中，从波长

420～600 nm 分别测定铁标准溶液吸光度，以波长为横坐标，吸光度为纵坐标，绘制邻菲啰啉亚铁的吸收曲线，并确定最大吸收峰的波长 λ_{max}。此波长为定量测量波长。

（2）邻菲啰啉亚铁标准曲线的绘制

用 1 cm 的比色皿，以空白溶液[7]为参比溶液，用分光光度仪分别测定 7 个铁标准溶液的吸光度。以 50 mL 溶液中铁含量为横坐标，相应的吸光度为纵坐标，绘制邻菲啰啉亚铁的标准曲线。

（3）茶叶中 Fe 含量的测定

用吸量管从♯2 容量瓶中吸取试液 2.50 mL 于 50 mL 容量瓶中，依次加入 5 mL 盐酸羟胺，5 mL HAc－NaAc 缓冲溶液，5 mL 邻菲啰啉，用水稀释至刻度，摇匀，放置 10 min。以空白溶液[7]为参比溶液，在同一波长处测其吸光度，并从标准曲线上求出 50 mL 容量瓶中 Fe 的含量，并换算成茶叶中 Fe 的含量，以 Fe_2O_3 质量分数表示之。

注释

［1］ 茶叶尽量捣碎，利于灰化。

［2］ 灰化应彻底。若有未灰化物，将未灰化物重新灰化。

［3］ 茶叶灰化后，酸溶解速度较慢时，可小火略加热。

［4］ 若茶叶灰化物溶解后，应定量过滤。定量转移要防止溶液滴出。

［5］ ♯1 250 mL 容量瓶试液用于分析 Ca、Mg 元素，♯2 250 mL 容量瓶试液用于分析 Fe、Al 元素，不要混淆。

［6］ 测 Fe 时，使用的吸量管较多，应分别标记，以免搞错。

［7］ 试剂空白溶液是指：未加 Fe^{2+} 的溶液，即 5 mL 盐酸羟胺溶液、5 mL HAc－NaAc 缓冲溶液和 5 mL 邻菲啰啉溶液，于 50 mL 容量瓶内定容，放置 10 min 后，进行吸光度测定。

思考题

1. 应如何选择灰化的温度？

2. 鉴定 Ca^{2+} 时，Mg^{2+} 为什么会干扰？

3. 测定钙、镁含量时加入三乙醇胺的作用是什么？

4. 邻菲啰啉分光光度法测铁的作用原理如何？用该法测得的铁含量是否为茶叶中亚铁含量？为什么？

5. 如何确定邻菲啰啉显色剂的用量？

6. 欲测该茶叶中 Al 含量，应如何设计方案？

7. 试讨论，为什么 pH ＝ 6～7 时，能将 Fe^{3+}、Al^{3+} 与 Ca^{2+}、Mg^{2+} 分离完全？

实验四十　三草酸合铁(Ⅲ)酸钾的制备及性质测定

关键词　配合物　无机合成　结构测定

实验目的

1. 制备三草酸根合铁酸钾,加深对 Fe(Ⅲ)、Fe(Ⅱ)化合物性质的认识。

2. 掌握化学分析、热重分析、红外光谱等结构测试方法。

实验原理

三草酸合铁(Ⅲ)酸钾 $K_3[Fe(C_2O_4)_3]\cdot 3H_2O$ 是一种绿色的单斜晶体,溶于水而不溶于乙醇。它是制备负载型活性铁催化剂的主要原料,也是一些有机反应的良好催化剂。本实验为制备纯的三草酸合铁(Ⅲ)酸钾晶体,首先利用 $(NH_4)_2Fe(SO_4)_2$ 与 $H_2C_2O_4$ 反应制成 FeC_2O_4:

$$(NH_4)_2Fe(SO_4)_2\cdot 6H_2O + H_2C_2O_4 = FeC_2O_4\cdot 2H_2O\downarrow + (NH_4)_2SO_4 + H_2SO_4 + 4H_2O。$$

然后在 $C_2O_4{}^{2-}$ 的存在下,用 H_2O_2 将 FeC_2O_4 氧化为 $[Fe(C_2O_4)_3]^{3-}$ 配离子,加入乙醇后,$(NH_4)_2Fe(SO_4)_2\cdot 6H_2O$ 晶体便从溶液中析出。总反应为:

$$2FeC_2O_4\cdot 2H_2O + H_2O_2 + 3K_2C_2O_4 + H_2C_2O_4 = 2K_3[Fe(C_2O_4)_3]\cdot 3H_2O。$$

三草酸合铁(Ⅲ)酸钾配合物组成的确定,必须综合应用各种方法。钾离子的含量以钾离子选择电极法测定。钾离子选择性电极将溶液中待测离子的浓度转换成相应的电位,以饱和甘汞电极为参比电极,钾离子电极为指示电极,插入待测溶液组成原电池。

电池电动势 E 在一定条件下与 K^+ 浓度的对数值成直线关系,即,

$$E = K' - \frac{RT}{F}\ln[K^+]。$$

当测量温度为 25℃,K^+ 浓度在 $10^{-1}\sim10^{-6}\,mol\cdot L^{-1}$ 范围内,且溶液中总离子强度与液接界电位条件一定时,电池电动势与 K^+ 浓度的负对数成线性关系,即

$$E = K'' + 0.059\,2pc_{K^+}。$$

采用标准曲线法或标准加入法可测定 K^+ 浓度。

$K_3[Fe(C_2O_4)_3]\cdot 3H_2O$ 配合物中的 Fe^{3+} 含量以及 Fe^{3+} 与 $C_2O_4{}^{2-}$ 配位比可用 $KMnO_4$ 法测定。

在酸性介质中,用 $KMnO_4$ 标准溶液滴定待测液中的 $C_2O_4{}^{2-}$,根据 $KMnO_4$ 标准溶液的消耗量可直接计算 $C_2O_4{}^{2-}$ 的含量,其反应方程式如下:

$$5C_2O_4{}^{2-} + 2MnO_4{}^- + 16H^+ = 10CO_2 + 2Mn^{2+} + 8H_2O。$$

在上述测定 $C_2O_4{}^{2-}$ 后的剩余溶液中,用锌粉将 Fe^{3+} 还原为 Fe^{2+},再用 $KMnO_4$ 标准溶液滴定 Fe^{2+},其反应方程式:

$$Zn + 2Fe^{3+} = 2Fe^{2+} + Zn^{2+},$$

$$5Fe^{2+} + MnO_4^- + 8H^+ = 5Fe^{3+} + Mn^{2+} + 4H_2O。$$

根据 $KMnO_4$ 标准溶液的消耗量,可计算 Fe^{3+} 的含量。

配合物中的结晶水和草酸根可通过红外光谱作定性鉴定。配合物中的草酸根配体受热时分解,产生 CO 和 CO_2,用热重分析可以研究它们的热分解反应,亦可定量测定结晶水和草酸根的含量。

仪器与试剂

电子天平,电子分析天平,Nexus 傅里叶红外光谱仪,STA409 热分析仪,401 钾离子选择电极,PHS-25 型酸度计,烧杯,量筒,布氏漏斗,循环水泵,抽滤瓶,表面皿。

$(NH_4)_2Fe(SO_4)_2 \cdot 6H_2O(s)$,$H_2SO_4(3\ mol \cdot L^{-1})$,$H_2C_2O_4(1\ mol \cdot L^{-1})$,$K_2C_2O_4$(饱和),$H_2O_2(3\%)$,95%乙醇,柠檬酸,柠檬酸三钠。

实验要求

要求同学根据下面的提示,自行设计实验步骤,完成实验。

1. 三草酸合铁(Ⅲ)酸钾的制备

称取 5 g $(NH_4)_2Fe(SO_4)_2 \cdot 8H_2O$ 固体,倒入 250 mL 烧杯中,加入 15 mL 蒸馏水和 5 滴 $3\ mol \cdot L^{-1}\ H_2SO_4$,加热使之溶解。然后加入 25 mL $1\ mol \cdot L^{-1}\ H_2C_2O_4$ 溶液,加热至沸,并不断搅拌。静置,得到 $FeC_2O_4 \cdot 2H_2O$ 黄色晶体,用倾析法弃去上层清液。往沉淀上加 20 mL 蒸馏水,搅拌并温热,静置,弃去清液(尽可能把清液倾干净些)。

加入 10 mL 饱和 $K_2C_2O_4$ 溶液于上述沉淀中,水浴加热至 40℃,用滴管慢慢加入 20 mL 3% H_2O_2,不断搅拌,并保持温度在 40℃左右(此时会有 $Fe(OH)_3$ 沉淀析出)。将溶液加热至沸,再加入 8 mL $1\ mol \cdot L^{-1}\ H_2C_2O_4$(先加入 5 mL,最后的 3 mL 慢慢加入)。水浴保持近沸。趁热过滤,将滤液转入 100 mL 烧杯中,加入 10 mL 95%乙醇。温热可使三草酸合铁(Ⅲ)酸钾的晶体溶解。用一小段棉线悬挂在溶液中,用表面皿盖住烧杯。暗处放置,便有晶体在棉线上逐渐析出。用倾析法分离出晶体,在滤纸上吸干,称重,计算产率。

2. 配合物中钾含量的测定

(1) 钾离子选择电极响应斜率的获得

以钾离子选择电极为参比电极,饱和甘汞电极为指示电极,在 PHS-25 型酸度仪上,选择"mV"挡,依照从稀到浓的顺序,磁力搅拌几分钟,测定浓度为 $1\times10^{-5}\ mol \cdot L^{-1}$、$1\times10^{-4}\ mol \cdot L^{-1}$、$1\times10^{-3}\ mol \cdot L^{-1}$、$1\times10^{-2}\ mol \cdot L^{-1}$、$0.1\ mol \cdot L^{-1}$ 的系列 K^+ 标准溶液[1]的平衡电位值[2]。

根据下式计算不同浓度的 KCl 溶液中 K^+ 的活度系数:

$$\lg\gamma_{K^+} = \frac{-0.51\sqrt{I}}{1+1.30\sqrt{I}} + 0.06\sqrt{I},其中,I = \frac{1}{2}\sum c_i Z_i^2。$$

按 $\alpha_{K^+} = c \cdot \gamma_{K^+}$,计算系列 K^+ 标准溶液的活度。以 $-\lg\alpha_{K^+}$ 为横坐标,相应的电位值 E 为纵坐标,将各点数据拟合为一平滑曲线,求出直线部分的斜率 S,即钾离子选择电极的响应斜率 S。

(2) 三草酸合铁酸钾中钾含量的测定

在 150 mL 烧杯中,加入 100.0 mL 三草酸合铁(Ⅲ)酸钾的待测液[3],测定其电位值 E_1。再用移液管注入 1.0 mL $0.1\ mol \cdot L^{-1}$ KCl 标准溶液,电磁搅拌 1 min,静止 2 min 后测定电位 E_2。根据下式计算三草酸合铁(Ⅲ)酸钾待测液的浓度:

$$c_x = \frac{c_s V_s}{V_x + V_s}\left(10^{\frac{|E_1 - E_2|}{S}} - 1\right)^{-1}。$$

式中，c_s、V_s 分别为标准 KCl 溶液的浓度和体积，c_x、V_x 分别为待测液的浓度和体积，S 为电极的响应斜率。最后计算三草酸合铁酸钾中的钾含量。

3. 三草酸合铁(Ⅲ)酸钾中 $C_2O_4^{2-}$ 含量的测定

在电子分析天平上称取 0.15～0.20 g 配合物样品于锥形瓶中，加入 15 mL 2 mol・L^{-1} H_2SO_4 和 15 mL 蒸馏水，微热使其溶解。继续加热至 75℃～85℃[4]，趁热用 0.02 mol・L^{-1} $KMnO_4$ 标准溶液滴定至粉红色为终点[5]。根据 $KMnO_4$ 标准溶液的消耗量计算配合物中 $C_2O_4^{2-}$ 的含量。

4. 三草酸合铁(Ⅲ)酸钾中铁含量的测定

在上述滴定完 $C_2O_4^{2-}$ 的溶液中，加入一小勺锌粉，加热近沸[6]，直到黄色消失[7]。趁热过滤[8]，滤去多余的锌粉。滤液收集于另一个锥形瓶中。过滤结束后，用 5 mL 蒸馏水洗涤漏斗[9]。继续用 0.02 mol・L^{-1} $KMnO_4$ 标准溶液滴定至溶液呈粉红色，根据 $KMnO_4$ 标准溶液的消耗量计算配合物中 Fe^{3+} 的含量。

5. 三草酸合铁(Ⅲ)酸钾配合物中结晶水含量的测定

称取一定量的配合物，用 STA409 差热分析仪，在室温至 550℃范围内进行热分解测试。记录配合物的 TG 图。根据 TG 曲线，计算结晶水的含量，并分析各种可能的配合物热分解反应。

6. 三草酸合铁(Ⅲ)酸钾配合物分子式的确定

根据配合物的 $C_2O_4^{2-}$ 的含量和 Fe^{3+} 的含量，计算 Fe^{3+} 与 $C_2O_4^{2-}$ 的配位比。结合配合物中钾的含量和结晶水含量，计算配合物的分子式。

7. 三草酸合铁(Ⅲ)酸钾配合物的红外光谱

称取一定量的配合物，与固体 KBr 以体积比 1∶500 混合，制成 KBr 压片，在 Nexus 傅里叶红外光谱仪上，记录红外谱图。分析得到的红外图谱。

注释

[1] 选用 KCl 标准溶液。

[2] 根据溶液配制方法，配制系列 K^+ 标准溶液。测定电位前，用蒸馏水将钾离子选择电极洗至电位基本不变，该电位值须在 −100 mV 以下。电位测定时，必须从稀到浓。每次测定前，无需清洗电极，只须用吸水纸将电极表面的水吸干。但需注意，电极表面不能有气泡，否则会影响电位值。测定结束后，将电极浸在蒸馏水中，电磁搅拌下，使电位显示值与未测钾离子标准溶液前的值相近。

[3] 三草酸合铁(Ⅲ)酸钾待测液浓度控制在 1×10^{-3} mol・L^{-1} 以下。具体操作如下：在电子分析天平上称取 0.04 g 左右的三草酸合铁(Ⅲ)酸钾晶体，溶解后，定量转移至 100 mL 容量瓶中。

[4] 此温度范围内，滴定液液面不断冒水蒸气。

[5] 查阅相关文献，设计 $KMnO_4$ 标准溶液浓度标定的方法。保留此溶液，继续分析待测液中的 Fe^{3+}。

[6] 不可沸腾，以防分析试液液滴溅出，影响分析结果。

[7] 只须将 Fe^{3+} 还原为 Fe^{2+} 即可。

[8] 此过滤操作为定量过滤，小心操作。

[9] 若滤液体积过大，妨碍滴定，可小火加热，蒸发浓缩至合适的体积。

思考题

1. 在实验中，能否用蒸干溶液的办法来提高产率？为什么？

2. 加入乙醇的作用是什么？悬挂棉线的作用又是什么？

3. $KMnO_4$ 滴定 $C_2O_4{}^{2-}$ 时，须加热，但又不能温度过高，为什么？

4. 配合物中钾含量的测定可用原子吸收法进行。试比较原子吸收法和离子选择性电极法测定 K^+ 含量的各自优点。

5. 在本实验中，采用标准加入法测定 K^+ 含量，为什么？

6. 从配合物的 TG 曲线，也能获得配合物中 $C_2O_4{}^{2-}$ 含量。试比较容量法和热重法测定 $C_2O_4^{2-}$ 含量的异同。

实验四十一　二茂铁及其衍生物的合成与表征

关键词　金属有机化合物　二茂铁　现代表征技术

实验目的

1. 了解惰性气氛、无水无氧操作技术。
2. 了解二茂铁的合成，熟悉金属有机化合物的成键类型。
3. 掌握熔点法、红外光谱、核磁共振鉴定产物的方法

实验原理

金属有机化合物是含有金属-碳键的化合物，它们具有特殊的结构，呈现显著的催化性能。根据金属-碳键性质的差异，金属有机化合物一般分为3类：

1. 电正性金属离子型化合物

这些化合物不溶于烃类溶剂，且对空气、水等呈现很大的活性，它们的稳定性部分取决于碳负离子的稳定性，如甲基锂、乙基锂和格氏试剂 RMgX 等。环戊二烯可与许多金属离子形成金属有机化合物，如碱金属（MC_5H_5）、碱土金属（$M(C_5H_5)_2$）和镧系金属离子等。

2. σ 键合的化合物

由于对空气、水极其敏感，以 σ 键键合的过渡金属烷基化物或芳基化物只有在一定条件下稳定存在，这类化合物的数量较小。配体（如烷基、苯基、丙烯基、炔基、酰基等）中的端基碳原子给予 σ 电子与过渡金属配合。若配合物中存在 CO、$C_5H_5^-$ 或膦等配体时，因存在 π 反馈键，能够大大增加过渡金属生成 σ 键金属有机化合物的稳定性。

3. 非经典键合的化合物

这些化合物中，π 配体（如烯烃、烯丙基、环戊二烯基、苯、环辛四烯、环庚三烯等不饱和有机配体）通过 π 键与过渡金属配位形成有机金属 π 配合物。金属处于配体平面之外。二茂铁就是这类化合物。

双环戊二烯铁$(C_5H_5)_2Fe$，俗称二茂铁，是亚铁与环戊二烯的配合物，是目前已知最稳定的金属有机化合物。二茂铁的研究在金属有机化学发展史上占据着独特的地位，独特的夹心型结构在理论和结构研究方面具有重要意义。应用上，二茂铁及其衍生物可作为紫外吸收剂、火箭燃料添加剂、汽油抗震剂和橡胶熟化剂等。

二茂铁是具有芳香性的金属有机化合物，为橙色针状晶体，有樟脑气味，熔点173℃～174℃，沸点249℃。溶于苯、乙酸和石油醚等大多数有机溶剂，但基本上不溶于水。高于100℃时升华，受热至400℃也不分解。二茂铁对空气稳定，与酸、碱甚至浓硫酸不易发生反应，但易与氧化性酸作用，因此，能进行亲电反应，如磺化、烷基化、酰基化等。由于二茂铁的结构具有 D_{5h} 对称性，因此，其一元取代物只有1种。在乙醇中，二茂铁的紫外光谱在325 nm(ε= 50)和440 nm(ε=87)处有最大吸收，并在紫外区225 nm(ε=5 250)处也有一个吸收峰。

制备二茂铁的方法很多，一般分2步进行。首先形成环戊二烯基阴离子(Cp^-)。由于环戊二烯具有弱酸性($pK_a\approx20$)，常用碱金属或碱土金属氢氧化物、氨、乙二胺以及氨基钠与之作用，脱去质子，形成 Cp^-。然后与 Fe^{2+} 作用，生成二茂铁。例如，环戊二烯与无水氯化亚铁在四氢呋喃溶剂中作用，可得到二茂铁。但是在常温下，环戊二烯呈二聚体形式，使用

前应裂解为单体。全部实验操作都必须在严格无水、无氧条件下进行。

本实验采用二甲亚砜为溶剂，以 NaOH 作为环戊二烯的脱质子剂，使其转化为 Cp^-，然后与 $FeCl_2$ 反应生成二茂铁。

仪器与试剂

电子天平，Nexus 傅里叶红外光谱仪，熔点测定仪，磁力搅拌器，圆底烧瓶（100 mL），三颈瓶（125 mL，250 mL），恒压滴液漏斗、T 形管，布氏漏斗，量筒（100 mL，50 mL，10 mL），干燥管，烧杯（500 mL），温度计，直形冷凝管、接引管、蒸馏头，分馏柱，氮气钢瓶。

NaOH（固），$FeCl_2 \cdot 4H_2O$（固），环戊二烯，二甲亚砜，HCl（6 mol·L^{-1}），乙酸酐，H_3PO_4（85%），无水 $CaCl_2$（固），$NaHCO_3$（固），甲苯，硅胶板，石油醚（60℃～90℃），二氯甲烷，乙醚，乙酸乙酯。

实验要求

要求同学根据如下提示，自行设计实验步骤，完成实验。

1. 环戊二烯的解聚

在 100 mL 圆底烧瓶中，加入 30 mL 环戊二烯、少量沸石，用分馏装置分馏，温度控制在 180℃左右，使环戊二烯二聚体沸腾解聚。收集 40℃～44℃馏分。新蒸出的单体应在 2～3 h 内使用。

2. 二茂铁的合成

在 250 mL 三颈瓶中，加入 100 mL 二甲亚砜、27.2 g 研细的 NaOH，通氮、磁力搅拌 10 min后，滴加 14 mL 新蒸馏的环戊二烯，反应液呈红色[1]。15 min 后，分批从三颈瓶的左口加入 17 g 研细的 $FeCl_2 \cdot 4H_2O$ 粉末[2]，再剧烈搅拌 1 h。反应结束，停止通氮。在搅拌下，将反应物加入到 150 mL 6 mol·L^{-1} HCl 溶液和 100 g 冰的混合物中。风干，称重，计算产率[3]。

3. 乙酰二茂铁的合成

将 3 g 二茂铁和 10 mL 醋酸酐加入到 125 mL 三颈瓶中[4]，磁力搅拌下，缓慢逐滴加入 2 mL 85% H_3PO_4，沸水浴上加热 10 min。然后，将其倒入盛有 60 g 冰水的 500 mL 烧杯中，不断搅拌，小心分批加入固体 $NaHCO_3$，中和反应物至无 CO_2 气泡产生[5]。在冰浴上冷却 30 min。减压过滤，用冰水洗涤至滤液呈浅橙色。风干，得粗产物。

4. 乙酰二茂铁的纯化

利用柱色谱法，自行设计实验过程，选择合适的展开剂、淋洗液，提纯乙酰二茂铁。

可选试剂：甲苯，硅胶板，石油醚（60℃～90℃），二氯甲烷，乙醚，乙酸乙酯。

5. 产品鉴定

测定二茂铁和乙酰二茂铁的熔点[6]。

称取一定量的二茂铁和乙酰二茂铁，与固体 KBr 以体积比 1∶500 混合，制成 KBr 压片，在 Nexus 傅里叶红外光谱仪上，记录红外谱图。分析得到的红外图谱。

注释

[1] 若气温太低，二甲亚砜凝固，可用 25℃～30℃水浴加热。

[2] 也可以将 17 g $FeCl_2 \cdot 4H_2O$ 溶于 55 mL 二甲亚砜中，用滴液漏斗滴加。控制滴加速度，40 min 内滴加完毕。

[3] 可用升华法纯化，也可用石油醚重结晶，或用柱层析提纯。柱层析采用 Al_2O_3 柱，洗脱液是 1∶1 的乙醚∶石油醚(60℃～90℃)。用旋转蒸发仪除去溶剂。

[4] 将无水 $CaCl_2$ 干燥管与三颈瓶的一口连接，防止水汽进入反应体系。

[5] 小心 CO_2 气泡大量溢出。还应避免 $NaHCO_3$ 过量。

[6] 乙酰二茂铁的熔点为 85℃～86℃。

思考题

1. 为什么须在惰性气氛中合成二茂铁？二茂铁乙酰化反应时，为何要用无水 $CaCl_2$ 干燥管保护？

2. 试比较乙酰二茂铁粗产品与纯品的红外光谱图，从中你能得到什么结论。

3. 简述无水无氧操作所需的器材和操作要领。

实验四十二　多元校正-分光光度法同时测定混合色素[1]

关键词　混合色素　分光光度法　紫外可见分光光度仪　多组分测定　化学计量学

实验目的

1. 巩固提高容量分析基本操作技能，掌握分光光度仪的使用，学习紫外可见光谱仪的使用。

2. 了解化学实验中矢量数据的获取方法，比较传统与先进仪器优缺点。

3. 学习多组分同时测定方法，了解化学计量学基本方法在数据处理与光谱解析中的应用。

实验原理

光谱分析方法是以原子和分子的光谱学为基础建立起来的一大类分析方法，是发展较成熟、应用较普及的分析技术。按照不同角度，可以将光谱分为原子与分子光谱；线状与带状光谱；吸收、发射、发光和散射光谱；红外、紫外可见光谱等不同的类别[2]。

食用合成色素是饮料等食品中的常用添加剂，但合成色素具有一定的毒性，过量使用有害健康。因此，色素的分析对食品工业具有重要意义。

由于色素自身共轭结构，可以对紫外可见光产生较强吸收，故分光光度法是测定色素的基本方法。但当有多种色素同时存在时，通常要借助其他分离手段，如层析、色谱等方法将各组分分离后，才能进行定量测定，使得测定步骤十分烦琐。化学计量学方法为混合色素不经分离，而能同时进行准确的测定提供了可能。

本实验利用紫外可见分光光度法对已知浓度系列混合色素溶液进行测定，以朗伯-比耳定律为定量基础，借助化学计量学进行数据处理，计算得出各个色素的纯物种谱，以此预报未知混合样品浓度[3]。

仪器与试剂

电子分析天平，722 型分光光度仪，Agilent 8453UV - Vis 分光光度仪，容量瓶(50 mL，6 个)，移液管(5 mL，4 支)。

胭脂红溶液(120 mg·L^{-1})[4]，柠檬黄溶液(100 mg·L^{-1})[5]，日落黄溶液(100 mg·L^{-1})[6]，HCl(0.1 mol·L^{-1})[7]。

实验要求

要求同学根据下列提示，自己设计实验步骤，并测定 3 份未知混合样。

1. 混合色素标准溶液配制

(1) 测定食用色素的吸光度，必须控制 pH 值，建议控制酸度为 $c_{HCl}=0.01$ mol·L^{-1} (pH=2.0)[8]。

(2) 标准溶液建议配制 6 份。每份溶液中各组分的含量应线性不相关，所测得吸光度值以 0.1～1.0 为宜。具体步骤为：分别吸 3 种色素储备液若干毫升，加入 5.0 mL 0.10 mol·L^{-1}的 HCl，定容至 50 mL。每次标准溶液的吸取量填入实验表 42 - 1。

实验表 42-1　标准溶液的组成(即 C 矩阵)

样品号	1	2	3	4	5	6
胭脂红						
日落黄						
柠檬黄						

2. 分光光度法测定混合色素溶液

(1) 722 型分光光度仪测定

① 调整分光光度仪相应参数，对 T、A 等指标进行校正，考察比色皿差别。

② 测定所配标准溶液和未知样品不同波长下吸光度值，建议从 390 nm 到 540 nm，每隔 10 nm 进行一次测定，并自行设计表格，按照测量值记录规范，记录实验数据。

(2) Agilent 8453UV-Vis 分光光度仪测定

① 掌握仪器操作方法，用石英比色皿装上参比溶液后测定空白。

② 测定所配标准溶液和未知样品光谱，建议选择波长范围为 300 nm 到 600 nm，间隔 1 nm，规范命名并存储实验数据文件。

3. 数据处理

(1) 根据原理部分提出的数据处理方法，用自己擅长的计算机语言编程，求出 $\boldsymbol{K}$ 矩阵并预报未知样。

(2) 利用实验室提供的软件进行计算[9]，运算结果应在实验报告中给出，其中运算结果包括 RSD(3)[10]，交叉验证的 RSE[11] 及各个色素的纯物种谱等，并根据纯光谱找出各组分的最大吸收波长和最大吸收波长下的吸光系数。

注释

[1] 本实验部分内容为同济大学校级精品实验之一。

[2] 与色谱-质谱类技术相比，光谱对样品的预处理过程相对简单，部分技术甚至可以直接测量而实现无损分析；测试时间较短，可以实现快速测定。因此具有独特的应用价值和优势。

[3] 设有 n_c 个组分同时存在，配制一组已知样本共 n_s 个溶液，其浓度矩阵为 $\boldsymbol{C}_{n_c \times n_s}$，在 n_w 个波长下测得吸光度矩阵 $\boldsymbol{A}_{n_w \times n_s}$。根据朗伯-比耳定律有：

$$\boldsymbol{A}_{n_w \times n_s} = \boldsymbol{K}_{n_w \times n_c} \boldsymbol{C}_{n_c \times n_s} 。\qquad (实验 42-1)$$

其中，$\boldsymbol{K}_{n_w \times n_c}$ 为吸光度矩阵，根据最小二乘法原理可求出各组分的纯物种谱，即 $\boldsymbol{K}$ 矩阵：

$$\boldsymbol{K} = \boldsymbol{A}\boldsymbol{C}^{\mathrm{T}}(\boldsymbol{C}\boldsymbol{C}^{\mathrm{T}})^{-1} 。\qquad (实验 42-2)$$

式(实验 42-2)中 T 和 −1 分别表示该矩阵的转置和逆。对于一个或一组未知样，同样在 n_w 个相同波长下测定后，可用最小二乘法根据下式求出未知物的浓度。

$$\boldsymbol{C}_{未知} = (\boldsymbol{K}^{\mathrm{T}}\boldsymbol{K})^{-1}\boldsymbol{K}^{\mathrm{T}}\boldsymbol{A}_{未知} 。\qquad (实验 42-3)$$

［4］ 胭脂红溶液(120 mg·L^{-1})：称取 0.120 g 胭脂红用纯水溶解后定容至 1 L。
［5］ 柠檬黄溶液(100 mg·L^{-1})：配制方法参考胭脂红溶液的配制。
［6］ 日落黄溶液(100 mg·L^{-1})：配制方法参考胭脂红溶液的配制。
［7］ HCl(0.1 mol·L^{-1})：量取 16.6 mL 盐酸(A. R.)用纯水定容至 2 L。
［8］ 在酸性条件下，3 种色素的最大吸收波长和吸光系数的参考值如下：

	胭脂红	日落黄	柠檬黄
λ_{max}/nm	510	480	400
K/(L·g^{-1}·cm^{-1})	20	31	33

［9］ 数据处理软件 multicom. exe，该程序用 Delphi7.0 编写，在 Windows 下运行。界面如实验图 42.1。输入相应的数据后，可保存数据文件，并进行相应运算。下载地址：同济大学化学系实验教学中心：ftp://10.10.121.5/分析提高实验软件/混合色素数据处理 Multicom. exe。

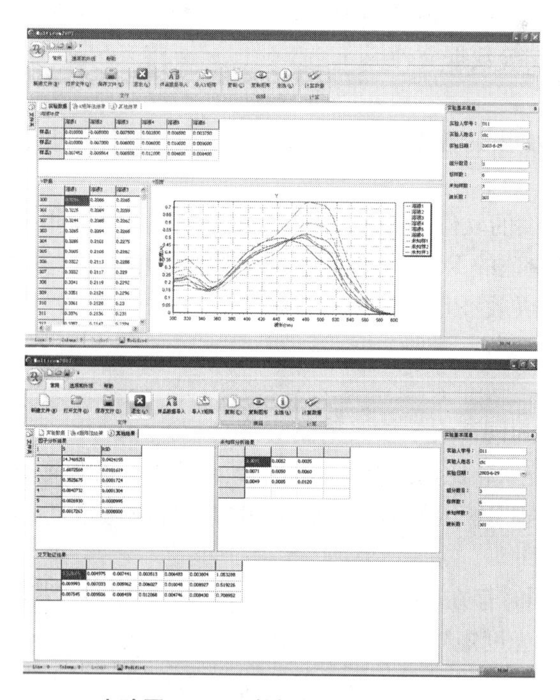

实验图 42-1　数据处理程序主菜单

［10］ 剩余标准偏差 RSD(Residual Standard Deviation)：
式(实验 42-1)中吸光度矩阵 $\boldsymbol{A}$ 可根据线性代数的原理进行奇异值分解(Single Value Decomposition, SVD)：

$$\boldsymbol{A}=\boldsymbol{U}\boldsymbol{S}\boldsymbol{V}^{\mathrm{T}}。\qquad (实验\ 42-4)$$

其中，$\boldsymbol{S}$ 为对角矩阵，收集了 $\boldsymbol{A}$ 矩阵的特征值，$\boldsymbol{U}$ 和 $\boldsymbol{V}^{\mathrm{T}}$ 分别为标准列正交和标准行正交矩阵。如果仅取前 n_c 个主成分，把其余部分当作误差丢弃，则仅需保留 $\boldsymbol{U}$、$\boldsymbol{V}$ 矩阵

的前 n_c 列和 $\boldsymbol{S}$ 矩阵的前 n_c 个特征值，分别用符号 $\boldsymbol{U}^*$、$\boldsymbol{S}^*$、$\boldsymbol{V}^*$ 表示。利用 $\boldsymbol{U}^*$、$\boldsymbol{S}^*$、$\boldsymbol{V}^*$ 可以重构数据矩阵，用 $\boldsymbol{A}^0$ 表示：

$$\boldsymbol{A}^0 = \boldsymbol{U}^* \boldsymbol{S}^* \boldsymbol{V}^{*\mathrm{T}}。 \quad (实验 42-5)$$

这样可以获得实验量测数据的误差矩阵 $\boldsymbol{E}$：

$$\boldsymbol{E} = \boldsymbol{A} - \boldsymbol{A}^0。 \quad (实验 42-6)$$

由于矩阵 $\boldsymbol{E}$ 是原始量测数据矩阵提取 n_c 个主成分后剩下的误差信息，因此又把它称为剩余矩阵。其标准偏差相应地称为剩余标准偏差，用 RSD(n_c)表示，它可以由式(实验 42－7)或式(实验 42－8)计算出：

$$\mathrm{RSD}(n_c) = \sqrt{\sum_{i=1}^{n_w}\sum_{j=1}^{n_s} e_{ij}^2 / [n_w(n_s - n_c)]}。 \quad (实验 42-7)$$

$$\mathrm{RSD}(n_c) = \sqrt{\sum_{i=n_c+1}^{n_s} l_i^2 / [n_w(n_s - n_c)]}。 \quad (实验 42-8)$$

其中 e_{ij} 是矩阵 $\boldsymbol{E}$ 中第 i 行、第 j 列的元素，而 l_i 是对角矩阵 $\boldsymbol{S}$ 中的第 i 行、i 列的元素，或者说是矩阵 $\boldsymbol{A}$ 的第 i 个特征值。

在本实验中共有 3 种色素存在，即 $n_c=3$。显然当 RSD(3)越小时，测量的误差就越小。对于 722 型分光光度仪，如果熟练掌握仪器的使用技巧，RSD(3)应小于 0.002，而使用 Agilent 8453 时此值应小于 0.0002。

[11] 交叉验证(Cross Validation)与相对标准误差 RSE(Relative Standard Error)：

本实验设计了 6 份标准溶液，采用留一(Leave One Out, LOO)交叉验证法，即每次把其中 1 个当作未知样本，其余 5 个当作标准样本，则根据式(实验 42－4)、式(实验 42－3)的方法，就可以对每个样本，用其他 5 个样本来预报，循环进行 6 次后可获得所有预报结果，就得到预报浓度矩阵 $\hat{\boldsymbol{C}}$。而第 j 种相对标准误差 RSE_j 定义如式(实验 42－9)：

$$\mathrm{RSE}_j(\%c) = \sqrt{\left(\sum_{i=1}^{n_s}(\hat{\boldsymbol{C}}_{ji} - \boldsymbol{C}_{ji})^2 / \sum_{i=1}^{n_s}\boldsymbol{C}_{ji}^2\right)}。 \quad (实验 42-9)$$

在 RSD(3)符合要求的前提下，RSE_j($j=1,2,3$)越小，则说明溶液配制越准确。要求熟练操作者，RSE_j 应小于 1%。值得指出的是，如果配制溶液时移取体积有错误，而分光光度仪操作是正确的，则 RSD(3)仍然可以达到要求。但如果测量吸光度时有较大错误存在，RSD(3)值很大(比如>0.006)，则 RSE_j 就不可能达到要求了，因此合格 RSD(3)值是获得合格的 RSE_j 值的前提。

思考题

1. 从物理原理上，光谱法是如何分类的？光谱分析方法与其他仪器分析法相比，有什么特点？

2. 原子光谱与分子光谱各自特点及区别有哪些？

3. 试推导 722 型分光光度仪透光率与相对误差的变化关系，并说明，当吸光度值为多少时误差最小？对于 Agilent 8453 分光光度仪是否也符合这一规律？

4. 试比较 722 型分光光度仪与 Agilent 8453 分光光度仪各自的特点？在紫外和可见波长范围内测量吸光度时，所使用比色皿是否有区别？

5. 配制混合色素溶液时，为什么要加入盐酸控制 pH 值？

6. 从理论上讲，任取 3 个波长测定后解联立方程，也能获得结果。那么，多波长测定后并利用多元校正方法求解有什么优点？

7. RSD 是指什么？为什么 RSD(3)可以代表仪器操作者的水平？如果实验中移取溶液体积出现错误，是否可以获得合格的 RSD(3)值？

8. 什么是 LOO－CV 法？为什么说合格 RSD(3)值是获得合格的 RSE_j 值的前提？

9. 如果要用本实验提供的方法，测定市售某种饮料中色素的含量，试分析在什么条件下能获得较可靠的结果？请通过文献查阅或其他手段，设计一种测定方案。

实验四十三　顶空气相色谱法建立树皮指纹图谱并识别树皮种类[1]

关键词　顶空气相色谱法　树皮　指纹图谱　模式识别　主成分分析法

实验目的

1. 掌握顶空气相色谱法的基本原理。
2. 了解指纹图谱的概念，建立树皮指纹图谱[2]。
3. 了解主成分分析投影法、聚类分析等化学计量学方法[3]。

实验原理

顶空气相色谱法[4]是通过测定样品上方气体成分来测定该组分在样品中的含量，其理论依据是在一定条件下气相和液相(固相)之间存在着分配平衡。

全自动顶空-气相色谱分析系统(HS－GC－FID)由全自动顶空气体采集器、气相色谱仪和火焰离子化检测器组成。本实验采用静态顶空气相色谱法(实验图43－1)。由于各种树皮所含的挥发性物质在化学性质和含量上都有差异，当进行顶空气相色谱分析时，表现为各种树皮都具有自己特征的色谱流出曲线。利用这种色谱流出曲线的特征性，经过适当的数据处理，就可以将同一分析方法下获得的各种树皮的色谱特征图与标准库中树皮指纹图谱相匹配，根据不同的匹配度对不同树皮进行模式识别[5]。

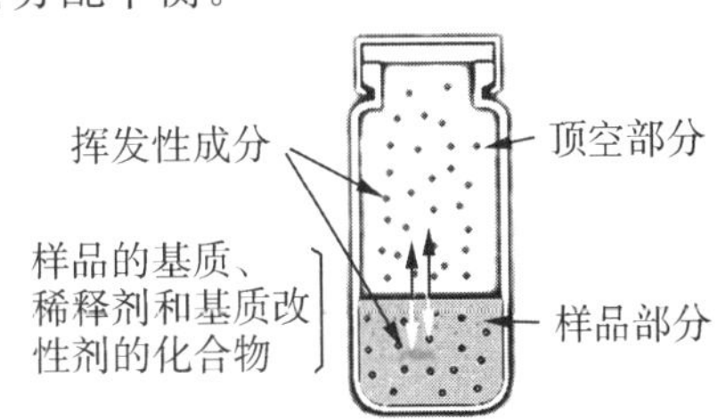

实验图43－1　静态顶空分析法原理示意图

以香樟树皮为例，设定以下实验条件：进样口温度为230℃；进样体积为400 μL；进样针温度为100℃；振荡器温度为80℃；振荡器加热时间为10 min；检测器温度为260℃。柱温升温程序：起始温度60℃，保持0.5 min后，以每分钟20℃的升温速率升至100℃，保持3 min后，以每分钟6℃的升温速率升至180℃，保持0.5 min后，以每分钟10℃的升温速率升至200℃。在以上实验条件下，得到其总离子色谱流图谱，如实验图43－2所示。

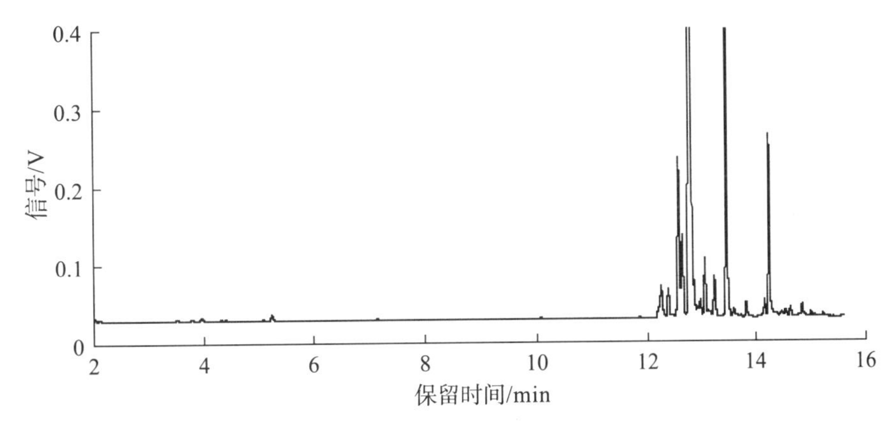

实验图43－2　香樟树皮气相色谱图

仪器与试剂

Varian 3900 气相色谱仪，瑞士 CTC 公司 Combipal 型三合一顶空自动进样器，顶空瓶，不同树种的树皮。

实验要求

1. 气相色谱条件

(1) 色谱柱：Varian HPINNOWAX(30 m×0.25 mm×0.25 μm，固定相：键合/交联聚乙醇，极性柱)。

(2) 色谱柱升温程序见实验表 43-1。

实验表 43-1　色谱柱程序升温程序

temp/℃	rate/(℃/min)	Hold/min	Total/min
60		0.5	0.5
80	10	0.5	3.0
130	3	1.5	21.2
200	18	0.5	25.6

(3) 检测器温度：260℃。

(4) 进样口温度：230℃。

(5) 分流比：5∶1。

2. 顶空进样装置的参数设置

(1) 进样体积：400 μL。

(2) 进样针温度：110℃。

(3) 振荡器温度：100℃。

(4) 加热时间：10 min。

(5) GC 循环时间：27 min。

3. 实验步骤

(1) 采集不同树种的树皮粉末各 0.5 g(精确至 0.01 g)，装入顶空瓶；

(2) 开启气相色谱仪、顶空自动进样器、电脑等设备；

(3) 按照最优实验方法，设定实验参数；

(4) 运行方法，分别测定各树皮样品。

4. 数据记录和处理

(1) 根据原理部分提出的数据处理方法，用自己擅长的计算机语言编程，进行主成分分析投影[5]，实现树皮分类与模式识别。

(2) 利用 Excel 计算各树皮色谱峰面积矢量之间的相关系数[5]，并根据获得的相关系数总结出规律。

注释

[1] 本实验部分内容为同济大学校级精品实验之一。

［2］ 树皮指纹图谱可视作树皮的身份证，特定树皮的主要化学信息都能体现在色谱指纹图谱上，不同树皮图谱不同。指纹图谱具有模糊性和整体性等特点。建立好树皮的指纹图谱，就可以进行树皮模式识别与分类。

［3］ 化学计量学(Chemometrics)作为一门新兴的交叉学科，运用数学、统计学、计算机科学以及其他相关学科的理论和方法，优化化学量测过程，并通过解析化学量测数据以最大限度地获取化学及相关信息。各种化学计量学方法，如主成分分析技术(Principal Component Analysis，PCA)、模式识别技术(Pattern Recognition，PR)等，已逐渐应用于食品化学、农业化学、医药化学等领域中的信息处理。

［4］ 顶空分析法通常可分为 3 类：静态顶空分析、动态顶空分析和顶空-固相微萃取。顶空分析法具有以下特点：操作简单、可自动化、可变因素多、灵敏度高。静态顶空分析可以分为 2 步：首先，将液体样品或者固体样品放在一个密闭的玻璃样品瓶中，并保持样品瓶中的样品上方留有一半以上的气体空间，在一恒定的温度下使两相达到平衡；然后，使用气密性注射器等份抽取样品瓶中的顶空气体直接注入到色谱仪注入口中进行色谱分离和测定。在顶空-固相微萃取技术中，待分析组分首先从液相扩散到气相中，再从气相转移到萃取固定相中。

［5］ 模式识别是指对表征事物或现象的各种形式的信息进行处理和分析，以对事物或现象进行描述、辨认、分类和解释的过程，是信息科学和人工智能的重要组成部分。模式识别方法很多。化学模式识别是化学计量学研究中的一个十分重要的内容，它是一种多元分析方法，主要用于样品的分类判别。它从化学测量的数据出发，借助数学方法和计算机技术，从而揭示出事物内部规律和隐含特征。在本实验中，主要采用统计模式识别。统计模式识别的基本原理是：有相似性的样本在模式空间中互相接近，并形成“集团”，即“物以类聚”。本实验主要采用主成分分析投影法对树皮进行模式识别。

主成分分析是化学计量学中一种常用的数学方法，在尽量不损失数据中信息的前提下进行，从原始的多个变量取若干变量进行线性组合，组成互不相关(即正交)的新变量，其目的是将数据降维，仅用部分主成分来表达原有变量的主要信息。利用这一特性，可从二维或三维图中直观地观察到原始数据的主要特性和类聚情况。本实验中，对所获得的待检验树皮样本色谱图数据进行主成分分析，然后进行投影，根据物以类聚的原则，相似的物质聚集在相邻的区域。实验图 43－3 就是对 4 种树皮的

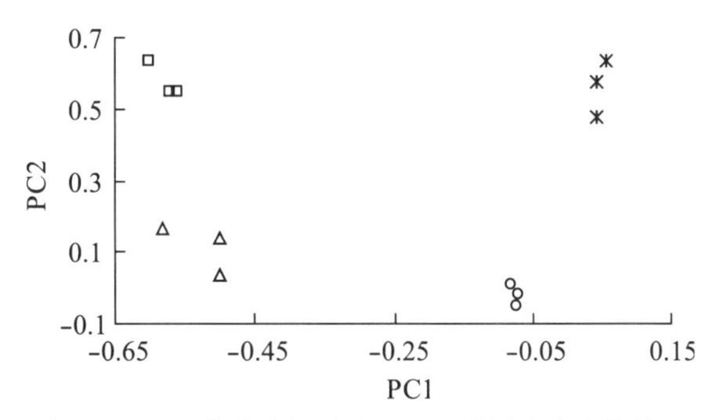

实验图 43－3　主成分投影法用于 4 种树皮分类的效果图

⁎ 雪松树皮 ○ 梧桐树皮 △ 香樟树皮 □ 银杏树皮

色谱数据进行主成分分析后的投影图，其横轴为第一主成分 PC1，纵轴为第二主成分 PC2。可见 4 种树皮可有效分类。

除主成分投影分类法，本实验的数据处理还推荐相关系数法。利用 Excel 计算各树皮样本与已知树皮样品峰面积矢量之间的相关系数，其值在 −1 到 1 之间，相关系数越接近于 1，说明两种树皮的色谱指纹图谱越相似，类别越相近。

思考题

1. 简单说明顶空气相色谱的特点。

2. 气相色谱与液相色谱的原理、测定对象和应用领域有何区别？

3. 讨论一下气相色谱与液相色谱各种常用的检测器及其特点。

4. 讨论液相色谱质谱与气相色谱质谱技术的异同点。

5. 概述气相色谱法中常用的定性和定量方法。

6. 讨论色谱流出曲线中的一些基本参数，相邻两峰的分离度、某种组分的有效塔板数是如何计算的？

7. 比较色谱分析和光谱分析的特点。

8. 什么是化学模式识别？举例说明模式识别可以解决的实际问题。

附 录

附录1 原子量表

元素	符号	原子量	元素	符号	原子量	元素	符号	原子量
银	Ag	107.8682	铪	Hf	178.49	铷	Rb	85.4678
铝	Al	26.98154	汞	Hg	200.59	铼	Re	186.207
氩	Ar	39.948	钬	Ho	164.9304	铑	Rh	102.9055
砷	As	74.9216	碘	I	126.9045	钌	Ru	101.07
金	Au	196.9665	铟	In	114.82	硫	S	32.06
硼	B	10.81	铱	Ir	192.22	锑	Sb	121.75
钡	Ba	137.33	钾	K	39.0983	钪	Sc	44.9559
铍	Be	9.01218	氪	Kr	83.80	硒	Se	78.96
铋	Bi	208.9804	镧	La	138.9055	硅	Si	28.0855
溴	Br	79.904	锂	Li	6.941	钐	Sm	150.36
碳	C	12.011	镥	Lu	174.967	锡	Sn	118.69
钙	Ca	40.08	镁	Mg	24.305	锶	Sr	87.62
镉	Cd	112.41	锰	Mn	54.9380	钽	Ta	180.9479
铈	Ce	140.12	钼	Mo	95.94	铽	Tb	158.9254
氯	Cl	35.453	氮	N	14.0067	碲	Te	127.60
钴	Co	58.9332	钠	Na	22.98977	钍	Th	232.0381
铬	Cr	51.996	铌	Nb	92.9064	铥	Tm	168.9342
铯	Cs	132.9054	钕	Nd	144.24	钛	Ti	47.88
铜	Cu	63.546	氖	Ne	20.179	铊	Tl	204.383
镝	Dy	162.50	镍	Ni	58.69	铀	U	238.0289
铒	Er	167.26	镎	Np	237.0482	钒	V	50.9415
铕	Eu	151.96	氧	O	15.9994	钨	W	183.85
氟	F	18.9984	锇	Os	190.2	氙	Xe	131.29
铁	Fe	55.847	磷	P	30.97376	钇	Y	88.9059
镓	Ga	69.72	铅	Pb	207.2	镱	Yb	173.04
钆	Gd	157.25	钯	Pd	106.42	锌	Zn	65.38
锗	Ge	72.59	钋	Pr	140.9077	锆	Zr	91.22
氢	H	1.00794	铂	Pt	195.08			
氦	He	4.00260	镭	Ra	226.0254			

附录 2　国际单位制基本单位

量的名称	单位名称	符　号	量的名称	单位名称	符　号
长度	米	m	热力学温度	开[尔文]	K
质量	千克(公斤)	kg	物质的量	摩[尔]	mol
时间	秒	s	光强度	坎[德拉]	cd
电流	安[培]	A			

附录 3　有专用名称的国际单位制导出单位

物理量名称	单位名称	符　号	备　注
频率	赫[兹]	Hz	$1Hz=1\ s^{-1}$
力	牛[顿]	N	$1N=1\ kg\cdot m\cdot s^{2}$
压力,应力	帕[斯卡]	Pa	$1\ Pa=1N\cdot m^{-2}$
能,功,热量	焦[耳]	J	$1\ J=1N\cdot m$
能量,电荷	库[仑]	C	$1\ C=1A\cdot s$
功率	瓦[特]	W	$1\ W=1\ J\cdot s^{-1}$
电位,电压,电动势	伏[特]	V	$1\ V=1\ W\cdot A^{-1}$
电容	法[拉第]	F	$1\ F=1\ C\cdot V^{-1}$
电阻	欧[姆]	Ω	$1\ \Omega=1\ V\cdot A^{-1}$
电导	西[门子]	S	$1\ S=1\ A\cdot V^{-1}$
磁通量	韦[伯]	Wb	$1\ Wb=1\ V\cdot s$
磁感应强度	特[斯拉]	T	$1\ T=1\ Wb\cdot m^{-2}$

附录4　常用物理常量

常　数	符　号	数　值	SI单位
标准重力加速度	g	9.80665	$m \cdot s^{-2}$
光速	c	2.9979×10^{8}	$m \cdot s^{-1}$
普朗克常量	h	6.6262×10^{-34}	$J \cdot s$
玻尔兹曼常数	k	1.3806×10^{-23}	$J \cdot K^{-1}$
阿伏伽德罗常数	N_A, L	6.0222×10^{23}	$1 \cdot mol^{-1}$
法拉第常数	F	9.64867×10^{4}	$C \cdot mol^{-1}$
电子电荷	e	1.60219×10^{-19}	C
电子静质量	m_e	9.1095×10^{-31}	kg
质子静质量	m_p	1.6726×10^{-27}	kg
玻尔半径	a_0	5.2916×10^{-11}	M
玻尔磁子	μ_B	9.2741×10^{-24}	$A \cdot m^2$
核磁子	μ_N	5.0508×10^{-27}	$A \cdot m^2$
理想气体标准态体积	V_0	22.413	$m^3 \cdot kmol^{-1}$
气体常数	R	8.31434	$J \cdot mol^{-1} \cdot K^{-1}$
水的冰点		273.15	K
水的三相点		273.16	K

附录 5　298.2 K 时各种酸的酸常数

化学式	$K_a^\ominus$	$pK_a^\ominus$
无机酸		
H_3AsO_4	5.50×10^{-3}	2.26
$H_2AsO_4^-$	1.73×10^{-7}	6.76
$HAsO_4^{2-}$	5.13×10^{-12}	11.29
H_2BO_3	5.75×10^{-10}	9.24
H_2CO_3	4.46×10^{-7}	6.35
HCO_3^-	4.68×10^{-11}	10.33
$HClO_3$	5×10^{2}	
$HClO_2$	1.15×10^{-2}	1.94
H_2CrO_4	1.82×10^{-1}	0.74
$HCrO_4^-$	3.2×10^{-7}	6.49
HF	6.31×10^{-4}	3.20
H_2O_2	2.40×10^{-12}	11.62
HI	3×10^{9}	
H_2S	8.90×10^{-8}	7.05
HS^-	1.20×10^{-13}	12.92
HBrO	2.82×10^{-9}	8.55
HClO	3.98×10^{-8}	7.4
HIO	2.29×10^{-11}	10.64
HIO_3	1.69×10^{-1}	0.77
HNO_3	2×10^{2}	
$H_2C_2O_4$	5.90×10^{-2}	1.25
$HC_2O_4^-$	6.46×10^{-5}	4.19
HNO_2	5.62×10^{-4}	3.25
$HClO_4$	3.5×10^{2}	
HIO_4	5.6×10^{3}	
$HMnO_4$	2.0×10^{2}	
H_3PO_4	7.5×10^{-3}	2.12
$H_2PO_4^-$	6.23×10^{-8}	7.21
HPO_4^{2-}	2.20×10^{-12}	12.67
H_2SiO_3	1.70×10^{-10}	9.77
$HSiO_3^-$	1.52×10^{-12}	11.80
HSO_4^-	1.02×10^{-2}	1.99
H_2SO_3	1.41×10^{-2}	1.85
HSO_3^-	6.31×10^{-6}	7.20
$H_2S_2O_3$	2.50×10^{-1}	0.60
$HS_2O_3^-$	1.90×10^{-2}	1.72
两性氢氧化物		
$Al(OH)_3$	4×10^{-13}	12.40
$SbO(OH)_2$	1×10^{-11}	11.00
$Cr(OH)_2$	9×10^{-17}	16.05
$Cu(OH)_2$	1×10^{-19}	19.00
$HCuO_2^-$	7.0×10^{-14}	13.15
$Pb(OH)_2$	4.6×10^{-16}	15.34
$Sn(OH)_4$	1×10^{-32}	32.00
$Sn(OH)_2$	3.8×10^{-15}	14.42
$Zn(OH)_2$	1.0×10^{-29}	29.00
金属离子		
Al^{3+}	1.4×10^{-5}	4.85
NH_4^+	5.60×10^{-10}	9.25
Bi^{3+}	1×10^{-2}	2.00
Cr^{3+}	1×10^{-4}	4.00
Cu^{2+}	1×10^{-8}	8.00
Fe^{3+}	4.0×10^{-3}	2.40
Fe^{2+}	1.2×10^{-6}	5.92
Mg^{2+}	2×10^{-12}	11.70
Hg^{2+}	2×10^{-3}	2.70
Zn^{2+}	2.5×10^{-10}	9.60
有机酸		
CH_3COOH	1.75×10^{-5}	4.76
C_6H_5COOH	6.2×10	4.21
HCOOH	1.772×10^{-4}	3.77
HCN	6.16×10^{-10}	9.21

附录 6　298.2 K 时各种碱的碱常数

化学式	$K_b^\ominus$	$pK_b^\ominus$	化学式	$K_b^\ominus$	$pK_b^\ominus$
CH_3COO^-	5.71×10^{-10}	9.24	Cl^-	3.02×10^{-23}	22.52
NH_3	1.8×10^{-5}	3.90	CN^-	2.03×10^{-5}	4.69
$C_6N_5NH_2$	4.17×10^{-10}	9.38	$(C_2H_5)_2NH$	8.51×10^{-4}	3.07
AsO_4^{3-}	3.3×10^{-12}		$(CH_3)_2NH$	5.9×10^{-4}	3.23
$HAsO_4^{2-}$	9.1×10^{-8}		$C_2H_5NH_2$	4.3×10^{-4}	3.37
$H_2AsO_4^-$	1.5×10^{-12}		F^-	2.83×10^{-11}	10.55
$H_2BO_3^-$	1.6×10^{-5}		$HCOO^-$	5.64×10^{-11}	10.25
Br^-	1×10^{-23}	23.0	I^-	3×10^{-24}	23.52
CO_3^{2-}	1.78×10^{-4}	3.75	CH_3NH_2	4.2×10^{-4}	3.38
HCO_3^-	2.33×10^{-8}	7.63	NO_3^-	5×10^{-17}	16.30
NO_2^-	1.92×10^{-11}	10.71	SO_4^{2-}	1.0×10^{-12}	12.00
$C_2O_4^{2-}$	1.6×10^{-10}	9.80	SO_3^{2-}	2.0×10^{-7}	6.70
$HC_2O_4^-$	1.79×10^{-13}	12.75	HSO_3^-	6.92×10^{-13}	12.16
MnO_4^-	5.0×10^{-17}	16.30	S^{2-}	8.33×10^{-2}	1.08
PO_4^{3-}	4.55×10^{-2}	1.34	HS^-	1.12×10^{-7}	6.95
HPO_4^{2-}	1.61×10^{-7}	6.79	SCN^-	7.09×10^{-14}	13.15
$H_2PO_4^-$	1.33×10^{-12}	11.88	$S_2O_3^{2-}$	4.00×10^{-14}	13.40
SiO_3^{2-}	6.76×10^{-3}	2.17	$(C_2H_5)_3N$	5.2×10^{-4}	3.28
$HSiO_3^-$	3.1×10^{-5}	4.51	$(CH_3)_3N$	6.3×10^{-5}	4.20

附录 7　一些常见配位化合物的稳定常数

配离子	$K^\ominus_{稳}$	$\lg K^\ominus_{稳}$	配离子	$K^\ominus_{稳}$	$\lg K^\ominus_{稳}$
1∶1			1∶3		
NaY^{3-}	4.57×10^{1}	1.66	$[Fe(CNS)_3]$	1.0×10^{3}	3.03
AgY^{3-}	2.0×10^{7}	7.30	$[Al(C_2O_4)_3]^{3-}$	2.0×10^{16}	16.30
CaY^{2-}	4.90×10^{10}	10.69	$[Ni(en)_3]^{2+}$	3.9×10^{18}	18.59
MgY^{2-}	4.90×10^{18}	8.69	$[Fe(C_2O_4)_2]^{3-}$	1.6×10^{20}	20.20
FeY^{2-}	2.14×10^{14}	14.33	1∶4		
CdY^{2-}	3.16×10^{16}	16.50	$[CdCl_4]^{2-}$	3.1×10^{2}	2.49
NiY^{3-}	4.68×10^{18}	18.67	$[Cd(CNS)_4]^{2-}$	3.8×10^{2}	2.58
CuY^{2}	6.3×10^{18}	18.80	$[Co(CNS)_4]^{2-}$	1.0×10^{3}	3.00
HgY^{2-}	6.3×10^{21}	21.80	$[CdI_4]^{2-}$	3.0×10^{6}	6.48
FeY^{-}	1.26×10^{25}	25.10	$[Cd(NH_3)_4]^{2+}$	1.29×10^{7}	7.11
CoY^{-}	1.0×10^{36}	36.00	$[Zn(NH_3)_4]^{2+}$	2.9×10^{9}	9.46
1∶2			$[Cu(NH_3)_4]^{2+}$	1.7×10^{13}	13.23
$[Ag(NH_3)_2]^{+}$	1.6×10^{7}	7.23	$[HgCl_4]^{2-}$	1.26×10^{15}	15.10
$[Ag(en)_2]^{+}$	6.31×10^{7}	7.80	$[Zn(CN)_4]^{2-}$	1.0×10^{16}	16.00
$[Ag(CNS)_2]^{-}$	3.71×10^{8}	8.60	$[Cu(CN)_4]^{2-}$	2.0×10^{27}	27.30
$[Cu(NH_3)_2]^{+}$	7.4×10^{10}	10.87	$[HgI_4]^{2-}$	6.8×10^{29}	29.83
$[Cu(en)_2]^{+}$	4.0×10^{19}	19.60	$[Hg(CN)_4]^{2-}$	1.0×10^{41}	41.00
$[Ag(CN)_2]^{-}$	1.0×10^{21}	21.00	1∶6		
$[Cu(CN)_2]^{-}$	1.0×10^{24}	24.00	$[Co(NH_3)_6]^{2+}$	1.3×10^{5}	5.11
$[Au(CN)_2]^{-}$	2.0×10^{38}	38.30	$[Cd(NH_3)_6]^{2+}$	1.29×10^{7}	7.11

附录 8　常用酸碱指示剂

名　　称	变色(pH值)范围	颜色变化	配　制　方　法
0.1%百里酚蓝	1.2～2.8	红—黄	0.1 g 百里酚蓝溶于 20 mL 乙醇中,加水至 100 mL
0.1%甲基橙	3.1～4.4	红—黄	0.1 g 甲基橙溶于 100 mL 热水中
0.1%溴酚蓝	3.0～1.6	黄—紫蓝	0.1 g 溴酚蓝溶于 20 mL 乙醇中,加水至 100 mL
0.1%溴甲酚绿	4.0～5.4	黄—蓝	0.1 溴甲酚绿溶于 20 mL 乙醇中,加水至 100 mL
0.1%甲基红	4.8～6.2	红—黄	0.1 g 甲基红溶于 60 mL 乙醇中,加水至 100 mL
0.1%溴百里酚蓝	6.0～7.6	黄—蓝	0.1 g 溴百里酚蓝溶于 20 mL 乙醇中,加水至 100 mL
0.1%中性红	6.8～8.0	红—黄橙	0.1 g 中性红溶于 60 mL 乙醇中,加水至 100 mL
0.2%酚酞	8.0～9.6	无—红	0.2 g 酚酞溶于 90 mL 乙醇中,加水至 100 mL
0.1%百里酚蓝	8.0～9.6	黄—蓝	0.1 g 百里酚蓝溶于 20 mL 乙醇中,加水至 100 mL
0.1%百里酚酞	9.4～10.6	无—蓝	0.1 g 百里酚酞溶于 90 mL 乙醇中,加水至 100 mL
0.1%茜素黄	10.1～12.1	黄—紫	0.1 g 茜素黄溶于 100 mL 水中

附录 9　酸碱混合指示剂

指示剂溶液的组成	变色时pH值	颜色		备　注
		酸色	碱色	
一份 0.1%甲基黄-乙醇溶液 一份 0.1%亚甲基蓝-乙醇溶液	3.25	蓝紫	绿	pH=3.2 蓝紫色 pH=3.4 绿色
一份 0.1%甲基橙水溶液 一份 0.25%靛蓝二磺酸水溶液	4.1	紫	黄绿	
一份 0.1%溴甲酚绿钠盐水溶液 一份 0.2%甲基橙水溶液	4.3	橙	蓝绿	pH=3.5 黄色，pH=4.05 绿色 pH=4.3 浅绿色
三份 0.1%溴甲酚绿-乙醇溶液 一份 0.2%甲基红-乙醇溶液	5.1	酒红	绿	
一份 0.1%溴甲酚绿钠盐水溶液 一份 0.2%氯酚钠盐水溶液	6.1	黄绿	蓝紫	pH=5.4 蓝绿色，pH=5.8 蓝色 pH=6.0 蓝带紫，pH=6.2 蓝紫色
一份 0.1%中性红-乙醇溶液 一份 0.1%亚甲基蓝-乙醇溶液	7.0	蓝紫	绿	pH=7.0 紫蓝
一份 0.1%甲酚红钠盐水溶液 三份 0.1%百里酚蓝钠盐水溶液	8.3	黄	紫	pH=8.2 玫瑰红 pH=8.4 清晰的紫色
一份 0.1%百里酚蓝 50%乙醇溶液 三份 0.1%酚酞 50%乙醇溶液	9.0	黄	紫	从黄到绿，再到紫
一份 0.1%酚酞-乙醇溶液 一份 0.1%百里酚酞-乙醇溶液	9.9	无	紫	pH=9.6 玫瑰红 pH=10 紫红
二份 0.1%百里酚酞-乙醇溶液 一份 0.1%茜素黄-乙醇溶液	10.2	黄	紫	

附录 10 沉淀及金属指示剂

名称	颜色		配制方法
	游离	化合物	
铬酸钾	黄	砖红	5%水溶液
硫酸铁铵(40%)	无色	血红	$NH_4Fe(SO_4)_2 \cdot 12H_2O$ 饱和水溶液,加数滴浓 H_2SO_4
荧光黄(0.5%)	绿色荧光	玫瑰红	0.50 g 荧光黄溶于乙醇,并用乙醇稀释至 100 mL
铬黑 T	蓝	酒红	① 0.2 g 铬黑 T 溶于 15 mL 三乙醇胺及 5 mL 甲醇中 ② 1 g 铬黑 T 与 100 g NaCl 研细,混匀(1∶100)
钙指示剂	蓝	红	0.5 g 钙指示剂与 100 g NaCl 研细、混匀
二甲酚橙(0.5%)	黄	红	0.5 g 二甲酚橙溶于 100 mL 去离子水中
K-B 指示剂	蓝	红	0.5 g 酸性铬蓝 K 加 1.25 g 萘酚绿 B,再加 25 gK_2SO_4 研细、混匀
PAN 指示剂(0.2%)	黄	红	0.2 g PAN 溶于 100 mL 乙醇中
邻苯二酚紫(0.1%)	紫	蓝	0.1 g 邻苯二酚紫溶于 100 mL 去离子水中

附录 11　氧化还原指示剂

名　称	变色电位 E/V	颜　色		配制方法
		氧化态	还原态	
二苯胺(0.5%)	0.76	紫	无色	1 g 二苯胺在搅拌下溶于 100 mL 浓硫酸和 100 mL 浓磷酸,贮于棕色瓶中
二苯胺磺酸钠(0.5%)	0.85	紫	无色	0.5 g 二苯胺磺酸钠溶于 100 mL 水中,必要时过滤
邻菲啰啉-硫酸亚铁(0.5%)	1.06	淡蓝	红	0.5 g $FeSO_4 \cdot 7H_2O$ 溶于 100 mL 水中,加 2 滴浓硫酸,加 0.5 g 邻菲啰啉
邻苯氨基苯甲酸(0.2%)	1.08	红	无色	0.2 g 邻苯氨基苯甲酸加热溶解在 100 mL 0.2% Na_2CO_3 溶液中,必要时过滤
淀粉(0.2%)				2 g 可溶性淀粉,加少许水调成浆状,在搅拌下注入 1 000 mL 沸水中,微沸 2 min,放置,取上层溶液使用(若要保持稳定,可在研磨淀粉时加入 10 mg HgI_2)

附录 12　常用基准物质

基　准　物	干燥后的组成	干燥温度，干燥时间
$NaHCO_3$	Na_2CO_3	260℃～270℃，至恒重
$NaB_4O_7 \cdot 10H_2O$	$NaB_4O_7 \cdot 10H_2O$	NaCl-蔗糖饱和溶液干燥器中室温保存
$KHC_6H_4(COO)_2$	$KHC_6H_4(COO)_2$	105℃～110℃
$Na_2C_2O_4$	$Na_2C_2O_4$	105℃～110℃，2 h
$K_2Cr_2O_4$	$K_2Cr_2O_4$	130℃～140℃，0.5～1 h
$KBrO_3$	$KBrO_3$	120℃，1～2 h
KIO_3	KIO_3	105℃～120℃，1～2 h
As_2O_3	As_2O_3	硫酸干燥器中，至恒重
$(NH_4)_2Fe(SO_4)_2 \cdot 6H_2O$	$(NH_4)_2Fe(SO_4)_2 \cdot 6H_2O$	室温，空气
NaCl	NaCl	250℃～350℃，1～2 h
$AgNO_3$	$AgNO_3$	120℃，2 h
$CuSO_4 \cdot 5H_2O$	$CuSO_4 \cdot 5H_2O$	室温，空气
$KHSO_4$	K_2SO_4	750℃以上灼烧
ZnO	ZnO	约 800℃，灼烧至恒重
无水 Na_2CO_3	Na_2CO_3	260℃～270℃，0.5 h
$CaCO_3$	$CaCO_3$	105℃～110℃

附录 13 实验室常用酸、碱溶液的浓度

溶液名称	密 度 /(g·mL^{-1})(20℃)	质量分数/%	物质的量浓度 /(mol·L^{-1})
浓 H_2SO_4	1.84	98	18
稀 H_2SO_4	1.18 1.06	25 9	3 1
浓 HNO_3	1.42	69	16
稀 HNO_3	1.20 1.07	33 12	6 2
浓 HCl	1.19	28	12
稀 HCl	1.10 1.03	20 7	6 2
H_3PO_4	1.7	85	15
浓 $HClO_4$	1.7～1.75	70～72	12
稀 $HClO_4$	1.12	19	2
冰醋酸(HAc)	1.05	99	17
稀 HAc	1.02	12	2
氢氟酸(HF)	1.13	40	23
浓氨水($NH_3 \cdot H_2O$)	0.88	28	15
稀氨水	0.98	4	2
浓 NaOH	1.43 1.33	40 30	14 13
稀 NaOH	1.09	8	2
$Ba(OH)_2$(饱和)		2	0.1
$Ca(OH)_2$(饱和)		0.15	

附录 14 常用缓冲溶液的 pH 范围

缓冲溶液	$pK^{\ominus}$	pH 的有效范围
盐酸-邻苯二甲酸氢钾[$HCl-C_6H_4(COO)_2HK$]	3.1	2.2～4.0
柠檬酸-氢氧化钠[$C_3H_5(COOH)_3-NaOH$]	2.9,4.1,5.8	2.2～6.5
甲酸-氢氧化钠($HCOOH-NaOH$)	3.8	2.8～4.6
乙酸-乙酸钠($CH_3COOH-CH_3COONa$)	4.8	3.6～5.6
邻苯二甲酸氢钾-氢氧化钾[$C_6H_4(COO)_2HK-KOH$]	5.4	4.0～6.2
琥珀酸氢钠-琥珀酸钠 (CH_2COOH, CH_2COONa - CH_2COONa, CH_2COONa)	5.5	4.8～6.3
柠檬酸氢二钠-氢氧化钠[$C_3H_4(COO)_3HNa_2-NaOH$]	5.8	5.0～6.3
磷酸二氢钾-氢氧化钠[KH_2PO_4-NaOH]	7.2	5.8～8.0
磷酸二氢钾-硼砂($KH_2PO_4-Na_2B_4O_7$)	7.2	5.8～9.2
磷酸二氢钾-磷酸氢二钾($KH_2PO_4-K_2HPO_4$)	7.2	5.9～8.0
硼酸-硼砂($H_3BO_3-Na_2B_4O_7$)	9.2	7.2～9.2
硼酸-氢氧化钠(H_3BO_3-NaOH)	9.2	8.0～10.0
氯化铵-氨水($NH_4Cl-NH_3\cdot H_2O$)	9.3	8.3～10.3
碳酸氢钠-碳酸钠($NaHCO_3-Na_2CO_3$)	10.3	9.2～11.0
磷酸氢二钠-氢氧化钠(Na_2HPO_4-NaOH)	12.4	11.0～12.0

附录 15 常用缓冲溶液的配制

pH 值	配 制 方 法
0	1 mol·L^{-1} HCl 溶液①
1	0.1 mol·L^{-1} HCl 溶液
2	0.01 mol·L^{-1} HCl 溶液
3.6	8 g NaAc·3H_2O 溶于适量水中，加 6 mol·L^{-1} HAc 溶液 134 mL，稀释至 500 mL
4.0	将 60 mL 冰醋酸和 16 g 无水醋酸钠溶于 100 mL 水中，稀释至 500 mL
4.5	将 30 mL 冰醋酸和 30 g 无水醋酸钠溶于 100 mL 水中，稀释至 500 mL
5.0	将 30 mL 冰醋酸和 60 g 无水醋酸钠溶于 100 mL 水中，稀释至 500 mL
5.4	将 40 g 六亚甲基四胺溶于 90 mL 水中，加入 20 mL 6 mol·L^{-1} HCl 溶液
5.7	100 g NaAc·3H_2O 溶于适量水中，加 6 mol·L^{-1} HAc 溶液 13 mL，稀释至 500 mL
7.0	77 g NH_4Ac 溶于适量水中，稀释至 500 mL
7.5	60 g NH_4Cl 溶于适量水中，浓氨水 1.4 mL，稀释至 500 mL
8.0	50 g NH_4Cl 溶于适量水中，浓氨水 3.5 mL，稀释至 500 mL
8.5	40 g NH_4Cl 溶于适量水中，浓氨水 8.8 mL，稀释至 500 mL
9.0	35 g NH_4Cl 溶于适量水中，浓氨水 24 mL，稀释至 500 mL
9.5	30 g NH_4Cl 溶于适量水中，浓氨水 65 mL，稀释至 500 mL
10	27 g NH_4Cl 溶于适量水中，浓氨水 175 mL，稀释至 500 mL
11	3 g NH_4Cl 溶于适量水中，浓氨水 207 mL，稀释至 500 mL
12	0.01 mol·L^{-1} NaOH 溶液②
13	1 mol·L^{-1} NaOH 溶液

① 不能有 Cl^- 存在时，可用硝酸。
② 不能有 Na^+ 存在时，可用 KOH 溶液。

附录 16 实验室中一些试剂的配制方法

试剂名称	浓度/($mol \cdot L^{-1}$)	配制方法
Cl_2 水	Cl_2 的饱和水溶液	将 Cl_2 通入水中至饱和为止(用时临时配制)
Br_2 水	Br_2 的饱和水溶液	在带有良好磨口塞的玻璃瓶内，将市售的 50 g Br_2(16 mL)注入 1 L 水中，在 2 h 内经常剧烈振荡，每次震荡之后微开塞子，使积聚的 Br_2 蒸气放出。在贮存瓶底总有过量的溴。将 Br_2 倒入试剂瓶时，剩余的 Br_2 应留于贮存瓶中，而不倒入试剂瓶(倾倒 Br_2 应在通风橱中进行，将凡士林涂在手上或橡皮手套操作，以防 Br_2 蒸气灼伤)
I_2 水	约 0.005	将 1.3 g I_2 和 5 g KI 溶解在尽可能少量的水中，待 I_2 完全溶解后(充分搅动)，再加水稀释至 1 L
亚硝酸铁氰化钠	3	称取 3 g $Na[Fe(CN)_5NO] \cdot 2H_2O$ 溶于 100 mL 水中
淀粉溶液	0.5	称取易溶 1 g 淀粉和 5 mg $HgCl_2$(作防腐剂)置于烧杯中，加水少许调成薄浆，然后倾入 200 mL 沸水中
奈斯勒试剂		称取 115 g HgI_2 和 80 g KI 溶于足量的水中，稀释至 500 mL，然后加入 500 mL 6 $mol \cdot L^{-1}$ NaOH 溶液，静置后取其清液保存于棕色瓶中
对氨基苯磺酸	0.34	0.5 g 对氨基苯磺酸溶于 150 mL 2 $mol \cdot L^{-1}$ HAc
α-萘胺	0.12	0.3 g α-萘胺加 20 mL 水，加热煮沸，在所得溶液中加入 150 mL 2 $mol \cdot L^{-1}$ HAc
钼酸铵		5 g 钼酸铵溶于 100 mL 水中，加入 35 mL HNO_3(密度 1.2 $g \cdot mL^{-1}$)
硫代乙酰胺	5	5 g 硫代乙酰胺溶于 100 mL 水中
钙指示剂	0.2	0.2 g 钙指示剂溶于 100 mL 水中
镁试剂	0.007	0.001 g 对硝基偶氮间苯二酚溶于 100 mL 2 $mol \cdot L^{-1}$ NaOH 中
铝试剂	1	1 g 铝试剂溶于 1 L 水中
双硫腙	0.01	10 mg 双硫腙溶于 100 mL CCl_4 中
丁二酮肟	1	1 g 丁二酮肟溶于 100 mL 95%乙醇中
乙酸铀酰锌		① 10 g $UO_2(Ac)_2 \cdot 2H_2O$ 和 6 mL 6 $mol \cdot L^{-1}$ HAc 溶于 50 mL 水中；② 30 g $Zn(Ac)_2 \cdot 2H_2O$ 和 3 mL 6 $mol \cdot L^{-1}$ HCl 溶于 50 mL水中，将①、②两种溶液混合，24 h 后取清液使用
二苯碳酰二肼(二苯偕肼)	0.04	0.04 g 二苯碳酰二肼溶于 20 mL 95%乙醇中，边搅拌，边加入 80 mL(1∶9)H_2SO_4(存于冰箱中可用一个月)
六亚硝酸合钴(Ⅲ)钠盐		$Na_3[Co(NO_2)_6]$和 NaAc 各 20 g，溶解于 20 mL 冰醋酸和 80 mL 水的混合溶液中，贮于棕色瓶中备用(久置溶液，颜色由棕变红失效)

附录 17　标准电极电位表(298.2 K)

电极反应	$E^{\ominus}$/V	电极反应	$E^{\ominus}$/V
$Li^+ + e^- \rightleftharpoons Li$	−3.045	$AgCN + e^- \rightleftharpoons Ag + CN^-$	−0.017
$Ca(OH)_2 + 2e^- \rightleftharpoons Ca + 2OH^-$	−3.02	$2H^+ + 2e^- \rightleftharpoons H_2$	0.0000
$Rb^+ + e^- \rightleftharpoons Rb$	−2.925	$AgBr^- + e^- \rightleftharpoons Ag + Br^-$	0.0713
$K^+ + e^- \rightleftharpoons K$	−2.924	$Sn^{4+} + 2e^- \rightleftharpoons Sn^{2+}$	0.15
$Cs^+ + e^- \rightleftharpoons Cs$	−2.923	$Cu^{2+} + e^- \rightleftharpoons Cu^+$	0.158
$Ba^{2+} + 2e^- \rightleftharpoons Ba$	−2.912	$ClO_4^- + H_2O + 2e^- \rightleftharpoons ClO_3^- + 2OH^-$	0.170
$Sr^{2+} + 2e^- \rightleftharpoons Sr$	−2.89	$SO_4^{2-} + 4H^+ + 2e^- \rightleftharpoons H_2SO_4 + H_2O$	0.20
$Ca^{2+} + 2e^- \rightleftharpoons Ca$	−2.870	$AgCl + e^- \rightleftharpoons Ag + Cl^-$	0.223
$Na^+ + e^- \rightleftharpoons Na$	−2.713	$Cu^{2+} + 2e^- \rightleftharpoons Cu$	0.3402
$Mg^{2+} + 2e^- \rightleftharpoons Mg$	−2.375	$Ag_2O + 2H_2O + 2e^- \rightleftharpoons 2Ag + 2OH^-$	0.342
$1/2H_2 + e^- \rightleftharpoons H^-$	−2.230	$ClO_3^- + H_2O + 2e^- \rightleftharpoons ClO_2^- + 2OH$	0.35
$Al^{3+} + 3e^- \rightleftharpoons Al$(0.1 mol·$L^{-1}$ NaOH)	−1.706	$O_2 + 2H_2O + 4e^- \rightleftharpoons 4OH^-$	0.401
$Be^{2+} + 2e^- \rightleftharpoons Be$	−1.847	$Fe(CN)_6^{3-} + e \rightleftharpoons Fe(CN)_6^{4-}$ (0.01 mol·L^{-1} NaOH)	0.46
$Mn(OH)_2 + 2e^- \rightleftharpoons Mn + 2OH^-$	−1.47		
$ZnO_2^- + 2H_2O + 2e^- \rightleftharpoons Zn + 4OH^-$	−1.216	$Cu^+ + e^- \rightleftharpoons Cu$	0.522
$Mn^{2+} + 2e^- \rightleftharpoons Mn$	−1.170	$I_2 + 2e^- \rightleftharpoons 2I^-$	0.535
$Sn(OH)_6^{2-} + 2e^- \rightleftharpoons HSnO_2^- + 3OH^- + H_2O$	−0.96	$IO_3^- + 2H_2O + 4e^- \rightleftharpoons IO^- + 4OH^-$	0.56
$2H_2O + 2e^- \rightleftharpoons 2OH^-$	−0.8277	$MnO_4^- + 2H_2O + 3e^- \rightleftharpoons MnO_2 + 4OH^-$	0.58
$Zn^{2+} + 2e^- \rightleftharpoons Zn$	−0.763	$O_2 + 2H^+ + 2e^- \rightleftharpoons H_2O_2$	0.682
$Cr^{3+} + 3e^- \rightleftharpoons Cr$	−0.74	$Fe(CN)_6^{3-} + e^- \rightleftharpoons Fe(CN)_6^{4-}$ (1 mol·L^{-1} H_2SO_4)	0.69
$Ni(OH)_2 + 2e^- \rightleftharpoons Ni + 2OH^-$	−0.720	$Fe^{3+} + e^- \rightleftharpoons Fe^{2+}$	0.771
$Fe(OH)_3 + e^- \rightleftharpoons Fe(OH)_2 + 2OH^-$	−0.56	$Hg_2^{2+} + 2e^- \rightleftharpoons 2Hg$	0.792
$2CO_2 + 2H^+ + 2e^- \rightleftharpoons H_2C_2O_4$	−0.49	$Ag^+ + e^- \rightleftharpoons Ag$	0.7996
$NO_2^- + H_2O + e^- \rightleftharpoons NO + 2OH^-$	−0.46	$2NO_3^- + 2H^+ + 2e^- \rightleftharpoons N_2O_4 + 2H_2O$	0.81
$Cr^{3+} + e^- \rightleftharpoons Cr^{2+}$	−0.440	$1/2O_2 + 2H + (10^{-7}$ mol·$L^{-1}) + 2e^- \rightleftharpoons H_2O$	0.815
$Fe^{2+} + 2e^- \rightleftharpoons Fe$	−0.409	$Hg^{2+} + 2e^- \rightleftharpoons Hg$	0.851
$Ni^{2+} + 2e^- \rightleftharpoons Ni$	−0.250	$ClO^- + H_2O + 2e^- \rightleftharpoons Cl + 2OH^-$	0.90
$2SO_4^{2-} + 4H^+ + 2e^- \rightleftharpoons S_4O_6^{2-} + 2H_2O$	−0.2	$2Hg^{2+} + 2e^- \rightleftharpoons Hg_2^{2+}$	0.907
$Sn^{2+} + 2e^- \rightleftharpoons Sn$	−0.1364	$NO_3^- + 3H^+ + 2e^- \rightleftharpoons HNO_2 + H_2O$	0.940
$Pb^{2+} + 2e^- \rightleftharpoons Pb$	−0.1263	$2NO_3^- + 4H^+ + 3e^- \rightleftharpoons NO + 2H_2O$	0.960
$Fe^{3+} + 3e^- \rightleftharpoons Fe$	−0.036	$Br_2(l) + 2e^- \rightleftharpoons 2Br^-$	1.065

（续表）

电 极 反 应	$E^\ominus$/V	电 极 反 应	$E^\ominus$/V
$Br_2(aq)+2e^- \rightleftharpoons 2Br^-$	1.087	$Mn^{3+}+e^- \rightleftharpoons Mn^{2+}$	1.51
$MnO_2+4H^++2e^- \rightleftharpoons Mn^{2+}+2H_2O$	1.208	$MnO_4^-+4H^++3e^- \rightleftharpoons MnO_2+2H_2O$	1.679
$O_2+4H^++2e^- \rightleftharpoons 2H_2O$	1.229	$Au^++e^- \rightleftharpoons Au$	1.692
$Cr_2O_7^{2-}+14H^++6e^- \rightleftharpoons 2Cr^{3+}+7H_2O$	1.33	$H_2O_2+2H^++2e^- \rightleftharpoons 2H_2O$	1.776
$Cl_2(g)+2e^- \rightleftharpoons 2Cl^-$	1.3583	$S_2O_8^{2-}+2e^- \rightleftharpoons 2SO_4^{2-}$	2.01
$ClO_4^-+8H^++8e^- \rightleftharpoons Cl^-+4H_2O$	1.37	$O_3+2H^++2e^- \rightleftharpoons O_2+H_2O$	2.07
$ClO_3^-+6H^++6e^- \rightleftharpoons Cl^-+3H_2O$	1.45	$F_2+2e^- \rightleftharpoons 2F^-$	2.87
$ClO_3^-+6H^++5e^- \rightleftharpoons 1/2Cl_2+3H_2O$	1.47		
$MnO_4^-+8H^++5e^- \rightleftharpoons Mn^{2+}+4H_2O$	1.491		

附录 18　难溶电解质的溶度积(298.2 K)

化学式	$K_{sp}^{\ominus}$	化学式	$K_{sp}^{\ominus}$	化学式	$K_{sp}^{\ominus}$
醋酸盐		硫酸盐		MgF_2	7.1×10^{-9}
AgAc	2.07×10^{-3}	$CaSO_4$	9.1×10^{-6}	SrF_2	2.5×10^{-9}
Hg_2Ac_2	2.00×10^{-15}	Ag_2SO_4	1.4×10^{-5}	CaF_2	2.7×10^{-11}
砷酸盐		Hg_2SO_4	7.4×10^{-7}	ThF_4	4×10^{-20}
Ag_3AsO_4	1.12×10^{-22}	$SrSO_4$	3.0×10^{-7}	磷酸盐	
溴化物		$PbSO_4$	1.6×10^{-5}	Li_3PO_4	3×10^{-13}
$PbBr_2$	3.9×10^{-5}	$BaSO_4$	1.07×10^{-10}	$MgNH_4PO_4$	3×10^{-13}
CuBr	5.2×10^{-9}	亚硫酸盐		Ag_3PO_4	1.4×10^{-16}
AgBr	5.0×10^{-13}	Ag_2SO_3	1.5×10^{-14}	$Mn_3(PO_4)_2$	1×10^{-22}
Hg_2Br_2	5.8×10^{-25}	$BaSO_3$	8×10^{-7}	$Ba_3(PO_4)_2$	3.4×10^{-23}
碳酸盐		$CaSO_3$	6.8×10^{-8}	$Zn_3(PO_4)_2$	9.0×10^{-33}
$MgCO_3$	3.5×10^{-8}	硫代硫酸盐		$BiPO_4$	1.3×10^{-23}
$NiCO_3$	6.6×10^{-9}	BaS_2O_3	1.6×10^{-5}	$FePO_4$	1.3×10^{-22}
$CaCO_3$	2.9×10^{-9}	氯化物		$Ca_3(PO_4)_2$	2.0×10^{-29}
$BaCO_3$	4.90×10^{-9}	$PbCl_2$	1.70×10^{-5}	$Sr_3(PO_4)_2$	4×10^{-28}
$SrCO_3$	1.1×10^{-10}	CuCl	1.2×10^{-6}	$Mg_3(PO_4)_2$	1.04×10^{-24}
$MnCO_3$	1.8×10^{-11}	BiOCl	1.8×10^{-31}	$Pb_3(PO_4)_2$	8.0×10^{-43}
$CuCO_3$	1.46×10^{-10}	AgCl	1.80×10^{-10}	$CaHPO_4$	1×10^{-7}
$CoCO_3$	1.4×10^{-13}	Hg_2Cl_2	1.43×10^{-18}	硫化物	
$FeCO_3$	3.13×10^{-11}	$K_2[PtCl_6]$	1.1×10^{-5}	MnS(无定形)	2×10^{-10}
$ZnCO_3$	1.4×10^{-11}	铬酸盐		MnS(晶形)	2×10^{-13}
Ag_2CO_3	8.1×10^{-12}	$CaCrO_4$	6.0×10^{-4}	FeS	6.0×10^{-18}
$CaCO_3$	2.9×10^{-9}	$SrCrO_4$	2.2×10^{-5}	α-NiS	3.2×10^{-19}
$PbCO_3$	7.40×10^{-14}	Hg_2CrO_4	2.0×10^{-9}	β-NiS	1.0×10^{-24}
$CdCO_3$	5.2×10^{-12}	$BaCrO_4$	1.17×10^{-10}	γ-NiS	2.0×10^{-26}
碘化物		Ag_2CrO_4	1.12×10^{-12}	α-ZnS	2×10^{-24}
PbI_2	7.1×10^{-9}	$PbCrO_4$	2.8×10^{-13}	β-ZnS	2.5×10^{-22}
CuI	1.1×10^{-12}	$CuCrO_4$	3.6×10^{-6}	α-CoS	4.0×10^{-21}
AgI	9.3×10^{-17}	氰化物		β-CoS	2.0×10^{-25}
HgI_2	3×10^{-25}	AgCN	1.2×10^{-16}	Cu_2S	2×10^{-48}
Hg_2I_2	4.5×10^{-29}	CuCN	3.2×10^{-29}	Ag_2S	2×10^{-49}
碘酸盐		氟化物		HgS(红)	4×10^{-53}
$AgIO_3$	3.0×10^{-8}	BaF_2	1.05×10^{-6}	HgS(黑)	1.6×10^{-52}

（续表）

化学式	$K_{sp}^{\ominus}$	化学式	$K_{sp}^{\ominus}$	化学式	$K_{sp}^{\ominus}$
Hg_2S	1.0×10^{-47}	$CaC_2O_4\cdot H_2O$	2.0×10^{-9}	$Cu(OH)_2$	2.2×10^{-20}
Fe_2S_3	1×10^{-39}	$FeC_2O_4\cdot H_2O$	3.2×10^{-7}	$Mg(OH)_2$	1.8×10^{-11}
SnS	1×10^{-25}	$SrC_2O_4\cdot H_2O$	1.6×10^{-7}	$Sn(OH)_2$	1.4×10^{-28}
CdS	8.9×10^{-27}	PbC_2O_4	2.8×10^{-13}	$Cr(OH)_3$	6.3×10^{-31}
PbS	1.0×10^{-28}	$Hg_2C_2O_4$	1.00×10^{-13}	$Al(OH)_3$	1.3×10^{-33}
CuS	6×10^{-36}	MnC_2O_4	1×10^{-19}	$Fe(OH)_3$	4.0×10^{-38}
Bi_2S_3	1×10^{-87}	氢氧化物		$Co(OH)_3$	1.6×10^{-44}
草酸盐		$Be(OH)_2$	4×10^{-15}	$Bi(OH)_3$	4×10^{-31}
MgC_2O_4	8.50×10^{-5}	$Zn(OH)_2$	1.2×10^{-17}	$Sn(OH)_4$	1×10^{-56}
CoC_2O_4	9.1×10^{-5}	$Mn(OH)_2$	1.9×10^{-13}	$Ba(OH)_2$	2.00×10^{-18}
FeC_2O_4	2×10^{-7}	$Cd(OH)_2$	2.5×10^{-14}	$Sr(OH)_2$	6.4×10^{-3}
NiC_2O_4	1×10^{-7}	$Pb(OH)_2$	1.2×10^{-15}	$Ca(OH)_2$	5.07×10^{-6}
CuC_2O_4	3×10^{-8}	$Fe(OH)_2$	8×10^{-16}	Ag_2O	2×10^{-8}
BaC_2O_4	2.3×10^{-8}	$Ni(OH)_2$（新沉淀）	2.0×10^{-15}	$Mg(OH)_2$	1.80×10^{-11}
CdC_2O_4	9.1×10^{-5}			$BiO(OH)_2$	1×10^{-12}
ZnC_2O_4	2.7×10^{-8}	$Co(OH)_2$	2×10^{-15}	亚硝酸盐	
$Ag_2C_2O_4$	3.5×10^{-11}	$SbO(OH)_2$	1×10^{-17}	$AgNO_2$	6.0×10^{-4}

附录 19　水的饱和蒸气压

温度 /℃	水饱和蒸气压 /kPa	温度 /℃	水饱和蒸气压 /kPa	温度 /℃	水饱和蒸气压 /kPa	温度 /℃	水饱和蒸气压 /kPa
0	0.610	25	3.168	50	12.333	75	38.543
1	0.657	26	3.361	51	12.959	76	40.183
2	0.706	27	3.565	52	13.612	77	41.876
3	0.758	28	3.780	53	14.292	78	43.636
4	0.813	29	4.005	54	14.999	79	45.462
5	0.872	30	4.242	55	15.732	80	47.342
6	0.925	31	4.493	56	16.55	81	49.288
7	1.002	32	4.754	57	17.305	82	51.315
8	1.073	33	5.030	58	18.145	83	53.409
9	1.148	34	5.319	59	19.011	84	55.568
10	1.228	35	5.623	60	19.918	85	57.808
11	1.312	36	5.941	61	20.851	86	60.114
12	1.403	37	6.275	62	21.838	87	62.487
13	1.497	38	6.625	63	22.851	88	64.940
14	1.599	39	6.991	64	23.904	89	67.473
15	1.705	40	7.375	65	24.998	90	70.100
16	1.824	41	7.778	66	26.144	91	72.806
17	1.937	42	8.199	67	27.331	92	75.592
18	2.064	43	8.639	68	28.557	93	78.472
19	2.197	44	9.100	69	29.824	94	81.445
20	2.338	45	9.583	70	31.157	95	84.512
21	2.486	46	10.086	71	32.517	96	87.671
22	2.644	47	10.612	72	33.943	97	90.938
23	2.809	48	11.160	73	35.423	98	94.297
24	2.948	49	11.735	74	36.956	99	97.750

附录 20　水的表面张力

温度/℃	表面张力/(10^{-3}N·m^{-1})	温度/℃	表面张力/(10^{-3}N·m^{-1})	温度/℃	表面张力/(10^{-3}N·m^{-1})
5	74.92	17	73.19	25	71.97
10	74.22	18	73.05	26	71.82
11	74.07	19	72.90	27	71.66
12	73.93	20	72.75	28	71.50
13	73.78	21	72.59	29	71.35
14	73.64	22	72.44	30	71.18
15	73.49	23	72.28	31	70.38
16	73.34	24	72.13	32	69.56

附录 21　常用溶剂的物理常数

溶　剂	沸点(101 kP)/℃	熔点/℃	摩尔质量	密度(20/℃)/(g·cm^{-3})	介电常数	溶解度[①]/(g/100 g 水)	闪点/℃
乙醚	35	−116	74	0.71	4.3	6.0	−45
戊烷	36	−130	72	0.63	1.8	不溶	−40
二氯甲烷	40	−95	85	1.33	8.9	1.30	无
二硫化碳	46	−111	76	1.26	2.6	0.29(20℃)	−30
丙酮	56	−95	58	0.79	20.7	∞	−18
氯仿	61	−64	119	1.49	4.8	0.28	无
甲醇	65	−98	32	0.79	32.7	∞	12
四氢呋喃(THF)	66	−109	72	0.89	7.6	∞	−14
己烷	69	−95	86	0.66	1.9	不溶	−26
三氟乙酸	72	−15	114	1.49	39.5	∞	无
四氯化碳	77	−23	154	1.59	2.2	0.08	无
乙酸乙酯	77	−84	88	0.90	6.0	8.1	−4
乙醇	78	−114	46	0.79	24.6	∞	13
环己烷	81	6.5	84	0.78	2.0	0.01	−17
苯	80	5.5	78	0.88	2.3	0.18	−11
丁酮	80	−87	72	0.80	18.5	24.0(20℃)	−1
乙腈	82	−44	41	0.78	37.5	∞	6
异丙醇	82	−88	60	0.79	19.9	∞	12
乙二醇二甲醚	83	−58	90	0.86	7.2	∞	1
三乙胺	90	−115	101	0.73	2.4	∞	−7
丙醇	97	−126	60	0.80	20.3	∞	25
甲基环己烷	101	−127	98	0.77	2.0	0.01	−6
甲酸	101	8	46	1.22	58.5	∞	—
硝基甲烷	101	−29	61	1.14	35.9	11.1	−41
1,4-二氧六环	101	12	88	1.03	2.2	∞	12
甲苯	111	−95	92	0.87	2.4	0.05	4
吡啶	115	−42	79	0.98	12.4	∞	23
正丁醇	118	−89	74	0.81	17.5	7.45	29
乙酸	118	17	60	1.05	6.2	∞	40
乙二醇单甲醚	125	−85	76	0.96	16.9	∞	42
吗啉	129	−3	87	1.00	7.4	∞	38

（续表）

溶　　剂	沸点(101 kP)/℃	熔点/℃	摩尔质量	密度(20/℃)/(g·cm^{-3})	介电常数	溶解度[①]/(g/100 g 水)	闪点/℃
氯苯	132	−46	113	1.11	5.6	0.05(30℃)	29
乙酐	140	−73	102	1.08	20.7	反应	53
二甲苯	138～142	13	106	0.86	2	0.02	17
二丁醚	142	−95	130	0.77	3.1	0.03(30℃)	38
均四氯乙烷	146	−44	168	1.59	8.2	0.29(20℃)	无
苯甲醚	154	−38	108	0.99	4.3	1.04	—
二甲基甲酰胺	153	−60	73	0.95	36.7	∞	67
二甘醇二甲醚	160	—	134	0.94	—	∞	63
1,3,5-三甲基苯	165	−45	120	0.87	2.3	0.03(20℃)	—
二甲亚砜(DMSO)	189	18	78	1.10	46.7	25.3	95
二甘醇单醚	194	−76	120	1.02	—	∞	93
乙二醇	197	−16 −13	62	1.11	37.7	∞	116
N-甲基-2-吡咯烷酮	202	−24	99	1.03	32.0	∞	96
硝基苯	211	6	123	1.20	34.8	0.19(20℃)	88
甲酰胺(DMF)	210	3	45	1.13	111	∞	154
六甲基磷酰三胺	233	7	179	1.03	30	∞	—
喹啉	237	−15	129	1.09	9.0	0.6(20℃)	—
二甘醇	245	−7	106	1.11	31.7	∞	143
二苯醚	258	27	170	1.07	3.7 (>27℃)	0.39	205
三甘醇	288	−4	150	1.12	23.7	∞	166
四亚甲基砜	287	28	120	1.26(30℃)	43	∞(30℃)	177
甘油	290	18	92	1.26	42.5	∞	177
三乙醇胺	335	22	149	1.12(30℃)	29.4	∞	179
邻苯二甲酸二丁酯	340	−35	278	1.05	6.4	不溶	171

① 除另外注明外，皆为25℃的溶解度，溶解度<0.01(g/100 g 水)视作不溶解。

附录 22　一些液体的蒸气压

化合物	25℃时的蒸气压/kPa	温度范围/℃	A	B	C
丙酮	60.370		7.02447	1161.0	224
苯	12.689		6.90565	1211.033	220.790
溴	30.173		6.83298	1133.0	228.0
甲醇	16.852	−20～140	7.87863	1473.11	230.0
甲苯	3.793		6.95464	1344.800	219.482
乙酸	2.078	0～36 36～170	7.80307 7.18807	1651.2 1416.7	225 211
氯仿	30.360	−30～150	6.90328	1163.03	227.4
四氯化碳	15.365		6.83389	1242.43	230.0
乙酸乙酯	12.571	−20～150	7.09808	1238.71	217.0
乙醇	7.507		8.04494	1554.3	222.65
乙醚	71.234		3.78574	994.195	220.0
乙酸甲酯	28.454		7.20211	1232.83	228.0
环己烷		−20～142	6.84498	1203.526	222.86

注：表中所列的各化合物的蒸气压可用下列方程式计算：

$$\lg p = A - B/(C + t),$$

式中，A、B、C 为常数，p 为化合物的蒸气压(mmHg)，t 为摄氏温度。

附录 23　常见离子及化合物的颜色

离子及化合物	颜 色	离子及化合物	颜 色	离子及化合物	颜 色
Ag_2O	褐 色	Bi_2S_3	黑 色	$CdCO_3$	白 色
$AgCl$	白 色	Bi_2O_3	黄 色	CdS	黄 色
Ag_2CO_3	白 色	$Bi(OH)_3$	黄 色	$[Cr(H_2O)_6]^{2+}$	天蓝色
Ag_3PO_4	黄 色	$BiO(OH)$	灰黄色	$[Cr(H_2O)_6]^{3+}$	蓝紫色
Ag_2CrO_4	砖红色	$Bi(OH)CO_3$	白 色	CrO_2^{-1}	绿 色
$Ag_2C_2O_4$	白 色	$NaBiO_3$	黄棕色	$Cr_2O_6^{2-}$	橙 色
$AgCN$	白 色	CaO	白 色	Cr_2O_3	绿 色
$AgSCN$	白 色	$Ca(OH)_2$	白 色	CrO_3	橙红色
$Ag_2S_2O_3$	白 色	$CaSO_4$	白 色	$Cr(OH)_3$	灰绿色
$Ag_3[Fe(CN)_6]$	橙 色	$CaCO_3$	白 色	$CrCl_3 \cdot 6H_2O$	绿 色
$Ag_4[Fe(CN)_6]$	白 色	$Ca_3(PO_4)_2$	白 色	$Cr_2(SO_4)_3 \cdot 6H_2O$	
$AgBr$	淡黄色	$CaHPO_4$	白 色	$Cr_2(SO_4)_3$	桃红色
AgI	黄 色	$CaSO_3$	白 色	$Cr_2(SO_4)_3 \cdot 18H_2O$	紫 色
Ag_2S	黑 色	$[Co(H_2O)_6]^{2+}$	粉红色	CuO	黑 色
Ag_2SO_4	白 色	$[Co(NH_3)_6]^{2+}$	黄 色	Cu_2O	暗红色
$Al(OH)_3$	白 色	$[Co(NH_3)_6]^{3+}$	橙黄色	$Cu(OH)_2$	淡蓝色
$BaSO_4$	白 色	$[Co(SCN)_4]^{2-}$	蓝 色	$Cu(OH)$	黄 色
$BaSO_3$	白 色	CoO	灰绿色	$CuCl$	白 色
BaS_2O_3	白 色	Co_2O_3	黑 色	CuI	白 色
$BaCO_3$	白 色	$Co(OH)_2$	粉红色	CuS	黑 色
$Ba_3(PO_4)_2$	白 色	$Co(OH)Cl$	蓝 色	$CuSO_4 \cdot 5H_2O$	蓝 色
$BaCrO_4$	黄 色	$Co(OH)_3$	褐棕色	$Cu_2(OH)_2SO_4$	浅蓝色
BaC_2O_4	白 色	$[Cu(H_2O)_4]^{2+}$	蓝 色	$Cu_2(OH)_2CO_3$	蓝 色
$CoCl_2 \cdot 2H_2O$	紫红色	$[CuCl_2]^{-}$	白 色	$Cu_2[Fe(CN)_6]$	红棕色
$CoCl_2 \cdot 6H_2O$	粉红色	$[CuCl_4]^{2-}$	黄 色	$Cu(SCN)_2$	黑绿色
CoS	黑 色	$[CuI_2]^{-}$	黄 色	$[Fe(H_2O)_6]^{2+}$	浅绿色
$CoSO_4 \cdot 7H_2O$	红 色	$[Cu(NH_3)_4]^{2+}$	深蓝色	$[Fe(H_2O)_6]^{3+}$	淡绿色
$CoSiO_3$	紫 色	$K_2Na[Co(NO_2)_6]$	黄 色	$[Fe(CN)_6]^{4-}$	黄 色
$K_3[CO(NO_2)_6]$	黄 色	$(NH_4)Na[CO(NO_2)_6]$	黄 色	$[Fe(CN)_6]^{3-}$	红棕色
$BiOCl$	白 色	CdO	棕灰色	$[Fe(NCS)_n]^{3-n}$	血红色
BiI_3	白 色	$Cd(OH)_2$	白 色	FeO	黑 色

（续表）

离子及化合物	颜　色	离子及化合物	颜　色	离子及化合物	颜　色
Fe_2O_3	砖红色	$Ni(OH)_2$	淡绿色	$Sn(OH)Cl$	白　色
$Fe(OH)_2$	白　色	$Ni(OH)_3$	黑　色	SnS	棕　色
$Fe(OH)_3$	红棕色	Hg_2SO_4	白　色	SnS_2	黄　色
$Fe_2(SiO_3)_3$	棕红色	$Hg_2(OH)_2CO_3$	红褐色	$Sn(OH)_4$	白　色
FeC_2O_4	淡黄色	I_2	紫　色	TiO_2^{2+}	橙红色
$Fe_3[Fe(CN)_6]_2$	蓝　色	I_3^-（碘水）	棕红色	$[Ti(H_2O)_6]$	紫　色
$Fe_4[Fe(CN)_6]_3$	蓝　色			$TiCl_3 \cdot 6H_2O$	紫或绿
HgO	红（黄）色	$\left[O\begin{matrix}Hg\\Hg\end{matrix}NH_2\right]I$	红棕色	$[V(H_2O)_6]^{3+}$	蓝紫色
Hg_2Cl_2	白黄色			VO^{2+}	蓝　色
Hg_2I_2	黄　色	PbI_2	黄　色	V_2O_5	红棕，橙
HgS	红或黑	PbS	黑　色	$[V(H_2O)_6]^{3+}$	绿　色
$[Mn(H_2O)_6]^{2+}$	浅红色	$PbSO_4$	白　色	VO_2^+	黄　色
MnO_4^{2-}	绿　色	$PbCO_3$	白　色	ZnO	白　色
MnO_4^-	紫红色	$PbCrO_4$	黄　色	$Zn(OH)_2$	白　色
MnO_2	棕　色	PbC_2O_4	白　色	ZnS	白　色
$Mn(OH)_2$	白　色	$PbMoO_4$	黄　色	$Zn_2(OH)_2CO_3$	白　色
MnS	肉　色	PbO_2	棕褐色	ZnC_2O_4	白　色
$MnSiO_3$	肉　色	Pb_3O_4	红　色	$ZnSiO_3$	白　色
$MgNH_4PO_4$	白　色	$Pb(OH)_2$	白　色	$Zn_2[Fe(CN)_6]$	白　色
$MgCO_3$	白　色	$PbCl_2$	白　色	$Zn_3[Fe(CN)_6]_2$	黄褐色
$Mg(OH)_2$	白　色	$PbBr_2$	白　色	$NaAc \cdot Zn(Ac)_2 \cdot 3UO_2(Ac)_2 \cdot 9H_2O$	黄　色
$[Ni(H_2O)_6]^{2+}$	亮绿色	Sb_2O_3	白　色		
$[Ni(NH_3)]^{2+}$	蓝　色	Sb_2O_5	淡黄色	$Na_3[Fe(CN)_5NO] \cdot 2H_2O$	红　色
NiO	暗绿色	$Sb(OH)_3$	白　色		
NiS	黑　色	$SbOCl$	白　色	$(NH_4)_3PO_4 \cdot 12MoO_3 \cdot 6H_2O$	黄　色
$NiSiO_3$	翠绿色	SbI_3	黄　色		
$Ni(CN)_2$	浅绿色	$Na[Sb(OH)_6]$	白　色		

参 考 文 献

[1] 陈秉倪，朱志良，刘艳生，等. 普通无机化学实验[M]. 2 版. 上海：同济大学出版社，2000.
[2] 同济大学普通化学与无机化学教研室. 普通化学[M]. 北京：高等教育出版社，2004.
[3] 曹锡章，宋天佑，王杏乔. 无机化学[M]. 北京：高等教育出版社，2004.
[4] 吴烈均. 气相色谱检测方法[M]. 2 版. 北京：化学工业出版社，2005.
[5] 孙尔康，徐维清，邱金恒. 物理化学实验[M]. 南京：南京大学出版社，2005.
[6] 高丽华. 基础化学实验[M]. 北京：化学工业出版社，2004.
[7] 王清廉. 有机化学实验[M]. 2 版. 北京：高等教育出版社，1994.
[8] 吴性良，朱万森，马林. 分析化学原理[M]. 北京：化学工业出版社，2004.

普通化学实验

实 验 报 告 册

________级________系__________专业

姓　　名________________

学　　号________________

座 位 号________________

上课时间________________

任课教师______________

前　言

1. 本实验报告册与同济大学化学系2009年新版的《普通化学实验》教材相配套，适合开设普通化学实验或工科无机化学实验的各专业学生使用。由同济大学化学系无机普化教研室顾金英老师设计完成。

2. 实验报告格式应视实验内容不同而有所区别。其中【实验原理】与【实验步骤】部分不可照抄书本，应简明扼要地表述，并尽量采用表格、框图、符号等形式，学会概括总结(可参照报告册上部分实验的提示)。【实验记录】应特别重视有效数字的概念，具体内容可细读《普通化学实验》教材中的3.2节。【数据处理】部分涉及作图时，应在直角坐标纸上画图，再剪贴在报告册上，并标明横、纵坐标及标尺，不可直接画在报告册上。

3. 应重视【思考与讨论】部分。此部分包括以下几部分内容：其一，每个实验后面的思考题；其二，应针对实验过程与实验结果进行分析讨论，写出心得体会。例如：制备类实验，可分析提高产品质量和产量的关键步骤、注意事项，寻找产率低或实验失败可能的原因。测定类实验，可分析误差的主要来源及降低误差的改进措施。性质类实验，可结合课程所学相关理论知识进行分析总结，概括规律等。总之，通过书写此部分，使每做一个实验能真正有所收获。

第一部分　基础实验

实验一　氯化钠的提纯

实验日期：　　　　　　天气状况：　　　　　　独立完成或同组人：

【实验目的】

【实验原理】

【主要仪器与试剂】

【实验步骤】

1. 粗食盐的提纯

2. 产品纯度检验

【实验结果】

1. 产品外观：① 粗盐______________________________；

② 精盐______________________________。

2. 产量______________________，

产率计算(包括过程)：

3. 产品纯度检验

表 1－1　NaCl 溶液纯度检验

检验项目	检验方法	被检溶液	实验现象	结　　论
SO_4^{2-}	$+2$ 滴 $BaCl_2$ ($1\ mol\cdot L^{-1}$)	粗 NaCl		
		纯 NaCl		
Ca^{2+}	$+2$ 滴$(NH_4)_2C_2O_4$ ($0.5\ mol\cdot L^{-1}$)	粗 NaCl		
		纯 NaCl		
Mg^{2+}	$+2\sim3$ 滴 NaOH ($2\ mol\cdot L^{-1}$)和 $2\sim3$ 滴镁试剂	粗 NaCl		
		纯 NaCl		

【思考与讨论】

实验二　酸碱标准溶液的配制与标定

实验日期：　　　　　　天气状况：　　　　　　　独立完成或同组人：

【实验目的】

【实验原理】

【主要仪器与试剂】

【实验步骤】

1．NaOH 溶液的标定

2. HCl 溶液的标定

【实验结果】

1. NaOH 溶液浓度的标定

表 2 - 1　NaOH 标准溶液浓度的标定　　　**指示剂：**________

<table>
<tr><td colspan="2">$H_2C_2O_4$ 标准溶液的浓度/($mol \cdot L^{-1}$)</td><td colspan="3"></td></tr>
<tr><td colspan="2">平行滴定次数</td><td>1</td><td>2</td><td>3</td></tr>
<tr><td colspan="2">$H_2C_2O_4$ 标准溶液的体积/mL</td><td>25.00</td><td>25.00</td><td>25.00</td></tr>
<tr><td colspan="2">NaOH 溶液的初读数/mL
NaOH 溶液的终读数/mL
NaOH 溶液的用量/mL</td><td></td><td></td><td></td></tr>
<tr><td rowspan="2">NaOH 标准溶液的浓度/($mol \cdot L^{-1}$)</td><td>测定值</td><td></td><td></td><td></td></tr>
<tr><td>平均值</td><td colspan="3"></td></tr>
</table>

2. HCl 溶液浓度的标定

表 2 - 2　HCl 标准溶液浓度的标定　　　**指示剂：**________

<table>
<tr><td colspan="2">NaOH 标准溶液的浓度/($mol \cdot L^{-1}$)</td><td colspan="3"></td></tr>
<tr><td colspan="2">平行滴定次数</td><td>1</td><td>2</td><td>3</td></tr>
<tr><td colspan="2">NaOH 标准溶液的体积/mL</td><td>20.00</td><td>20.00</td><td>20.00</td></tr>
<tr><td colspan="2">HCl 溶液的初读数/mL
HCl 溶液的终读数/mL
HCl 溶液的用量/mL</td><td></td><td></td><td></td></tr>
<tr><td rowspan="2">HCl 标准溶液的浓度/($mol \cdot L^{-1}$)</td><td>测定值</td><td></td><td></td><td></td></tr>
<tr><td>平均值</td><td colspan="3"></td></tr>
</table>

【思考与讨论】

实验三　化学反应速率

实验日期：　　　　　　　　天气状况：　　　　　　　　独立完成或同组人：

【实验目的】

【实验原理】

【主要仪器与试剂】

【实验步骤】

1. 浓度对反应速率的影响

2. 温度对反应速率的影响

3. 催化剂对反应速率的影响

【实验结果与数据处理】

1. 室温条件下浓度对反应速率的影响

表 3-1　浓度对反应速率的影响(室温________℃)

试　验　编　号		1	2	3	4	5
试剂用量/mL	0.20 mol·L^{-1} $(NH_4)_2S_2O_8$	20.0	10.0	5.0	20.0	20.0
	0.20 mol·L^{-1} KI	20.0	20.0	20.0	10.0	5.0
	0.010 mol·L^{-1} $Na_2S_2O_3$	8.0	8.0	8.0	8.0	8.0
	0.2%淀粉	4.0	4.0	4.0	4.0	4.0
	0.20 mol·L^{-1} KNO_3	0	0	0	10.0	15.0
	0.20 mol·L^{-1} $(NH_4)_2SO_4$	0	10.0	15.0	0	0
反应体系中试剂起始浓度/(mol·L^{-1})	$(NH_4)_2S_2O_8$					
	KI					
	$Na_2S_2O_3$					
反应时间 $\Delta t/s$						
反应速率 v/(mol·L^{-1}·s^{-1})						
反应速率常数 k/(　　　　)						
反应速率常数平均值/(　　　　)						

2. 温度对反应速率的影响

表 3-2　温度对反应速率的影响(试剂用量同表 3-1 中试验编号 4)

试　验　编　号	6	4	7	8	9
反应温度/℃	0 ℃	室温	室温+10 ℃	室温+20 ℃	室温+30 ℃
反应时间 $\Delta t/s$					
反应速率 v/(mol·L^{-1}·s^{-1})					
反应速率常数 k/(　　　　)					

3. 催化剂对反应速率的影响

表 3-3　催化剂对反应速率的影响(试剂用量同表 3-1 中试验编号 4)

试　验　编　号	4(未加催化剂)	10(加入催化剂)
反应时间 $\Delta t/s$		
反应速率 v/(mol·L^{-1}·s^{-1})		
反应速率常数 k/(　　　　)		

4. 根据 1、2、3 中实验结果，总结浓度、温度、催化剂是如何影响反应速率的。

5. 反应级数的计算

6. 反应活化能 E_a 的计算(提示：用作图法在直角坐标纸上以 $\lg k$ 对 $1/T$ 作图，根据直线斜率求得 E_a)

【思考与讨论】

实验四　弱酸电离度与电离常数的测定

实验 4.1　pH 法测定醋酸的电离度和电离常数

实验日期：　　　　　　天气状况：　　　　　　独立完成或同组人：

【实验目的】

【实验原理】

【主要仪器与试剂】

【实验步骤】

1. 原始 HAc 溶液浓度的标定

2. 系列 HAc 标准溶液的配制及 pH 值测定

【实验结果】

表 4－1　原始 HAc 标准溶液浓度的标定　　指示剂：________

NaOH 标准溶液的浓度/($mol \cdot L^{-1}$)				
平行滴定次数		1	2	3
HAc 标准溶液的体积/mL		25.00	25.00	25.00
NaOH 标准溶液的初读数/mL				
NaOH 标准溶液的终读数/mL				
NaOH 标准溶液的用量/mL				
HCl 标准溶液的浓度/($mol \cdot L^{-1}$)	测定值			
	平均值			

表 4－2　系列 HAc 标准溶液的配制及 pH 值测定

烧杯编号	HAc 标准溶液体积/mL	去离子水体积/mL	c_{HAc}/($mol \cdot L^{-1}$)	pH 值	$[H^+]$/($mol \cdot L^{-1}$)	α/%	电离常数 K_a	
							测定值	平均值
1	48.00	0.00						
2	24.00	24.00						
3	12.00	36.00						
4	6.00	42.00						
5	3.00	45.00						

3. 根据以上实验结果，分析电离度 α、电离常数 K_a 与溶液浓度 c_{HAc} 的关系。

【思考与讨论】

实验五　化学平衡及其移动

实验日期：　　　　　　天气状况：　　　　　　独立完成或同组人：

【实验目的】

【实验原理】

【主要仪器与试剂】

【实验步骤与实验记录】

1. 同离子效应与解离平衡

步　　骤		现　　象	方程式	解释及结论
(1)弱电解质电离平衡	① 0.1 mol·L^{-1} HAc 2 mL＋甲基橙 续＋NaAc(s)			
	② 0.1 mol·L^{-1} 氨水 2 mL＋酚酞 续＋NH_4Cl(s)			

(续表)

步　骤		现　象	方程式	解释及结论
(2)难溶电解质	① $PbCl_2$(饱和) $+2\ mol \cdot L^{-1}\ NaCl$			
	② $PbCl_2$(饱和) $+2\ mol \cdot L^{-1}\ HCl$			
	③ $PbCl_2$(饱和) $+6\ mol \cdot L^{-1}\ HCl$			

(3) 缓冲溶液

	pH值(理论)	pH值(实测)	加酸、加碱或水后的pH值		
			+5滴HCl ($0.1\ mol \cdot L^{-1}$)	+5滴NaOH ($0.1\ mol \cdot L^{-1}$)	+5滴蒸馏水
3 mL蒸馏水					
1∶1HAc-NaAc缓冲溶液					
结论					

2. 沉淀的生成、溶解和转化

步　骤		现　象	方程式	解释及结论
(1)沉淀的生成				
(2)分步沉淀				

（续表）

步　骤		现　象	方程式	解释及结论
(3)沉淀的溶解				
(4)沉淀的转化				

3. 配离子的解离平衡及其移动

步　骤		现　象	方程式	解释及结论
(1)配离子的解离				

（续表）

步　　骤		现　　象	方程式	解释及结论
(2) 配离子的形成与转化				
(3) 溶解平衡与配合平衡的移动				

4. 氧化还原平衡及其移动

步　　骤	现　　象	方程式	解释及结论

【思考与讨论】

实验六　氧化还原与电化学

实验日期：　　　　　　　　天气状况：　　　　　　　　独立完成或同组人：

【实验目的】

【实验原理】

【主要仪器与试剂】

【实验步骤与实验记录】

1. 氧化还原反应与电极电位

<table>
<tr><th colspan="2">步　骤</th><th>现　象</th><th>方程式</th><th>解　释</th><th>结　论</th></tr>
<tr><td>(1)</td><td>0.5 mL 0.1 mol · L^{-1} KI ＋2 滴 0.1 mol · L^{-1} $FeCl_3$＋CCl_4</td><td></td><td></td><td></td><td rowspan="2"></td></tr>
<tr><td>(2)</td><td>0.5 mL 0.1 mol · L^{-1} KBr＋2 滴 0.1 mol · L^{-1} $FeCl_3$＋CCl_4</td><td></td><td></td><td></td></tr>
<tr><td rowspan="2">(3)</td><td>0.5 mL Br_2 水＋2 滴 0.1 mol · L^{-1} $FeSO_4$＋CCl_4</td><td></td><td></td><td></td><td rowspan="2"></td></tr>
<tr><td>0.5 mL I_2 水＋2 滴 0.1 mol · L^{-1} $FeSO_4$＋CCl_4</td><td></td><td></td><td></td></tr>
</table>

(续表)

(4)	H_2O_2 作氧化剂	H_2O_2 作还原剂
步骤		
现象		
方程式		
解释及结论		

2. 浓度、介质酸碱性、催化剂对氧化还原反应的影响

	步　骤	现　象	方程式	解释及结论
(1)浓度影响	a. MnO_2(s)+1 mL 浓 HCl,管口放淀粉-KI试纸			
	b. MnO_2(s)+1 mL 2 mol·L^{-1} HCl,管口放淀粉-KI试纸			
(2)介质酸碱性影响	a. 酸性			
	b. 中性			

（续表）

步骤		现象	方程式	解释及结论
	c. 碱性			
(3)催化剂的影响	a. 加催化剂			
	b. 不加催化剂			

3. 电化学腐蚀及其防止

步骤		现象	方程式	解释及结论
(1)宏观电池腐蚀	a. 0.2 $mol \cdot L^{-1}$ HCl＋粗锌粒			
	b. 0.2 $mol \cdot L^{-1}$ HCl＋纯锌粒			
	c. 粗铜丝接触试管 b 中的纯锌粒			
	d. 粗铜丝不接触试管 b 中的纯锌粒			

（续表）

<table>
<tr><th colspan="3">步　　骤</th><th>现　　象</th><th>方程式</th><th>解释及结论</th></tr>
<tr><td>（2）差异充气腐蚀</td><td colspan="2"></td><td></td><td></td><td></td></tr>
<tr><td rowspan="2">（3）金属防腐：缓蚀剂法</td><td rowspan="2">铁钉+2 mL 0.2 mol·L^{-1} HCl+1滴 0.01 mol·L^{-1} $K_3[Fe(CN)_6]$</td><td>a. +20%乌洛托品</td><td></td><td></td><td rowspan="2"></td></tr>
<tr><td>b. 不加乌洛托品</td><td></td><td></td></tr>
</table>

【思考与讨论】

实验七　硫酸亚铁铵的制备

实验日期：　　　　　　　　天气状况：　　　　　　　　独立完成或同组人：

【实验目的】

【实验原理】

【主要仪器与试剂】

【实验步骤】

【实验结果与数据处理】

1. 产品外观：____

2. 加入铁屑质量：____________

加入硫酸铵质量：____________

（计算过程）

硫酸亚铁铵理论产量：____________

（计算过程）

硫酸亚铁铵实际产量：____________

硫酸亚铁铵产率：____________

【思考与讨论】

实验八　氯、溴、碘

实验日期：　　　　　　天气状况：　　　　　　独立完成或同组人：

【实验目的】

【实验原理】

【主要仪器与试剂】

【实验步骤与实验记录】

1. 卤化氢还原性的比较

步　　骤	现　　象	方程式	解释及结论
(1)			
(2)			
(3)			

2. 卤素含氧酸及其盐的性质

步　　骤	现　　象	方程式	解释及结论
(1) 次氯酸盐的氧化性			
(2) 氯酸盐的氧化性			

3. 卤素离子的鉴定

步　　骤	现　　象	方程式	解释及结论
(1) Cl^- (2) Br^- (3) I^-			
(4) Cl^-、Br^-、I^-混合离子的分离鉴定(用示意图表示)			

【思考与讨论】

实验九　氧　和　硫

实验日期：　　　　天气状况：　　　　独立完成或同组人：

【实验目的】

【实验原理】

【主要仪器与试剂】

【实验步骤与实验记录】

1. 过氧化氢及过氧化物

步　骤	现　象	方程式	解释及结论
(1) H_2O_2 的酸碱性及过氧化物			
(2) H_2O_2 的氧化还原性			
(3) H_2O_2 的不稳定性			

2. 硫化氢

步　　骤	现　　象	方程式	解释及结论
(1) 制取 (2) 还原性			

3. 硫化物的溶解性

现象 步骤	NaCl	$ZnSO_4$	$CdSO_4$	$CuSO_4$	$Hg(NO_3)_2$
2 滴 0.1 $mol \cdot L^{-1}$盐+10 滴 5% 硫代乙酰胺 Δ					
↓ +2 $mol \cdot L^{-1}$ HCl					
↓ +6 $mol \cdot L^{-1}$ HCl					
洗涤↓后+浓 HNO_3 Δ					
↓ +王水					
结论:(金属硫化物的溶解性)					
主要反应方程式					

4. 多硫化物

步　　骤	现　　象	方程式	解释及结论

5. 亚硫酸的性质

步　　骤	现　　象	方程式	解释及结论
(1) 酸性			
(2) 氧化性			
(3) 还原性			
(4) 漂白性			

6. 硫代硫酸及其盐的性质

步　　骤	现　　象	方程式	解释及结论
(1) $H_2S_2O_3$ 的不稳定性			
(2) 硫代硫酸盐的还原性			

7. S^{2-}、SO_3^{2-}、$S_2O_3^{2-}$ 的鉴定

步　　骤	现　　象	方程式	解释及结论
(1) S^{2-}			
(2) SO_3^{2-}			
(3) $S_2O_3^{2-}$			

8. S^{2-}、SO_3^{2-}、$S_2O_3^{2-}$ 混合离子的分离及鉴定(用示意图表示)

【思考与讨论】

实验十　氮　和　磷

实验日期：　　　　　　天气状况：　　　　　　独立完成或同组人：

【实验目的】

【实验原理】

【主要仪器与试剂】

【实验步骤与实验记录】

1. NH_4^+ 的鉴定

步　骤	现　象	方程式	解释及结论

2. HNO_3 和硝酸盐的性质

步　　骤	现　　象	方程式	解释及结论
(1) 硝酸的氧化性 a. 单质 S 与浓 HNO_3、稀 HNO_3 b. 金属 Cu 与浓 HNO_3、稀 HNO_3 c. 金属 Zn 与浓 HNO_3、稀 HNO_3			
(2) 硝酸盐的热分解			
(3) NO_3^- 的鉴定			

3. HNO_2 和亚硝酸盐的性质

步　　骤	现　　象	方程式	解释及结论
(1) HNO_2 的制备			
(2) 亚硝酸盐的氧化性和还原性 a. 氧化性			
b. 还原性			
(3) NO_2^- 的鉴定			

4. 磷酸盐的性质

步　　骤	现　　象	方程式	解释及结论
(1) 溶液的酸碱性 a. 0.5 $mol \cdot L^{-1}$ Na_3PO_4 测 pH b. 0.5 $mol \cdot L^{-1}$ Na_2HPO_4 测 pH c. 0.5 $mol \cdot L^{-1}$ NaH_2PO_4 测 pH			
(2) 银的磷酸盐的水溶解性 在(1)中试管 a+10 滴 0.1 $mol \cdot L^{-1}$ $AgNO_3$ 在(1)中试管 b+10 滴 0.1 $mol \cdot L^{-1}$ $AgNO_3$ 在(1)中试管 c+10 滴 0.1 $mol \cdot L^{-1}$ $AgNO_3$			
(3) 钙的磷酸盐的水溶解性 a. 0.5 $mol \cdot L^{-1}$ Na_3PO_4 +0.1 $mol \cdot L^{-1}$ $CaCl_2$ →续+1 $mol \cdot L^{-1}$ $NH_3 \cdot H_2O$ →续+1 $mol \cdot L^{-1}$ HCl b. 0.5 $mol \cdot L^{-1}$ Na_2HPO_4 +0.1 $mol \cdot L^{-1}$ $CaCl_2$ →续+1 $mol \cdot L^{-1}$ $NH_3 \cdot H_2O$ →续+1 $mol \cdot L^{-1}$ HCl c. 0.5 $mol \cdot L^{-1}$ NaH_2PO_4 +0.1 $mol \cdot L^{-1}$ $CaCl_2$ →续+1 $mol \cdot L^{-1}$ $NH_3 \cdot H_2O$ →续+1 $mol \cdot L^{-1}$ HCl			

（续表）

步　　骤	现　　象	方程式	解释及结论
(4) PO_4^{3-} 的鉴定			

5. 检验某固体是 $NaNO_3$ 或 $NaNO_2$

步　　骤	现　　象	方程式	解释及结论

【思考与讨论】

实验十一　锡、铅、锑、铋

实验日期：　　　　　　　天气状况：　　　　　　　独立完成或同组人：

【实验目的】

【实验原理】

【主要仪器与试剂】

【实验步骤与实验记录】

1. 锡、铅

步　　骤	现　　象	方程式	解释及结论
(1) Sn(Ⅱ)、Pb(Ⅱ)氢氧化物的酸碱性 a. 0.1 mol·L^{-1} $SnCl_2$ + NaOH(少量),分二份 一份+NaOH(2 mol·L^{-1}) 另一份+HCl(6 mol·L^{-1}) b. 0.1 mol·L^{-1} $Pb(NO_3)_2$ + NaOH(少量),分二份 一份+NaOH(2 mol·L^{-1}) 另一份+HCl(6 mol·L^{-1})			
(2) Sn(Ⅱ)的还原性和 Pb(Ⅳ)的氧化性 a. $SnCl_2$ 的还原性(两种方法) c. PbO_2 的氧化性			
(3) 铅的难溶盐制备			
(4) 锡的硫化物 ① Sn^{2+} + Na_2S→沉淀分三份 A+HCl(2 mol·L^{-1}) B+Na_2S(0.5 mol·L^{-1}) C+Na_2S_x(0.1 mol·L^{-1})			
② Sn^{4+} + Na_2S→沉淀分三份 A+HCl(2 mol·L^{-1}) B+浓 HCl C+Na_2S(0.5 mol·L^{-1}) →续+HCl(2 mol·L^{-1})			

2. 锑、铋

步　骤	现　象	方程式	解释及结论
(1) Sb(Ⅲ)、Bi(Ⅲ)的氢氧化物的制备及其酸碱性			
(2) Sb(Ⅲ)、Bi(Ⅲ)的硫化物 ① ②			

3. Sb^{3+}、Bi^{3+}、Sn^{2+}的鉴定

步　　骤	现　　象	方程式	解释及结论
① Sb^{3+}			
② Bi^{3+}			
③ Sn^{2+}			

【思考与讨论】

实验十二　铁、钴、镍

实验日期：　　　　　　　天气状况：　　　　　　　独立完成或同组人：

【实验目的】

【实验原理】

【主要仪器与试剂】

【实验步骤与实验记录】

1. 铁、钴、镍氢氧化物的制备和性质

(1) 二价氢氧化物的制备和性质

步　　骤	现　　象	方程式	解释及结论
① $Fe(OH)_2$ ② $Co(OH)_2$ ③ $Ni(OH)_2$			
二价氢氧化物的酸碱性和还原性比较			

(2) 三价氢氧化物的制备和性质

步　　骤	现　　象	方程式	解释及结论
① $Fe(OH)_3$ ② $Co(OH)_3$ ③ $Ni(OH)_3$			
三价氢氧化物的氧化性比较			

2. 铁盐的性质

步　　骤	现　　象	方程式	解释及结论
(1) 铁盐的水解 (2) Fe(Ⅱ)还原性 (3) Fe(Ⅲ)氧化性			

3. 铁、钴、镍的硫化物

步　　骤	现　　象	方程式	解释及结论
(1) 铁的硫化物 (2) 钴的硫化物 (3) 镍的硫化物 			

4. 铁、钴、镍的配合物

步　　骤	现　　象	方程式	解释及结论
(1) 铁的配合物 ① $[Fe(CN)_6]^{3-}$ 配体 ② $[Fe(CN)_6]^{3-}$ 配体 ③ SCN^- 配体			
(2) 钴的配合物 ① NH_3 配体 ② SCN^- 配体 (3) 镍的配合物 ① NH_3 配体 ② 二乙酰二肟配体			

【思考与讨论】

实验十三　铜、锌、银、镉、汞

实验日期：　　　　　　　天气状况：　　　　　　　独立完成或同组人：

【实验目的】

【实验原理】

【主要仪器与试剂】

【实验步骤与实验记录】

1. 铜、锌、银、镉、汞(氢)氧化物的生成和性质

<table>
<tr><td colspan="2"></td><td>Cu^{2+}</td><td>Zn^{2+}</td><td>Ag^{+}</td><td>Cd^{2+}</td><td>Hg^{2+}</td></tr>
<tr><td rowspan="4">氢氧化物的生成</td><td>步　骤</td><td></td><td></td><td></td><td></td><td></td></tr>
<tr><td>现　象</td><td></td><td></td><td></td><td></td><td></td></tr>
<tr><td>产　物</td><td></td><td></td><td></td><td></td><td></td></tr>
<tr><td>方程式</td><td></td><td></td><td></td><td></td><td></td></tr>
<tr><td rowspan="4">氢氧化物的酸碱性</td><td>步　骤</td><td colspan="5">将上述沉淀分为二份，分别加入 2 mol·L^{-1}HCl、6 mol·L^{-1}NaOH(过量)</td></tr>
<tr><td>现　象</td><td></td><td></td><td></td><td></td><td></td></tr>
<tr><td>方程式</td><td colspan="5"></td></tr>
<tr><td>结　论</td><td colspan="5"></td></tr>
<tr><td rowspan="4">氢氧化物的热稳定性</td><td>步　骤</td><td colspan="5">将沉淀加热</td></tr>
<tr><td>现　象</td><td></td><td></td><td></td><td></td><td></td></tr>
<tr><td>方程式</td><td colspan="5"></td></tr>
<tr><td>结　论</td><td colspan="5"></td></tr>
</table>

2. 铜、锌、银、镉、汞配位化合物的形成和性质

(1)银的配合物

步　　骤	现　　象	方程式	解释及结论

(2) 铜、锌、镉、汞的配位化合物

① 配体 NH_3

10 滴 0.1 mol・L^{-1}各金属盐		$CuSO_4$	$ZnSO_4$	$CdSO_4$	$Hg(NO_3)_2$	$Hg_2(NO_3)_2$
+6 mol・L^{-1} NH_3・H_2O(适量)	现象					
	产物					
	方程式					
+6 mol・L^{-1} NH_3・H_2O(过量)	现象					
	产物					
	方程式					

(续表)

10 滴 0.1 mol·L^{-1}各金属盐			$CuSO_4$	$ZnSO_4$	$CdSO_4$	$Hg(NO_3)_2$	$Hg_2(NO_3)_2$
在沉淀溶解的各试管中+2 mol·L^{-1}NaOH	+2滴	现象					
		产物					
		方程式					
	+过量	现象					
		产物					
		方程式					
结论							

② 配体 I^-

5 滴 0.1 mol·L^{-1}各金属盐		$CuSO_4$	$ZnSO_4$	$CdSO_4$	$Hg(NO_3)_2$	$Hg_2(NO_3)_2$
+10 滴 0.1 mol·L^{-1} KI	现象					
	产物					
	方程式					

（续表）

<table>
<tr><td colspan="3">5 滴 0.1 mol·L^{-1}各金属盐</td><td>$CuSO_4$</td><td>$ZnSO_4$</td><td>$CdSO_4$</td><td>$Hg(NO_3)_2$</td><td>$Hg_2(NO_3)_2$</td></tr>
<tr><td rowspan="5">沉淀离心分离</td><td rowspan="2">清液＋淀粉</td><td>现象</td><td></td><td></td><td></td><td></td><td></td></tr>
<tr><td>结论</td><td></td><td></td><td></td><td></td><td></td></tr>
<tr><td rowspan="3">沉淀＋KI饱和溶液</td><td>现象</td><td></td><td></td><td></td><td></td><td></td></tr>
<tr><td>产物</td><td></td><td></td><td></td><td></td><td></td></tr>
<tr><td>方程式</td><td></td><td></td><td></td><td></td><td></td></tr>
</table>

3. 氯化亚铜的生成

步　骤	现　象	方程式	解释及结论

4. 铜、锌、银、镉、汞的鉴定

步　骤	现　象	方程式
① Cu^{2+}		
② Zn^{2+}		
③ Ag^{+}		
④ Cd^{2+}		
⑤ Hg^{2+}		

【思考与讨论】

实验十四　铬　和　锰

实验日期：　　　　　　　天气状况：　　　　　　　　独立完成或同组人：

【实验目的】

【实验原理】

【主要仪器与试剂】

【实验步骤与实验记录】

1. 铬

步　　骤	现　　象	方程式	解释及结论
(1) $Cr(OH)_3$ ① 生成 ② 试验其酸碱性			
(2) Cr(Ⅲ)盐的水解性 ① 测 0.1 $mol \cdot L^{-1} CrCl_3$ 的 pH 值 ② 上述溶液+0.1 $mol \cdot L^{-1} Na_2S$，并证明沉淀不是硫化物			

(续表)

步骤	现象	方程式	解释及结论
(3) Cr(Ⅲ)盐的还原性			
(4) CrO_4^{2-} 与 $Cr_2O_7^{2-}$ 的相互转化 ① ②			
(5) Cr(Ⅵ)的氧化性(尽可能多地选择不同试剂)			
(6) Cr^{3+} 的鉴定 ① 自行设计,由 Cr^{3+} 获得 CrO_4^{2-} ② 鉴定			

2. 锰

步　　骤	现　　象	方程式	解释及结论
(1) Mn(Ⅱ)的水解性 ① 0.1 mol·L^{-1} $MnSO_4$ 的 pH 值 ② 上述溶液 + 0.1 mol·L^{-1} Na_2S,并证明沉淀是硫化物			
(2) Mn(Ⅱ)的鉴定			
(3) Mn(Ⅵ)化合物的生成及性质 ① ②			
(4) Mn(Ⅵ)的获得及其氧化还原性 ① ②			
(5) Mn(Ⅶ)的氧化性			

【思考与讨论】

第二部分　综合实验

实验二十五　水的净化及硬度测定

实验日期：　　　　　　天气状况：　　　　　　独立完成或同组人：

【实验目的】

【实验原理】

【主要仪器与试剂】

【实验步骤】

1. 水中杂质离子的检验

2. Ca^{2+}、Mg^{2+}含量和水的总硬度测定

3. 水样电导率测定

【实验结果】

1. 水中杂质离子的检验

离　子	现　象	
	净化前水样	净化后水样
① Ca^{2+} ② Mg^{2+} ③ SO_4^{2-} ④ Cl^-		
结论：		

2. Ca^{2+}、Mg^{2+}含量和水的总硬度测定

$c_{EDTA}=$________$mol \cdot L^{-1}$

(1) Ca^{2+}含量的测定

平行滴定次数		1	2	3
滴定管中 EDTA 标准溶液	初读数/mL			
	终读数/mL			
EDTA 标准溶液用量/mL				
EDTA 标准溶液用量平均值/mL				
Ca^{2+}含量/($mmol \cdot L^{-1}$)				

(2) Ca^{2+}、Mg^{2+}总量的测定及水的硬度计算

平行滴定次数		1	2	3
滴定管中 EDTA 标准溶液	初读数/mL			
	终读数/mL			
测 Ca^{2+}、Mg^{2+}总量时 EDTA 标准溶液用量/mL				
测 Ca^{2+}、Mg^{2+}总量时 EDTA 标准溶液用量平均值 V_2/mL				
测 Ca^{2+}含量时 EDTA 标准溶液用量平均值 V_1/mL				
Mg^{2+}含量/($mmol \cdot L^{-1}$)				
水的硬度/($mmol \cdot L^{-1}$)				

3. 电导率　　净化前的水样 $k=$

净化后的水样 $k=$

结论：

【思考与讨论】

实验二十六　磺基水杨酸铜配合物的组成及稳定常数的测定

实验日期：　　　　　　　天气状况：　　　　　　　独立完成或同组人：

【实验目的】

【实验原理】

【主要仪器与试剂】

【实验步骤】

【实验结果与数据处理】

1. $Cu(NO_3)_2$ 母液浓度的标定

指示剂：________

EDTA 标准溶液浓度/($mol \cdot L^{-1}$)				
平行滴定次数		1	2	3
稀释 20 倍的 $Cu(NO_3)_2$ 溶液体积/mL		10.00		
EDTA 标准溶液初读数/mL				
EDTA 标准溶液终读数/mL				
EDTA 标准溶液用量/mL				
$Cu(NO_3)_2$ 稀释液浓度/($mol \cdot L^{-1}$)	计算值			
	平均值			
$Cu(NO_3)_2$ 原液浓度/($mol \cdot L^{-1}$)				

2. 磺基水杨酸(AR)母液的标定

指示剂：________

NaOH 标准溶液浓度/($mol \cdot L^{-1}$)				
平行滴定次数		1	2	3
AR 母液体积/mL		5.00		
NaOH 标准溶液初读数/mL				
NaOH 标准溶液终读数/mL				
NaOH 标准溶液用量/mL				
AR 母液浓度/($mol \cdot L^{-1}$)	计算值			
	平均值			

3. 磺基水杨酸和硝酸铜混合溶液吸光度的测定

溶液编号	$Cu(NO_3)_2$ 溶液体积/mL	磺基水杨酸溶液体积/mL	$Cu(NO_3)_2$ 溶液体积分数 /$(V_{Cu}/(V_{Cu}+V_R))$	吸光度 /A
1	2	22		
2	4	20		
3	6	18		
4	8	16		
5	10	14		
6	12	12		
7	14	10		
8	16	8		
9	18	6		
10	20	4		
11	22	2		

4. 作 $A-V_{Cu}/(V_{Cu}+V_R)$ 图，求出配合物的组成比、解离度 α 及配合物的稳定常数 K

【思考与讨论】